# 耐熱性高分子材料の最新技術動向

## Trend in Leading-Edge Technologies on Heat-Resistant Polymer Materials

監修：大山俊幸
Supervisor : Toshiyuki Oyama

JN203517

シーエムシー出版

# はじめに

　有機高分子材料は他の主要材料である金属材料や無機材料と比較して本質的に耐熱性に劣るが，それ故に高耐熱化が強く要求される材料である。高耐熱性の熱可塑性高分子としては，剛直な主鎖と強い分子鎖間相互作用をベースとしたエンジニアリングプラスチック（エンプラ）があり，ポリカーボネートをはじめとする汎用エンプラやポリイミドに代表されるスーパーエンプラが知られている。また，エポキシ樹脂などの熱硬化性樹脂では，化学架橋に基づいた高耐熱化が実現されている。しかし近年，高分子材料の利用範囲が航空・宇宙材料や電子材料等において大きく拡がるとともに，既存の応用分野においても高分子材料への要求性能が高まっており，耐熱性をはじめとする諸物性のさらなる向上が強く求められるようになっている。

　このような要求に対する耐熱性高分子の開発動向に関しては，2011 年 4 月に高橋昭雄教授（横浜国立大学）の監修のもと，シーエムシー出版より『高機能デバイス用耐熱性高分子材料の最新技術』が書籍化されている。しかし，この分野の進展は非常に速く，様々な耐熱性高分子材料が新たに開発されている。よって，それらの新材料を可能な限り幅広く紹介することを目的とし，この分野の第一線で活躍されている先生方にご執筆をいただくことにより，このたび本書を発刊することとなった。

　第 1 章では代表的な熱硬化性樹脂の一つであるエポキシ樹脂および高耐熱性樹脂として近年注目されているビスマレイミド樹脂の高耐熱化に向けた材料設計をご紹介いただくとともに，熱可塑性の耐熱性高分子である芳香族ポリケトンについてご執筆いただいた。また，有機材料と無機材料の両方の利点を併せ持つ有機−無機ハイブリッド材料およびケイ素系骨格を用いた高温耐久性樹脂についても紹介をいただいた。さらに，低炭素社会の実現に向けて今後の利用拡大が期待されるバイオマス由来の高性能プラスチックについて解説をいただいた。第 2 章では，電子機器・部品等に応用できる耐熱性高分子材料についてまとめており，感光性エンプラの開発動向や液晶性エポキシ樹脂，高放熱性高分子材料，耐熱性芳香族ポリエステルについてご紹介いただいた。また，光学部材への応用に関しては，高性能の透明ポリイミドの分子設計について解説いただくとともに，具体的な応用分野である LED 用エポキシ封止材，フレキシブルディスプレイ基板，および高耐熱光学レンズ用樹脂についてご執筆いただいた。第 3 章では，自動車や電車，家電，産業機器等に用いられ省エネルギー化に向けたキーデバイスとして重要となっているパワーデバイス用の耐熱性材料について解説をいただいた。パワーデバイスでは数百アンペアに達する大電流が流れるため，封止材料や基板材料として使用される高分子材料にも高い耐熱性や熱伝導性，放熱性等が必要とされる。また，パワーデバイスは車両等の動力性能をコントロールする重要な部品であるため，高い信頼性も必要とされる。本章ではパワーモジュールの設計から高分子

材料の開発動向，信頼性評価まで幅広くご執筆いただいた。

　本書は，上記の多様な分野における耐熱性高分子材料の最新の技術動向について俯瞰できる充実した内容となっているが，これもひとえにご多忙な中にもかかわらずご執筆を快諾くださり，貴重な原稿をお寄せいただいた先生方のおかげであり，厚く御礼申し上げる次第である。本書が耐熱性高分子材料の研究者・技術者，および耐熱性高分子材料の知識を必要とされている方々にとっての一助となることを期待している。

　2018 年 7 月

横浜国立大学

大山俊幸

## 執筆者一覧 （執筆順）

大 山 俊 幸　横浜国立大学　大学院工学研究院　機能の創生部門　教授

有 田 和 郎　DIC㈱　総合研究所　R&D統括本部
　　　　　　　コア機能開発センター　サイエンティスト

大 塚 恵 子　(地独) 大阪産業技術研究所　研究主幹，有機材料研究部
　　　　　　　熱硬化性樹脂研究室長

中　　建 介　京都工芸繊維大学　分子化学系　教授

前 山 勝 也　山形大学　大学院有機材料システム研究科
　　　　　　　有機材料システム専攻　准教授

高 田 健 司　北陸先端科学技術大学院大学　先端科学技術研究科
　　　　　　　環境・エネルギー領域　特任助教

金 子 達 雄　北陸先端科学技術大学院大学　先端科学技術研究科
　　　　　　　環境・エネルギー領域　教授

荘 司　　優　東レ㈱　電子情報材料研究所　研究員

富 川 真佐夫　東レ㈱　リサーチフェロー，電子情報材料研究所　研究主幹

鈴 木 弘 世　㈱ダイセル　有機合成カンパニー研究開発センター
　　　　　　　エポキシ技術リーダー

原 田 美由紀　関西大学　化学生命工学部　教授

西 田 裕 文　金沢工業大学　革新複合材料研究開発センター　研究員

上 利 泰 幸　(地独) 大阪産業技術研究所　森之宮センター
　　　　　　　物質・材料研究部　研究フェロー

| 村　上　隆　俊 | ユニチカ㈱　樹脂生産開発部　エンプラ開発グループ　開発部員 |
| 長谷川　匡　俊 | 東邦大学　理学部　化学科　教授 |
| 後　藤　幸　平 | 後藤技術事務所　代表 |
| 古国府　　　明 | 日本ゼオン㈱　総合開発センター　高機能樹脂研究所　主席研究員 |
| 高　橋　昭　雄 | 横浜国立大学　リスク共生社会創造センター　客員教授 |
| 池　田　良　成 | 富士電機㈱　電子デバイス事業本部　開発統括部　パッケージ開発部　先行開発課　課長 |
| 松　尾　　　誠 | 住友ベークライト㈱　情報通信材料研究所　研究部　部長研究員 |
| 石　井　利　昭 | ㈱日立製作所　研究開発グループ　材料イノベーションセンタ　主管研究員 |
| 三　村　研　史 | 三菱電機㈱　先端技術総合研究所　マテリアル技術部　レジン材料グループマネージャー |
| 米　村　直　己 | デンカ㈱　電子部材部　主幹 |
| 山　際　正　憲 | 日産自動車㈱　商品企画本部　AMI商品企画部 |

# 目　　　次

## 第 1 章　総論

# 第2章　電子機器・部品・光学部材

# 第3章　パワーデバイス・自動車用

# 第1章　総論

## 1　高耐熱性エポキシ樹脂の分子設計と開発事例

有田和郎[*]

### 1.1　はじめに

　ネットワークポリマーの耐熱性の指標は，2つの分類に大別できる。ひとつはガラス転移温度に代表される，機械強度や熱膨張率などの物理特性の保持についての物理的耐熱性，もうひとつは長期的に何℃まで熱分解などの化学劣化を生じることなく物性を保持できるかについての化学的耐熱性である[1]。一般のパソコンなどに搭載される電子デバイスでは前者が重視されていたが，長期信頼性が重視される車載向けパワーデバイスなどの用途には，物理的および化学的耐熱性の両者が高いレベルで必要となる[2]。

　一方，シアネートエステル樹脂やイミド系樹脂などと比較すると，エポキシ樹脂は硬化物のガラス転移温度では劣っている場合も多いが，優れた硬化性・密着性と高耐熱性を両立できることや，ガラス転移温度以上の温度領域（ゴム状領域）で優れた物性保持力を有していることなどを鑑みると，高耐熱性エポキシ樹脂の工業的価値は非常に高いといえる。新規な高耐熱性エポキシ樹脂の開発要求は，スマートフォンやタブレットPCに代表される民生向け電子デバイスのみならず，従来はエポキシ樹脂が用いられなかったような産業分野からも高まっている。

　エポキシ樹脂硬化物の耐熱性，特にガラス転移温度に代表される物理的耐熱性に関する分子構造因子としてはエポキシ基濃度，エポキシ基数，剛直性骨格，高対称性骨格，立体障害，強分極性基が挙げられている[3]。エポキシ基濃度とエポキシ基数は，架橋密度に密接に関係しており，それらを高めることによって硬化物のガラス転移温度を高められる。剛直性骨格，高対称性骨格および立体障害構造は，高温環境下で起きやすくなるミクロブラウン運動の抑制に働く，強分極性基は，エポキシ樹脂硬化物中の水酸基と水素結合を形成し，ミクロブラウン運動の抑制に機能する。従って，エポキシ樹脂の高耐熱性化の手段は，これらの構造的因子の増大を図ることである。高耐熱性エポキシ樹脂の代表格はノボラック型である。これは高エポキシ基濃度，多エポキシ基数，剛直骨格などの高耐熱性化条件を満足している。

　一方，熱分解温度に代表される化学的耐熱性に対するエポキシ樹脂の分子構造要因については，古くからグリシジルエーテル由来の脂肪族エーテル酸素部分や，ノボラック構造のメチレン部分が分解されやすい部位として報告されており（図1）[4,5]，最近の量子計算化学においてもこの分解機構は支持されている[6]。一般に熱分解温度は前記のガラス転移温度より遥かに高温であ

---

　*　Kazuo Arita　DIC㈱　総合研究所　R&D統括本部　コア機能開発センター
　　　サイエンティスト

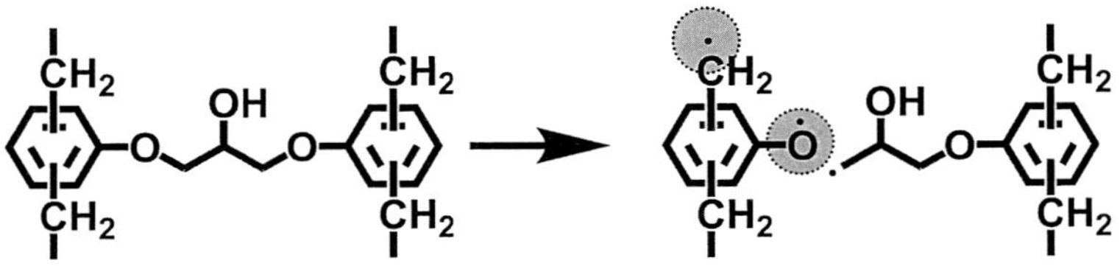

図1 エポキシ樹脂硬化物の代表的な熱分解機構

るため，ミクロブラウン運動の抑制とは別の機構で耐熱性を付与する必要がある。例えば上記したノボラック型の例のように，ガラス転移温度の向上を目的としたエポキシ基濃度の増加や繰り返し数の増加による手法では，フェニレンエーテル濃度やメチレン結合の増加に直結するため，物理的耐熱性と化学的耐熱性の傾向が一致しない例は多い（表1）。

## 1.2 目的

　本項の目的は，新規エポキシ樹脂の分子設計の基礎となる，エポキシ樹脂硬化物の耐熱性に関する基礎物性指針の構築である。これら基礎物性指針より分子設計が明確になり，エポキシ樹脂の性能はさらに向上していくと考えられる。

　そこで本項では，経験的な根拠に基づき，事前に抽出した構造因子と物性との関係を定量的に把握できるような実験方法を設計して検討した。

　はじめに物理的耐熱性に関して，エポキシ基濃度の異なる各種アルキルフェノールノボラック型エポキシ樹脂（図2，表2，平均エポキシ基数は概ね3に統一）と，1分子当たりの平均エポキシ基数の異なるクレゾールノボラック型エポキシ樹脂（表3，エポキシ基濃度は概ね5 meq./g に統一）を用いて架橋密度とその他の重要特性の関係を明かにし，それぞれを比較することで，

表1　物理的耐熱性と化学的耐熱性の傾向が一致しない例

| エポキシ樹脂 | ガラス転移温度<br>（DMA，℃） | 5%重量減少温度<br>（TG-DTA，℃） |
|---|---|---|
| 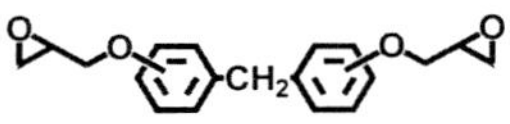 | 125 | 396 |
| 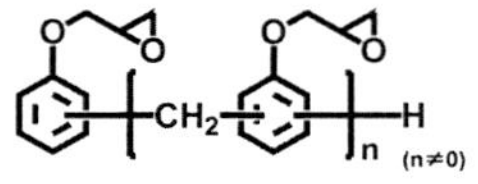 | 199 | 393 |

- Hardener 　　　: Phenol novolac resins, PHENOLITE TD-2131（SP＝80℃）<br>　　　　　　　　　 Stoichiometric ratio
- Accelerator 　 : 2E4MZ 0.5 phr
- Curing schedule : 175℃/5 hr
- TGA condition 　: Heating rate 5℃/min, Under Air 100 mL/min

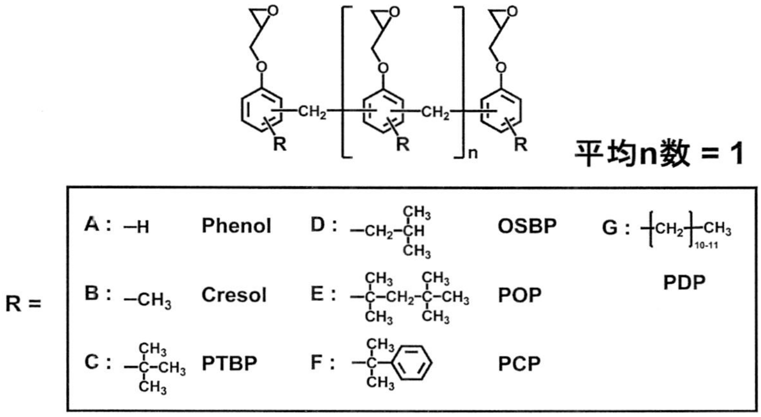

図2　エポキシ基濃度と諸物性の関係調査用の各種アルキルフェノールノボラック型エポキシ樹脂

表2　エポキシ基濃度と諸物性の関係調査用の各種アルキルフェノールノボラック型エポキシ樹脂
　　　の性状値一覧

| | 単位 | A<br>E-PN | B<br>E-OCN | C<br>E-OSBPN | D<br>E-PTBPN | E<br>E-POPN | F<br>E-PCPN | G<br>E-PDDPN |
|---|---|---|---|---|---|---|---|---|
| エポキシ当量 | g/eq. | 175 | 199 | 288 | 291 | 365 | 359 | 466 |
| 150℃溶融粘度 | mPa・s | 0.4 | 0.3 | 0.4 | 0.7 | 1.7 | 0.8 | 0.7 |
| 軟化点 | ℃ | 38 | 40 | 38 | 67 | 62 | 54 | 42 |

表3　平均エポキシ基数と諸物性の関係調査用のクレゾールノボラック型エポキシ樹脂の性状値一覧

| | 単位 | a<br>E-OCN-2.7 | b<br>E-OCN-3.0 | c<br>E-OCN-4.0 | d<br>E-OCN-5.0 |
|---|---|---|---|---|---|
| 中間体平均官能基数 | | 2.7 | 3.0 | 4.0 | 5.0 |
| エポキシ当量 | g/eq. | 196 | 199 | 201 | 206 |
| 150℃溶融粘度 | mPa・s | 0.2 | 0.3 | 0.9 | 3.3 |
| 軟化点 | ℃ | 30 | 40 | 56 | 69 |

エポキシ基濃度およびエポキシ基数がガラス転移温度やその他の重要特性におよぼす影響をそれぞれ分離して定量的に解析した結果を紹介する。

　一方，化学的耐熱性に関しては表1に示した通り，エポキシ基数を大きく変化させても，分解温度に大きな変化が認められないことから，市販の様々な構造のエポキシ樹脂を用いて検証した結果を紹介する。

　尚，前記したその他の重要特性としては，電子部材向け要求機能に直結すると考えられる，吸

湿性，誘電特性および熱膨張性を選定した。

　エポキシ樹脂硬化物の吸湿水分は様々な不良の原因になる。はんだ付けのためのリフロー工程では，吸湿水分が高温で急激に膨張するため，この膨張に伴い発生した応力がクラックや界面剥離などの重大な不良を起こす。また吸湿水分はイオン性不純物の拡散を助長し，金属腐食やマイグレーションの原因にもなる。従って広範な分野における信頼性改善に対して低吸湿性エポキシ樹脂が強く求められている。

　一方，信号処理速度を高めるために高周波領域（GHz帯）で作動する電子デバイスが近年，増加傾向にあるが，高周波領域の処理では伝送損失が大きくなる問題が起きている。伝送損失の低減を図る手段として絶縁材料の低誘電率化と低誘電正接化が求められる。

　熱膨張性は寸法安定性に大きく影響する物性である。エポキシ樹脂硬化物は温度変化によって膨張や収縮するため，この結果として寸法変化が起こる。通常，エポキシ樹脂は熱膨張係数が小さい金属やガラスなどの基材と密着させて使われるが，厳しい冷熱サイクルを受けると寸法変化の差から接着界面に応力が起きる。その応力が機械強度や接着力を上回るとクラックや界面剥離などの致命的な不良が起こる。特に，自己発熱によりモジュール内部で急激な冷熱サイクルを繰り返すパワー半導体デバイスでは，寸法変化に各構成材料が追随できず，絶縁破壊などの重大な不良が起こる。このため，このような問題の解決手段として低熱膨張性エポキシ樹脂が強く要求されている。

　このような基礎研究は，過去にも例はあるが[7, 8]，一般的なBPAベースの2官能型エポキシ樹脂を用いたものが多く，多官能型エポキシ樹脂の構造因子の影響を系統的に調べた例は少ない。

## 1.3　エポキシ基濃度・エポキシ基数と諸特性の関係

### 1.3.1　ガラス転移温度

　エポキシ基濃度（エポキシ当量の逆数）および平均エポキシ基数とゴム弾性理論[9]から算出された硬化物架橋密度の関係を図3に示す。また全てのサンプルに関してゴム弾性理論から算出された架橋密度とガラス転移温度（DMA，tan$\delta$法，1Hz，昇温3℃/分）の関係を図4に示す。エポキシ基濃度の増加（即ち，エポキシ当量の低下）や平均エポキシ基数の増加とともに硬化物の架橋密度が増大し，硬化物のガラス転移温度が向上することから，両者がガラス転移温度の支配因子であることが理解できる。

### 1.3.2　吸湿率

　図5の左側に各種アルキルフェノールノボラック型エポキシ樹脂のエポキシ基濃度（エポキシ当量の逆数）と硬化物の飽和吸湿率（85℃/湿度85％条件下300時間後の吸湿率）の関係を示す。エポキシ基と硬化剤の反応による架橋点には2級のアルコール性水酸基が生成するため，例えば，プロットAのフェノールノボラック型エポキシ樹脂のようにエポキシ当量の低い（＝エポキシ基濃度の高い）エポキシ樹脂は，架橋密度の高い硬化物を付与すると同時に，硬化物中の

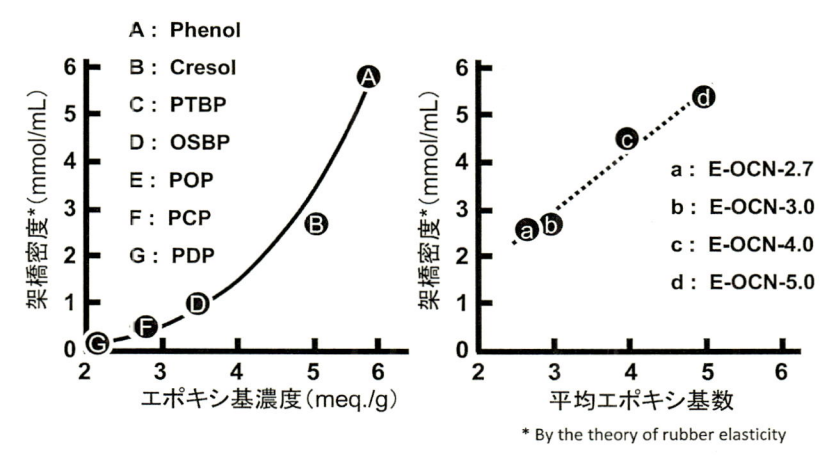

図3　ノボラック型エポキシ樹脂のエポキシ基濃度およびエポキシ基数と硬化物架橋密度の関係

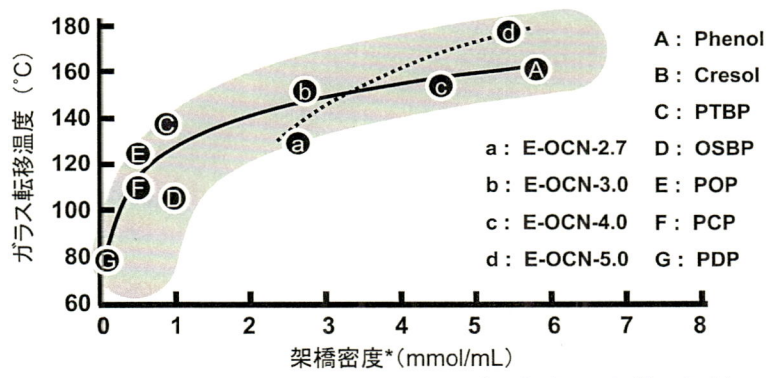

図4　ノボラック型エポキシ樹脂硬化物の架橋密度とガラス転移温度の関係

水酸基濃度が高くなり，吸湿率が上昇する（一方，プロットGなどは水酸基濃度が低くなり，吸湿率が低下する）。次に図5の右側に平均エポキシ基数の異なるクレゾールノボラック型エポキシ樹脂の飽和吸湿率の関係を示す。図5より平均エポキシ基数と飽和吸湿率には正の相関があることが分かる。

　図6に全てのサンプルに関する硬化物の水酸基濃度と飽和吸湿率の関係を示す。尚，硬化物中

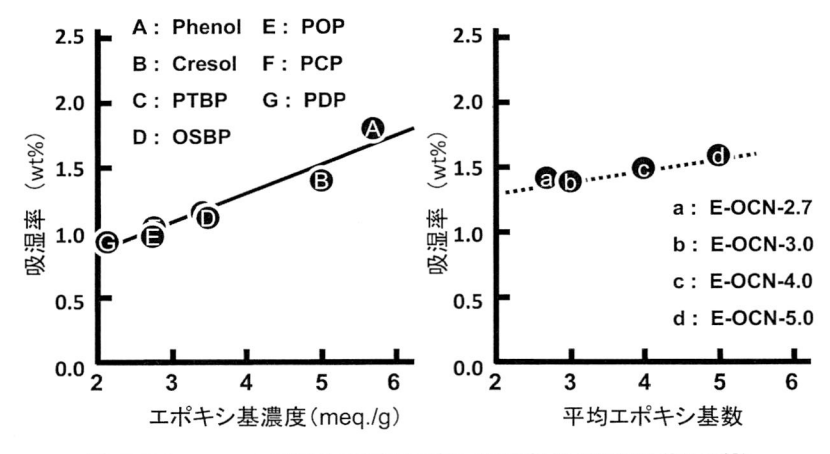

図5　ノボラック型エポキシ樹脂のエポキシ基濃度およびエポキシ基数と硬化物飽和吸湿率の関係

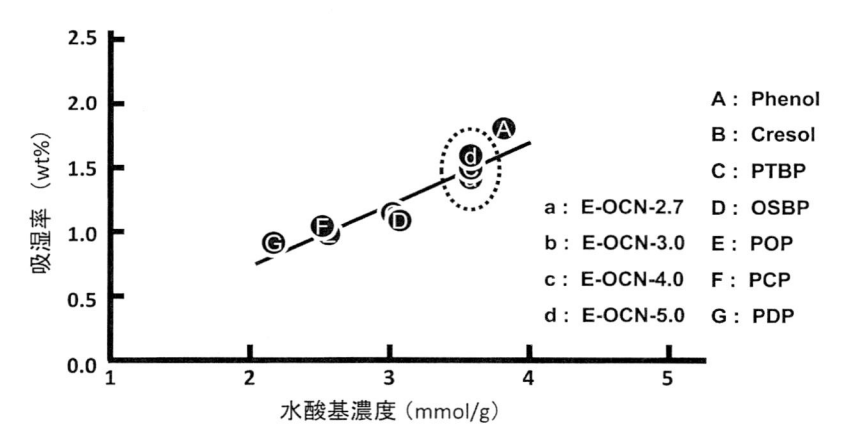

図6　ノボラック型エポキシ樹脂硬化物の水酸基濃度と飽和吸湿率の関係

　の水酸基濃度は，硬化前のエポキシ樹脂が有するアルコール性水酸基と，硬化時に生成するアルコール性水酸基の合計とした。前者は，エポキシ樹脂を合成する際に，原料のフェノール性水酸基とエポキシ基との副反応により生成する水酸基であり，理論エポキシ当量と，実測エポキシ当量の差から算出した。後者はエポキシ樹脂と硬化剤が架橋反応する際に生成する水酸基であり，配合比率から計算した。エポキシ基濃度を変化させたプロット（A～Gの7点）は先に説明した

通り，硬化物中の水酸基濃度の増加に伴い吸湿率が上昇することが分かる。一方，平均エポキシ基数を変化させたプコット（a〜dの4点）は，繰り返し単位毎に官能基を有するためエポキシ基濃度はあまり変わらず，硬化物中の水酸基濃度も同じである（図6の点線で囲った部分）。図6を観る限り，a〜dの吸湿率の変化は測定誤差の範囲とも見て取れるが，以下の検証から硬化物中の自由体積の変化に伴う有意差と判断している。図7にエポキシ基濃度および平均エポキシ基数を変化させた場合の硬化物の架橋密度と吸湿率の関係を示す。両図ともに架橋密度と吸湿率に非常に良い相関が認められる。ここで各プロットの変化率（傾き）に注目した。架橋密度に対する初期吸湿率の変化率（図7の24時間吸湿データの傾き）はエポキシ基濃度を変化させた場合（図7の実線）でも平均エポキシ基数を変化させた場合（図7の破線）でも，大きな差は認められず，硬化物中の水酸基濃度の変化の有無の影響はほとんどみられなかった。これに対し，架橋密度に対する飽和吸湿率の変化率（図7の300時間吸湿データの傾き）は両者で異なった。エポキシ基濃度を変化させた場合（図7の実線）の変化率は，平均エポキシ基数を変化させた場合（図7の破線）の変化率の約2倍であった。更に，これら4つの変化率を比較すると，エポキシ基濃度を変化させた場合の飽和吸湿率の変化率（図7の実線の300時間吸湿データの傾き）のみが大きな値を示し，これ以外の3プロットは非常に近い値となっていることが分かった。

　越智らの研究[10]によると，エポキシ樹脂と硬化剤の配合比率を工夫することで，一般的には分離しづらい硬化物の架橋密度と水酸基濃度を独立させて検証した結果，吸湿初期の拡散係数は硬化物の架橋密度に影響を受け，飽和吸湿率は硬化物の水酸基濃度に影響を受けると報告されて

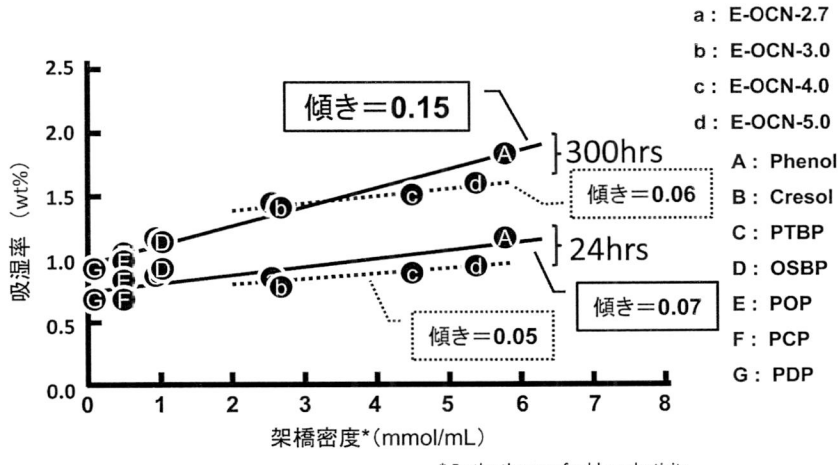

図7　エポキシ基濃度を変化させたノボラック型エポキシ樹脂硬化物の架橋密度と
　　　初期および飽和吸湿率の関係

いる。硬化物のゴム状領域の弾性率に理想ゴム弾性理論式[9]を適用して求めた架橋密度と，Doolittle の方法[11]によって求めた自由体積の関係から，橋架け密度の高い系ほど分子間の空間が大きいと報告したうえで，この現象をゴム状領域での運動性の低い硬化物ほど冷却の際に十分な網目鎖の充填ができず，網目鎖間に多くの自由体積を残したままガラス化するためと説明している[12]（図8）。即ち，架橋密度が高い硬化物ほど，分子間の空間が大きくなり，吸湿初期の拡散係数が大きな値となり，水酸基濃度が高い硬化物ほど，飽和吸湿率が上昇すると述べている。

　これらと先に紹介した図7の4プロットの傾きと照らし合わせると，①傾きが非常に近い3プロットの変化率は，架橋密度の違いから生じる自由体積の変化率を反映したものであり，②傾きが大きい飽和吸湿率の変化率（前記の3プロットの約2倍）は，架橋密度の違いと水酸基濃度の違いの両者を合わせた変化率を反映したものと考えられる。以上より，初期の吸湿量は水酸基濃度の大小に関わらず架橋密度に強く影響を受ける一方，初期の吸湿量から飽和量までの増加分は水酸基濃度に強く影響を受けることが本研究の検証でも確認された。また，飽和吸湿量に対する架橋密度の寄与と水酸基濃度の寄与の割合は，前者のみの変化率を1とすると，両者を合わせた場合の変化率が2であることから，それぞれ同程度と考えられる。

　図9に全てのサンプルの硬化物のガラス転移温度と吸湿率の関係を示す。架橋密度の増加は水酸基濃度や自由体積の増大を引き起こすため，高ガラス転移温度と低吸湿率は相反関係にあることが理解できる。

### 1.3.3　誘電率

　エポキシ基濃度（エポキシ当量の逆数）と硬化物の誘電率について述べる。誘電率とは絶縁体の電気の溜まりやすさの指標であり，溜まった電気の影響を受けて，その絶縁体に挟まれた導電

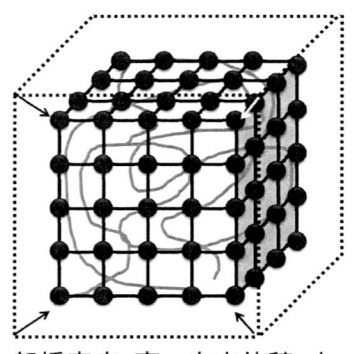
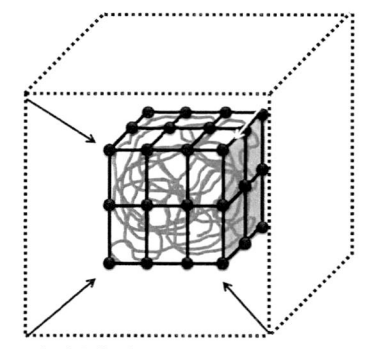

架橋密度：高 = 自由体積：大

架橋密度：低 = 自由体積：小

高温域から架橋構造が拘束され、冷却時に網目鎖間に大きな自由体積を残したままガラス化

ゴム状領域での運動性が高く、冷却時に架橋構造の充填が行われ、ガラス領域での自由体積が縮小

尚、架橋内部の充填は側鎖、あるいは架橋から離れた分子鎖などが考えられる

図8　架橋密度と自由体積の関係のイメージ図

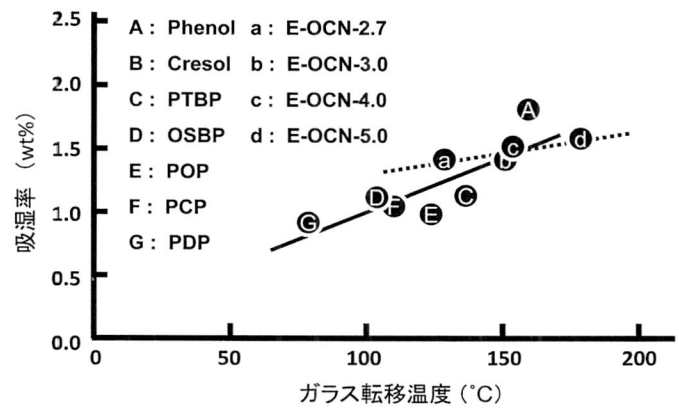

図9　ノボラック型エポキシ樹脂硬化物のガラス転移温度と飽和吸湿率の関係

部分の電気の流れが阻害を受ける。従って単位体積辺りの分極率が最も強い支配因子となり，分極率が高い構造ほど電気が蓄積されやすい。有機高分子材料の誘電率は以下に示す Clausius-Mossotti の理論 [13] で高度な予測ができる。

Clausius-Mossotti の式
$$\varepsilon = [1 + 2 \, (\Sigma\,\varphi / \Sigma\,v)] / [1 - (\Sigma\,\phi / \Sigma\,v)],$$
　　$\phi$：モル分極率，　$v$：モル体積

　つまり，誘電率の決定因子はモル分極率 / モル体積である。エポキシ樹脂硬化物にこの理論を当てはめた場合，水酸基濃度が誘電率への最も強い支配因子となる（表4）。

　図10の左側に各種アルキルフェノールノボラック型エポキシ樹脂のエポキシ基濃度（エポキシ当量の逆数）と硬化物の誘電率の関係を示す。吸湿率の場合と同様にエポキシ当量の低い（＝エポキシ基濃度の高い）エポキシ樹脂は，架橋密度の高い硬化物を付与すると同時に，硬化物中の水酸基濃度が高くなり，誘電率が上昇する。一方，図10の右側に示す通り平均核体数の違いによる硬化物の誘電率の間にほとんど差は認められない。

　図11に全てのサンプルの硬化物中の水酸基濃度と誘電率の関係を示した。エポキシ基濃度を変化させた A～G のプロットから，誘電率の変化は水酸基濃度の増減に因るものであることがわかる。この結果は，Clausius-Mossotti の式に，良く合致している。尚，F の $p$- クミルフェノールノボラック型エポキシ樹脂は，炭素数が多く，硬化物中の水酸基濃度も低いにも関わらず，例外的に誘電率が高い。これはクミル基が芳香族基であるために，同じ炭素数の脂肪族基と比較すると，硬化物のモル分極率が高いためと考えると説明できる。一方，平均エポキシ基数を変化させた a～d のプロットの水酸基濃度は殆ど変化しないため（図11の点線で囲った部分），電気の

表4　各原子団のモル分極とモル体積一覧
φ／νが小さいものが低誘電

| 原子団 | モル分極 φ | モル体積 ν | φ／ν |
|---|---|---|---|
| —F | 1.8 | 10.9 | 0.17 |
| —CH₃ | 5.6 | 23.9 | 0.23 |
| —CH₂— | 4.7 | 15.9 | 0.30 |
| —CH— | 3.6 | 9.5 | 0.38 |
| —C— | 2.6 | 4.8 | 0.54 |
| ⬡ | 25.0 | 65.5 | 0.38 |
| ⬡ | 25.5 | 73.7 | 0.35 |
| —C-O— | 15.0 | 23.0 | 0.65 |
| —C— | 10.0 | 13.4 | 0.75 |
| —O— | 5.2 | 10.0 | 0.52 |
| **—OH** | 20.0 | 9.7 | 2.06 |

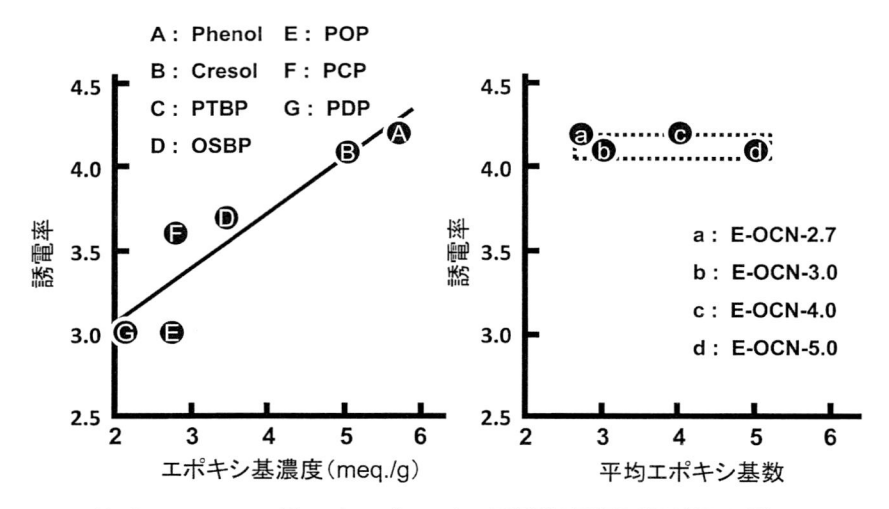

- Hardener　　　：Phenol novolac resins, PHENOLITE TD-2131 (SP=80℃) Stoichiometric ratio
- Accelerator　 ：TPP  1.0 phr
- Curing schedule ：175℃ /5hr　 • Measurement condition：25℃, 1MHz

図10　ノボラック型エポキシ樹脂のエポキシ基濃度およびエポキシ基数と硬化物誘電率の関係

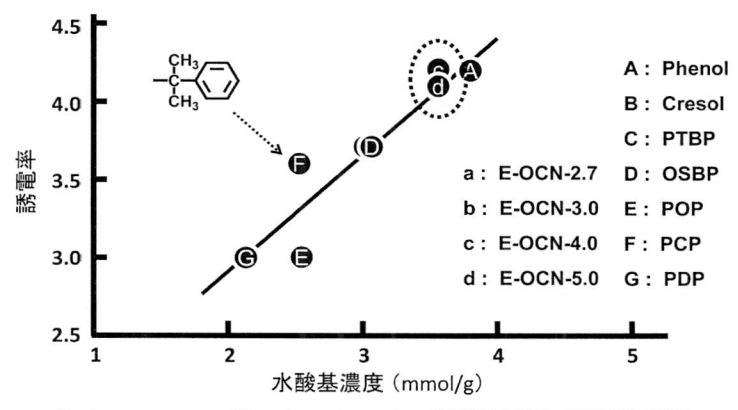

図 11　ノボラック型エポキシ樹脂硬化物の水酸基濃度と硬化物誘電率の関係

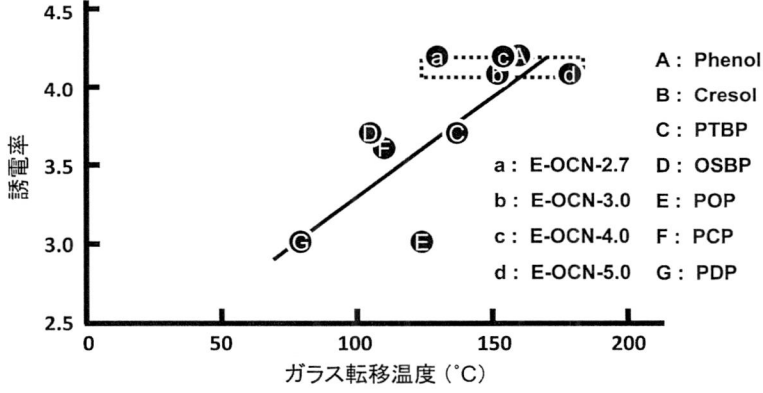

図 12　ノボラック型エポキシ樹脂硬化物のガラス転移温度と誘電率の関係

溜まりやすさの指標である誘電率は一定の値を示す。"1.3.2　吸湿率"述べた通り，吸湿率は水酸基濃度以外に自由体積を決める因子である架橋密度に影響受けるが，これとは異なり自由体積は誘電率に影響をおよぼさないことを示唆するデータと言える。

　図 12 に全てのサンプルの硬化物のガラス転移温度と誘電率の関係を示す。エポキシ基濃度の増加に伴う架橋密度の増加は水酸基濃度の増大を引き起こすため，高ガラス転移温度と低誘電率は相反関係にある。一方，平均エポキシ基数の増加に伴う架橋密度の増加は水酸基濃度を変化させないため，この手法でガラス転移温度を向上させた場合，誘電率は影響を受けない。

### 1.3.4　誘電正接

　誘電正接とは絶縁材料に交流電圧を印加した際の分子の振動性の指標である。極性基などの電場変化に追従しやすい分子で構成された絶縁体は電気エネルギーが熱エネルギーに変換されてしまうので，その分のロスが発生する。従って　分子の分極性に加えて分子の剛直性やパッキング性などが支配因子となり得る。本来，誘電率と誘電正接は無関係であるが，強い誘電分極部である水酸基を架橋構造中に有するエポキシ樹脂硬化物では誘電率と誘電正接に正の相関関係が成立する場合が多い。

　図13の左側にエポキシ基濃度（エポキシ当量の逆数）と硬化物の誘電正接の関係を示す。この実験例では側鎖のアルキル鎖長が異なるのみで，架橋を形成する主鎖骨格は全てノボラック構造であるため，主鎖の振動性は同等であり，分子骨格の剛直性の因子は無視できると考えられる。従って誘電率の場合と同様にエポキシ当量の低い（＝エポキシ基濃度の高い）エポキシ樹脂は，架橋密度の高い硬化物を付与すると同時に，硬化物中の水酸基濃度が高くなり，誘電正接が上昇する。次に図13の右側に平均エポキシ基数と硬化物の誘電正接の関係を示す。図10の右側に示した誘電率との関係と異なり，図13の右側には正の相関関係が認められる。図14に示した通り，a～dのプロットの硬化物中の水酸基濃度は一定にも関わらず（図14の点線で囲った部分），誘電正接が平均エポキシ基数と相関する理由は今のころと明かではないが，架橋密度の違いから生じる自由体積の変化が，印加した際の分子の振動性にも影響を与えているのかもしれない。実際，図15に示す通り，架橋密度と誘電正接は全てのサンプルで良い相関が認められる。

　図16に硬化物のガラス転移温度と誘電率の関係を示す。架橋密度の増加は水酸基濃度を増大させるため，高ガラス転移温度と低誘電正接は相反関係にあることが理解できる。

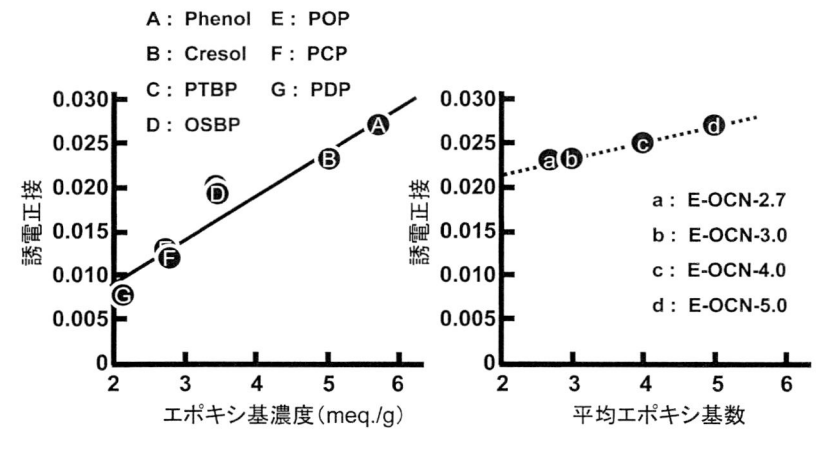

図13　ノボラック型エポキシ樹脂のエポキシ基濃度およびエポキシ基数と硬化物誘電正接の関係

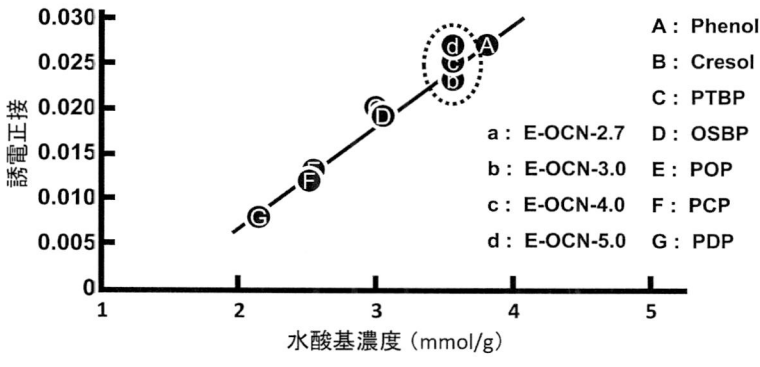

図14　ノボラック型エポキシ樹脂硬化物の水酸基濃度と硬化物誘電正接の関係

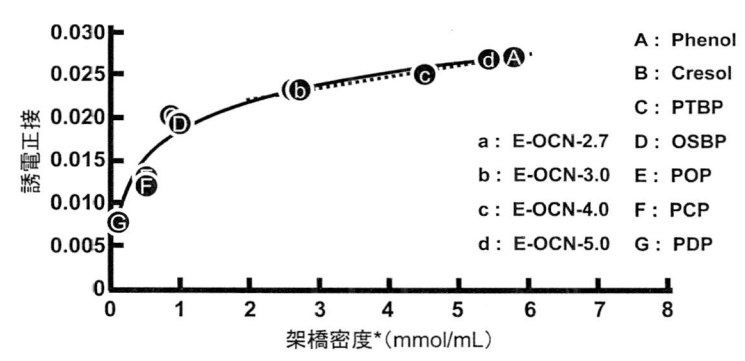

図15　ノボラック型エポキシ樹脂硬化物の架橋密度と誘電正接の関係

### 1.3.5　熱膨張率

　エポキシ樹脂の分子構造と熱膨張性（特にガラス転移温度以下の領域の $\alpha 1$）の因果関係に関しては詳しくは解明されていない。耐熱性や吸湿性などの特性に大きな変化を与えるほどに分子構造を大きく変化させても $\alpha 1$ にはそれほど大きな変化が現れないからである。この様な中，熱膨張率の低下には，ガラス領域においてネットワーク構造中の分子骨格のパッキング性を高め，自由体積を縮小させることで，$\alpha 1$ を下げられるというメカニズムが提唱されている。ネットワーク構造中の分子骨格のパッキング性向上には，立体障害の小さい構造や強い分子間相互作用を誘起できる構造の導入が効果的であり，具体的にはナフタレンのような平面構造や，スルホン基などの強分極基の導入例が報告されている[14~16]。

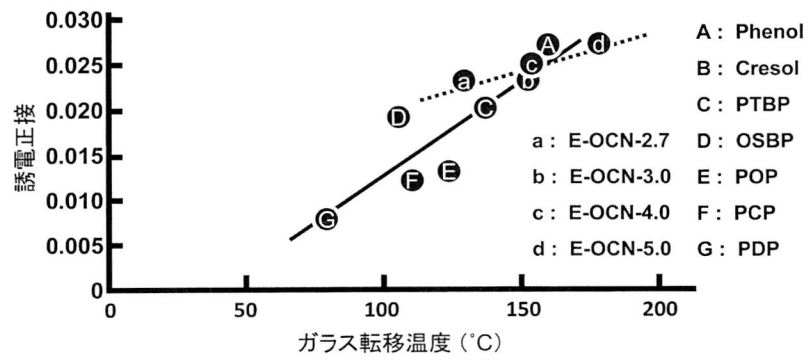

図16　ノボラック型エポキシ樹脂硬化物のガラス転移温度と誘電正接の関係

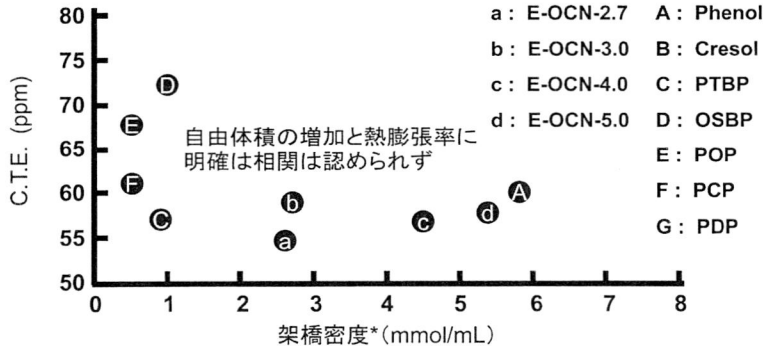

図17　ノボラック型エポキシ樹脂硬化物の架橋密度と $Tg$ 以下の熱膨張率（$\alpha 1$）の関係

　図17にゴム弾性理論から算出された硬化物の架橋密度と熱膨張率（$\alpha 1$）の関係を示す。架橋密度の減少は自由体積を縮小させるため，熱膨張率の低下を期待したが，我々の検討では明確な相関は認められなかった。この理由として，低熱膨張化には水素結合や van der Waals 力などの分子間相互作用や π － π スタッキングから生じる分子配列の秩序性の付与が重要であり，今回の実験例のように分子間相互作用が無く無秩序な架橋構造をベースとした自由体積の減少では熱膨張率低下の効果を発揮しないと考察される。

## 1.4　構造と化学的耐熱性の関係

　図18に示す各種エポキシ樹脂について，硬化剤として軟化点80℃のフェノールノボラックを用いて硬化物を作製し，その「5%重量減少温度」と「グリシジルエーテル基とフェノール性水酸基との架橋反応により生じる脂肪族エーテル酸素の濃度（当量配合比率からの計算値）」との関係を示した結果を図19に示す。図19より，5%重量減少温度は分解の基点となる脂肪族エーテル酸素濃度におおむね依存していることが分かるが，分解しやすいメチレン結合を有するナフ

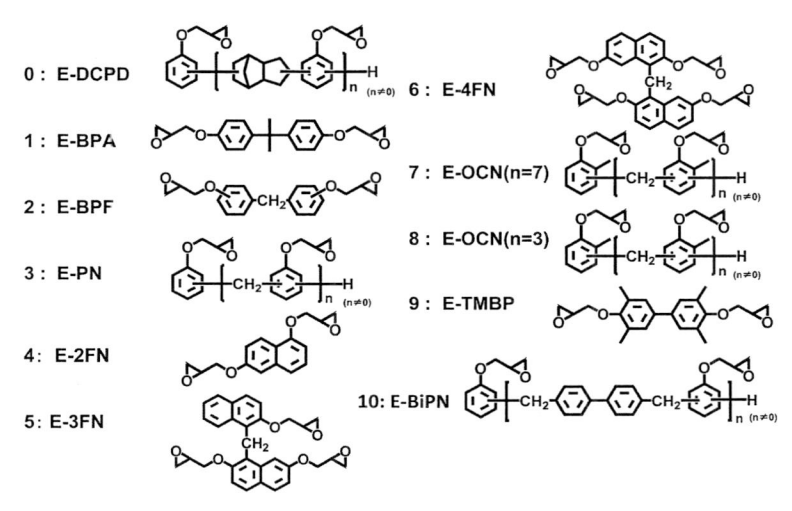

図18　硬化物の5%重量減少温度を評価した各種エポキシ樹脂

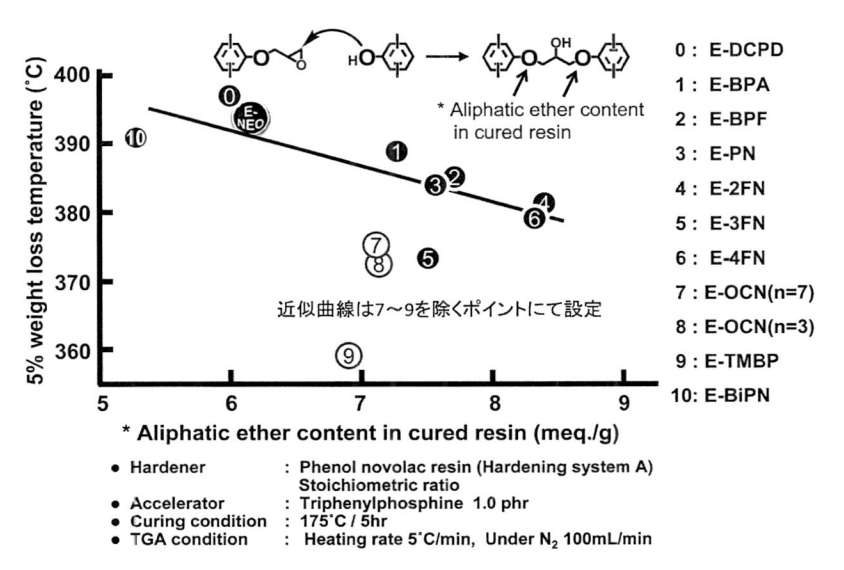

図19　各種エポキシ樹脂硬化物の5%重量減少温度とエポキシ架橋由来のエーテル濃度の関係

タレン型の E-FN3 やフェノール核にメチル基を有するエポキシ樹脂では，エポキシ架橋由来の脂肪族エーテル酸素濃度の寄与以上に，化学的耐熱性が低下していることが伺える。

## 1.5　高耐熱性特殊エポキシ樹脂の開発事例

　著者らはこれまで 2,7- ジヒドロキシナフタレンをアルカリ触媒下，200℃で反応させることにより，ナフチレンエーテルの 3 分子脱水反応（3 量化）が選択的に進行することを見出し，これを応用することで物理的耐熱性と化学的耐熱性を両立する高耐熱性特殊エポキシ樹脂の開発に成功している[17〜20]。これらナフチレンエーテルオリゴマー型エポキシ樹脂（E-NEO）の硬化物は，硬化剤と架橋部位以外の構造が強固なナフタレン環と耐熱分解性に優れる芳香族性のエーテル酸素および直接結合のみであるため，高い物理的および化学的耐熱性を発現していると考えられる。

　図 20 に本項で用いた全ての硬化物の架橋密度とガラス転移温度の関係を示す。これらは硬化物の架橋密度とガラス転移温度の関係を，定量的に明確化したデータと言える。この定量データよりノボラック型エポキシ樹脂の場合，架橋密度の増強手法ではガラス転移温度の上限は 200℃程度と推定できる。一方，E-3FN や E-4FN および E-NEO などのナフタレン環骨格を有するエポキシ樹脂は高いガラス転移温度を付与している。特に，E-NEO は架橋密度とガラス転移温度の関係が特異的で，骨格の剛直性の高さが理解できる。

　図 21 にガラス転移温度と相反する特性の例として吸湿率のプロットを示す。一般的に高耐熱型エポキシ樹脂は，架橋密度が高く，これまで示したように硬化物中の水酸基濃度理論や自由体

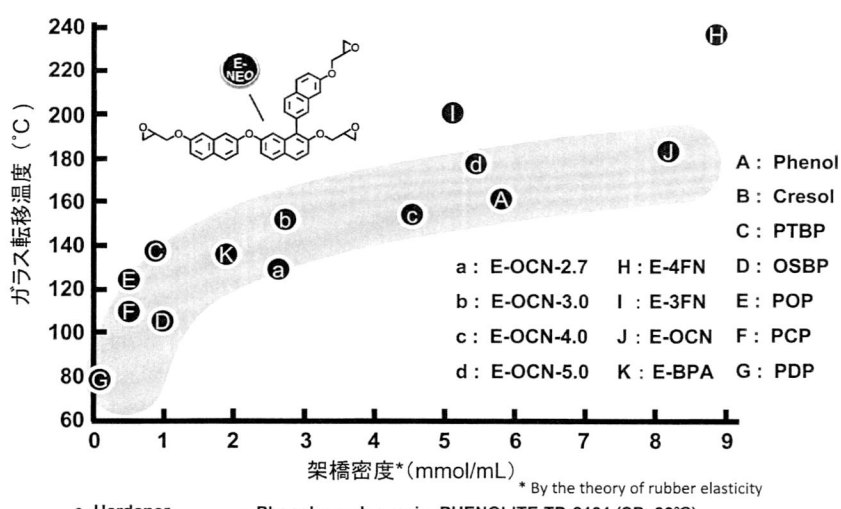

図20　各種エポキシ樹脂硬化物の架橋密度とガラス転移温度の関係と E-NEO の特異性

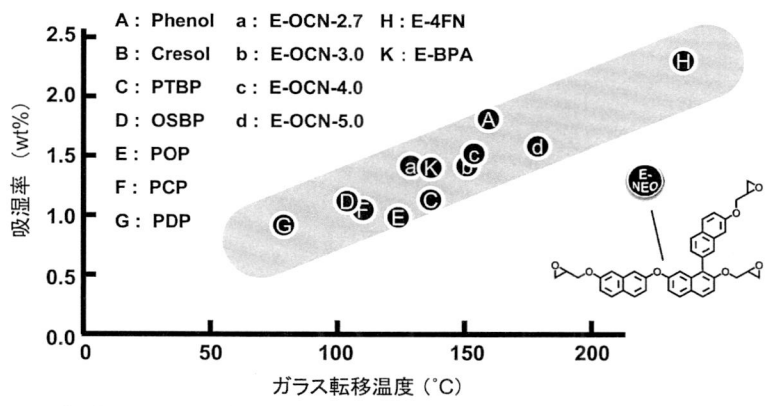

図21 各種エポキシ樹脂硬化物のガラス転移温度と吸湿率の関係と E-NEO の特異性

積理論によって裏付けられるように吸湿特性の悪いものが多いが，図21に示した通り E-NEO の吸湿特性は通常の傾向とは反する特性を示した。E-NEO は架橋密度が低い（＝架橋点に生成する水酸基濃度が低い）ながら，骨格由来の高いガラス転移温度を発現するため，高耐熱性と低吸湿性を両立する稀少なエポキシ樹脂となる。

図19の「5%重量減少温度」と「グリシジルエーテル基とフェノール性水酸基との架橋反応により生じる脂肪族エーテル酸素の濃度（当量配合比率からの計算値）」との関係に E-NEO をプロットした。一般的なガラス転移温度の向上手法である架橋密度の増強を行った場合は，熱分解しやすいグリシジルエーテル由来の脂肪族エーテル酸素の濃度が高まるため，化学的耐熱性が低下する場合が多いが，E-NEO はその低い架橋密度と剛直な主鎖構造に基づいた，高い化学的耐熱性と物理的耐熱性を兼備している。

## 1.6 まとめ

エポキシ基濃度およびエポキシ基数の増加が，硬化物の架橋密度を増加させ，硬化物により高いガラス転移温度を付与することを定量的に明確化した。硬化物の諸特性に関してエポキシ基濃度の影響とエポキシ基数の影響を比較することで，硬化物の水酸基濃度と架橋密度を独立させて検証した結果，架橋密度が支配因子なのは，ガラス転移温度であり，水酸基濃度が支配因子なのは，誘電率であり，吸湿率および誘電正接は，架橋密度と水酸基濃度の両方の影響を受けることを定量的に明らかにした。これと同時に，架橋密度を高める手法では，他の機能目標が相反関係となることが明らかとなり，そのメカニズムを先人の理論を用いて関連づけた。

更に架橋密度の増強手法ではなく，新たな分子設計技術の開発の必要性を示し，特殊骨格導入による開発事例を示した。

# 文　　献

1) 竹市力，高機能デバイス用耐熱性高分子材料の最新技術，pp.7-8，シーエムシー出版（2011）
2) 有田和郎，エレクトロニクス実装学会誌，**16**，352-358（2013）
3) 小椋一郎，DIC Technical Review，**7**，1-11（2001）
4) H. Lee, "HANDBOOK OF EPOXY RESINS", Chapter 4-12, McGraw-Hill（1967）
5) 打矢裕己ほか，ネットワークポリマー，**27**，151-158（2006）
6) 小松徳太郎，第63回ネットワークポリマー講演討論会要旨集，p.123（2013）
7) 新保正樹，越智光一，小西康雄，高分子化学，**28**，319-325（1971）
8) 新保正樹，越智光一，高分子論文集，**31**，124-128（1974）
9) T. Kats, A.V. Tobolsky, *J. Polym. Sci., Part A*, **2**, 1595-1605（1964）
10) 越智光一，石井晶子，松本明彦，熱硬化性樹脂，**15**，1-7（1994）
11) A.K. Doolittle, *J. Appl. Polym. Sci., Appl. Polym. Symp*, **34**, 89-101（1978）
12) M. Ochi, K. Yamashita, M. Yoshizumi, *J. Appl. Polym Sci.*, **38**, 789-799（1989）
13) D.W. Van Krevelen, "Properties of Polymers", pp.321-341, Elsevier B.V.（1997）
14) 越智光一，坪内卓己，景山洋行，新保正樹，日本接着協会誌，**25**，222-227（1989）
15) 小椋一郎，ネットワークポリマー，**31**，113-124（2010）
16) 大西裕一，大山俊彦，高橋昭雄，高分子論文集，**68**，62-71（2011）
17) 有田和郎，小椋一郎，ネットワークポリマー，**30**，192-199（2009）
18) DIC㈱，US8729192 B2
19) DIC㈱，特許第4285491号
20) DIC㈱，特許第4259536号

## 2 ビスマレイミド系高耐熱樹脂の材料設計

大塚恵子*

### 2.1 はじめに

　ビスマレイミド樹脂は剛直なイミド環を持つために，同じ熱硬化性樹脂であり電子材料に多用されているエポキシ樹脂を超える高い耐熱性と低い熱膨張性を示し，また，成形時に揮発ガスの発生がないことから複合材料のマトリックス樹脂として主に使用されている。一方で，ビスマレイミド樹脂の高耐熱性は硬化樹脂の架橋密度が高いことによるものであり，脆いという欠点をあわせ持つことから，ビスマレイミド樹脂が使用されている分野では靭性の改良が要求されている。

　著者らは，ビスマレイミド樹脂の出発原料が持つマレイミド基の反応性に着目し，その反応性を利用した靭性改良について研究を行っている。本稿では，マレイミド基の反応性を利用した高耐熱エポキシ樹脂の合成や，ビスマレイミド樹脂の靭性を改善するための材料設計や応用についての著者らの研究成果について概説する。

### 2.2 マレイミド変性エポキシ樹脂

　マレイミド基はカルボニル基に隣接する二重結合の影響により反応性に富んでおり，ビスマレイミド化合物とアリル化合物やビニル化合物とのブレンド系においては，マレイミド基とアリル基の共重合以外に，エン反応やディールス・アルダー反応が起きることが知られている[1~3]。著者らは，側鎖にアリル基を持つエポキシ樹脂（DADGEBA）のアリル基とフェニルマレイミド（N-フェニルマレイミド）を 1/4（モル比）の割合で反応させることで側鎖にイミド骨格を持つマレイミド変性エポキシ樹脂（MDGEBA）を合成し，側鎖の嵩高いユニットが耐熱性に及ぼす影響を検討した[4]。使用した樹脂材料を図1，アミン（1,3-フェニレンジアミン，MPDA）硬化系 MDGEBA のガラス転移温度を表1にそれぞれ示した。いずれの配合系においても，MDGEBA は，汎用エポキシ樹脂であるビスフェノール A 型エポキシ樹脂（DGEBA）と比較して 50~90℃高いガラス転移温度を示し，エポキシ樹脂の側鎖に嵩高い骨格を導入することが耐熱性向上に寄与していることが明らかになった。さらに，エポキシ樹脂の耐熱性向上が接着強度に与える影響について検討した。MDGEBA を接着剤とした接着試験片を 200℃に暴露した場合のせん断接着強度の経時変化を図2に示した。100 時間暴露後の接着強度は，DGEBA は初期接着強度の 44%を維持しているにすぎないが，MDGEBA は 64%を維持した。これは，MDGEBA が 200℃以上のガラス転移温度を持つことによるもので，MDGEBA は DGEBA と比較して耐熱接着性にも優れていることが明らかになった。

---

＊　Keiko Ohtsuka　（地独）大阪産業技術研究所　研究主幹，有機材料研究部
　　　　　　　　　　熱硬化性樹脂研究室長

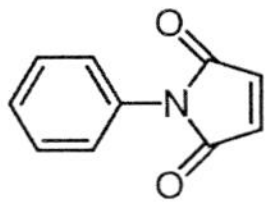

N-フェニルマレイミド
(PMI)

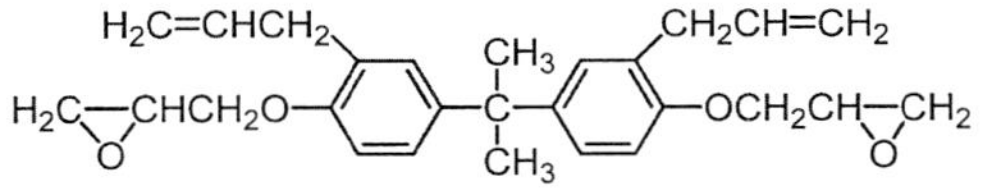

ジアリルビスフェノールA型エポキシ樹脂
(DADGEBA)

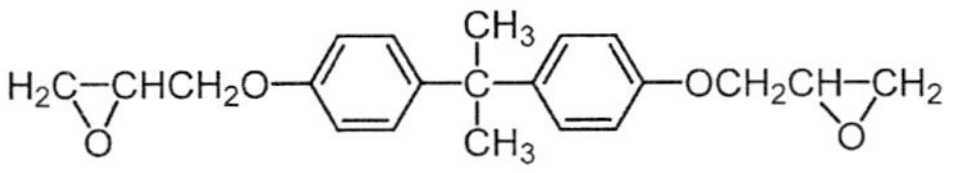

ビスフェノールA型エポキシ樹脂
(DGEBA)

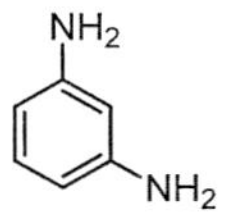

1,3-フェニレンジアミン
(MPDA)

図1　マレイミド変性エポキシ樹脂の樹脂原料

表1　マレイミド変性エポキシ樹脂のガラス転移温度

| エポキシ樹脂／アミン（モル比） | MDGEBA | DGEBA |
| --- | --- | --- |
| 1/0.5 | 252 | 166 |
| 1/0.8 | 220 | 164 |
| 1/1 | 210 | 160 |

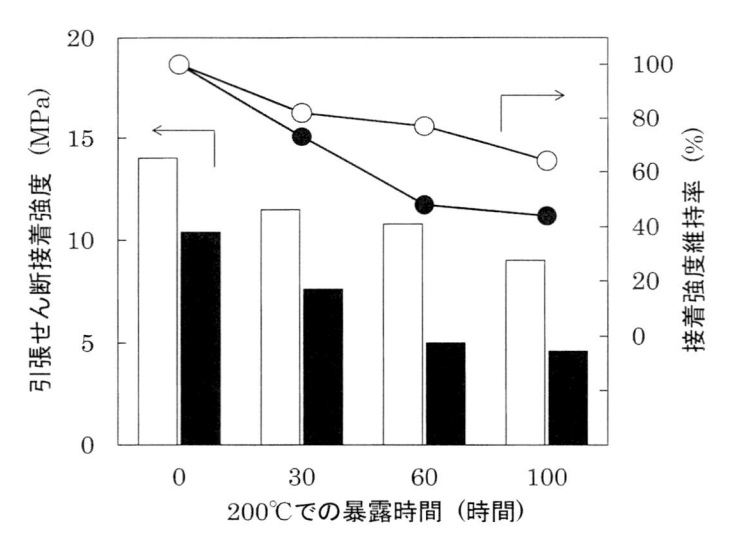

図2　200℃における引張りせん断接着強度の経時変化
□ ○ MDGEBA,　■ ● DGEBA

## 2.3　エポキシ変性ビスマレイミド樹脂

　次に DADGEBA とビスマレイミド化合物（4,4'‐ジフェニルメタンビスマレイミド，BMI），MPDA の 3 成分ポリマーアロイにおいて，DADGEBA のアリル基に対するマレイミド基とアミンの配合割合が耐熱性に与える影響について検討した。使用した樹脂原料を図 3，結果を表 2 にそれぞれ示した。サンプル A の配合割合と比較して，アリル基 1 に対するマレイミド基の配合割合を 2 にした場合（サンプル B，C）にガラス転移温度の大幅な向上が認められた。この反応系においては，①マレイミド基とアリル基の共重合，②マレイミド基とアリル基のエン反応やディールス・アルダー反応，③マレイミド基とアミンのマイケル付加反応，④アリル基とアミンの付加反応，⑤マレノミド基の重合反応，⑥エポキシ基とアミンの付加反応など，さまざまな反応が起こっていると予測されることから，アリル基に対するマレイミド基の配合割合が大きくなることで，より複雑なネットワーク構造を形成するために耐熱性が向上したものと考えられる。熱分解温度についてもマレイミド基の配合割合が大きくなるほど高い値を示した。一般的に芳香環が多い硬化物ほど耐熱分解性に優れることから，ビスマレイミド化合物の増加とともに熱分解温度が向上したものと考えられる。

　ビスマレイミド樹脂は架橋密度が高いために脆いという欠点があり，その靱性の改良が要求されている。ビスマレイミド樹脂の靱性改良のために，ビスマレイミド樹脂を芳香族アミンで変性することで架橋点間距離を増加させ，架橋密度を小さくする [5~9]，あるいは剛直で対称的な構造

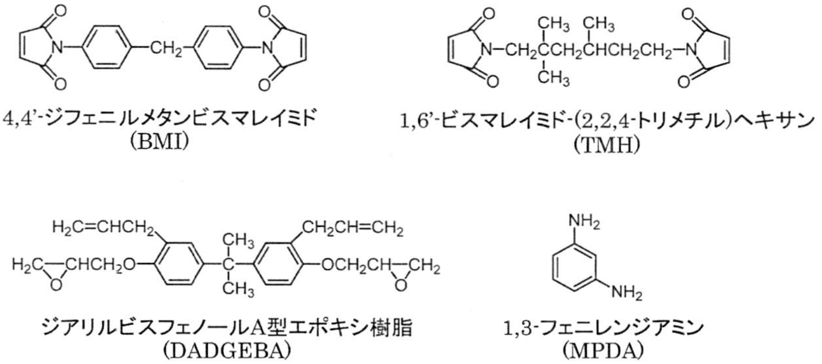

4,4'‐ジフェニルメタンビスマレイミド
（BMI）

1,6'‐ビスマレイミド‐(2,2,4‐トリメチル)ヘキサン
（TMH）

ジアリルビスフェノールA型エポキシ樹脂
（DADGEBA）

1,3‐フェニレンジアミン
（MPDA）

図 3　エポキシ変性ビスマレイミド樹脂の樹脂原料

表 2　エポキシ変性ビスマレイミド樹脂の耐熱性

| サンプル | 配合割合（モル比） | | | ガラス転移温度（℃） | 熱分解温度（℃） |
|---|---|---|---|---|---|
| | DADGEBA | BMI | MPDA | | |
| A | 1 | 1 | 1 | 255 | 389 |
| B | 1 | 2 | 0.5 | 373 | 412 |
| C | 1 | 2 | 1 | 350 | 399 |

をビスマレイミド骨格に導入する報告 [10, 11] があるが，一方で機械特性の低下や成形性が悪くなる。

　ビスマレイミド化合物と DADGEBA，MPDA の３成分ポリマーアロイが優れた耐熱性を示すことが明らかになったので，次に，このポリマーアロイにおいて耐熱性と靭性の両立を目指した。ビスマレイミド化合物としては，BMI と，主鎖が長鎖脂肪族ユニットである 1,6'-ビスマレイミド-(2,2,4-トリメチル) ヘキサン（TMH）を使用した（図3）。DADGEBA のアリル基に対するマレイミド基とアミンの配合割合がガラス転移温度と破壊靭性値に与える影響について検討した結果を表3に示した。長鎖脂肪族ユニットを主鎖に持つ TMH を配合することで破壊靭性値の向上が認められた（サンプル E，F，G）。ビスマレイミド化合物として BMI のみを用いたサンプル D のアミンの配合割合をそのままにして TMH を配合したサンプル E と F は，サンプル D と比較してガラス転移温度の低下が認められたが，これは長鎖脂肪族ユニット導入の影響であると考えられる。また，サンプル D よりもビスマレイミド化合物とアミンの配合割合を大きくしたサンプル G は，サンプル D と比較してガラス転移温度の向上が認められた。ビスマレイミド化合物として BMI のみを用いた表2において，マレイミド基の配合割合が同じサンプルB と C を比較すると，アミンの配合割合が大きいサンプル C の方がガラス転移温度は低下した。これは，反応性基の増加により，より緻密なネットワークを形成するために分子運動性が低下して未反応官能基が増加したためと考えられる。一方，本系においては，柔軟な長鎖脂肪族ユニットを持つ TMH の導入により，アミンの配合割合が大きい場合においてもネットワーク構造を形成する過程での分子運動性が向上することで未反応官能基が減少し，その結果，ガラス転移温度が上昇したものと考えられる。

## 2.4　チオール変性ビスマレイミド樹脂

　ジアリルビスフェノール A（DABPA）で変性したビスマレイミド樹脂は，複合材料のマトリックス樹脂として広く使用されている。一方，ビスマレイミド樹脂と同様に脆いという欠点があるために，靭性の改良が要求されている。ジアリルビスフェノール A で変性したビスマレイミド樹脂（BMI/DABPA 樹脂）の靭性の改善に関する研究もされているが，耐熱性と靭性の両立は困難であった [12]。

表3　エポキシ変性ビスマレイミド樹脂の耐熱性と靭性

| サンプル | 配合割合（モル比） | | | | ガラス転移温度（℃） | 破壊靭性（MPa・m$^{1/2}$） |
|---|---|---|---|---|---|---|
| | DADGEBA | BMI | TMH | MPDA | | |
| D | 1 | 1 | 0 | 0.5 | 241 | 0.60 |
| E | 1 | 0.5 | 0.5 | 0.5 | 228 | 1.01 |
| F | 1 | 0.7 | 0.7 | 0.5 | 238 | 0.97 |
| G | 1 | 0.7 | 0.7 | 1 | 271 | 0.93 |

　一般に，熱硬化性樹脂の靭性改善のために柔軟鎖を持つ化合物を導入すると，靭性は向上するが耐熱性は低下する。そこで，マレイミド基やアリル基と反応するチオール基と長鎖脂肪族ユニットを持つチオール化合物を BMI/DABPA 樹脂に配合することで耐熱性と靭性の両立を目指した[13]。チオール化合物としては，トリス ［(3- メルカプトプロピオニロキシ) エチル］ イソシアヌレート (TEMPIC) とペンタエリスリトールテトラキス -3- メルカプトプロピオネート (PEMP) を用いた。図 4 に使用したチオール変性ビスマレイミド樹脂の樹脂原料を示した。チオール化合物の側鎖末端のチオール基は，マレイミド基とマイケル付加反応，アリル基とチオール・エン反応を起こすことが予想される。

　図 5 にチオール変性ビスマレイミド樹脂の硬化条件，図 6 にチオール変性ビスマレイミド樹脂の各硬化条件における赤外吸収スペクトルを，それぞれ示した。硬化温度が上昇するほど，マレイミド基の C-N-C 伸縮振動に由来する 830 cm$^{-1}$，1,148 cm$^{-1}$，およびマレイミド環に由来する 690 cm$^{-1}$ の吸収が減少し，マレイミド基とアリル基の反応で生成する 1,168 cm$^{-1}$ のスクシンイミド環の C-N-C 伸縮振動の吸収が増加した。また，914 cm$^{-1}$ のアリル基の ＝C-H 変角振動，および 2,555 cm$^{-1}$ のチオール基の SH 伸縮振動の吸収が減少した。チオール基の SH 伸縮振動の吸収は，硬化温度 200℃ でほぼ消失した。

　次に，チオール変性ビスマレイミド樹脂の硬化条件による官能基残存率の変化を赤外吸収スペクトルから計算した。1,702 cm$^{-1}$ の C＝O 伸縮振動の吸光度を基準として，690 cm$^{-1}$ のマレイミド環，914 cm$^{-1}$ のアリル基の ＝C-H 変角振動，2,555 cm$^{-1}$ のチオール基の SH 伸縮振動の吸光度比を求め，図 7〜9 に示した。図 7 より，チオール化合物で変性した場合のマレイミド基残存率は，未変性系である BMI/DABPA 樹脂のそれと比較して硬化反応の初期段階から大きく減少した。また，250℃ まで加熱した場合のマレイミド基残存率は，BMI/DABPA 樹脂の 30% に対して，TEMPIC 配合系で 12%，PEMP 配合系で 14% を示した。アリル基は，他の官能基と比

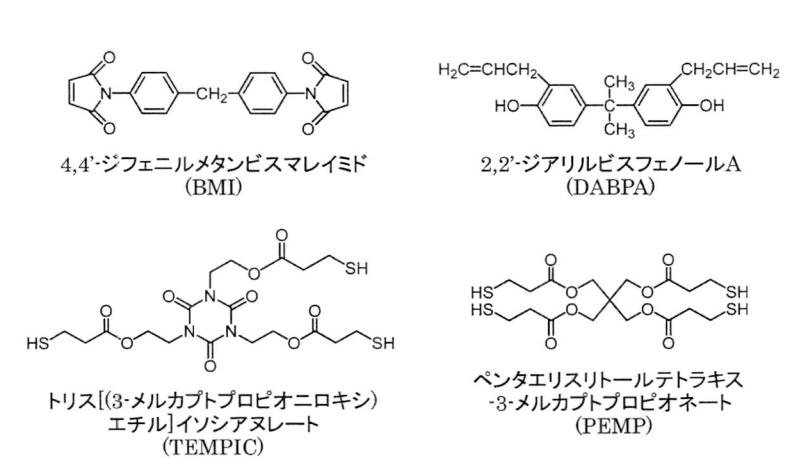

4,4'-ジフェニルメタンビスマレイミド
(BMI)

2,2'-ジアリルビスフェノールA
(DABPA)

トリス[(3-メルカプトプロピオニロキシ)
エチル]イソシアヌレート
(TEMPIC)

ペンタエリスリトールテトラキス
-3-メルカプトプロピオネート
(PEMP)

**図 4　チオール変性ビスマレイミド樹脂の樹脂原料**

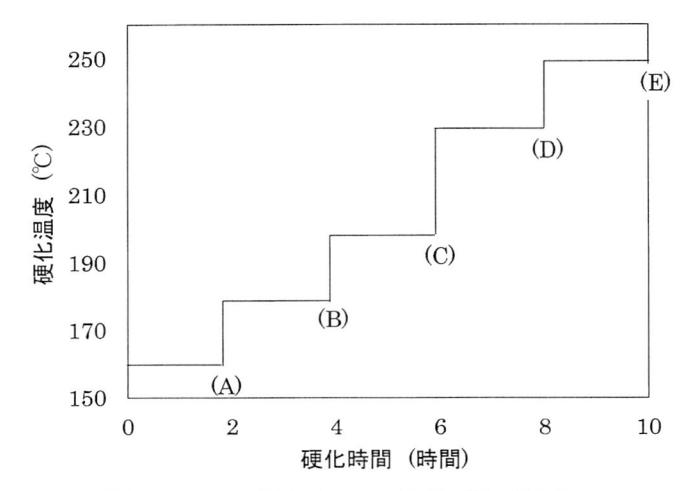

**図5 チオール変性ビスマレイミド樹脂の硬化条件**
(A) 160℃ 2 時間, (B) 160℃ 2 時間 + 180℃ 2 時間,
(C) 160℃ 2 時間 + 180℃ 2 時間 + 200℃ 2 時間,
(D) 160℃ 2 時間 + 180℃ 2 時間 + 200℃ 2 時間 + 230℃ 2 時間,
(E) 160℃ 2 時間 + 180℃ 2 時間 + 200℃ 2 時間 + 230℃ 2 時間 + 250℃ 2 時間

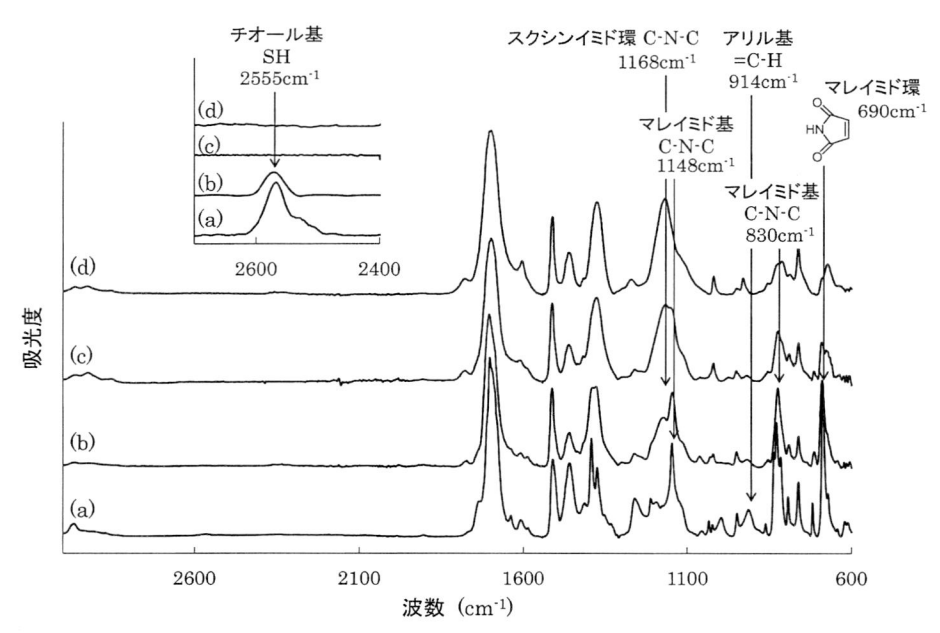

**図6 チオール変性ビスマレイミド樹脂の FTIR チャート**
(a)硬化前, (b) 160℃ 2h, (c) 160℃ 2h + 180℃ 2h + 200℃ 2h,
(d) 160℃ 2h + 180℃ 2h + 200℃ 2h + 230℃ 2h + 250℃ 2h

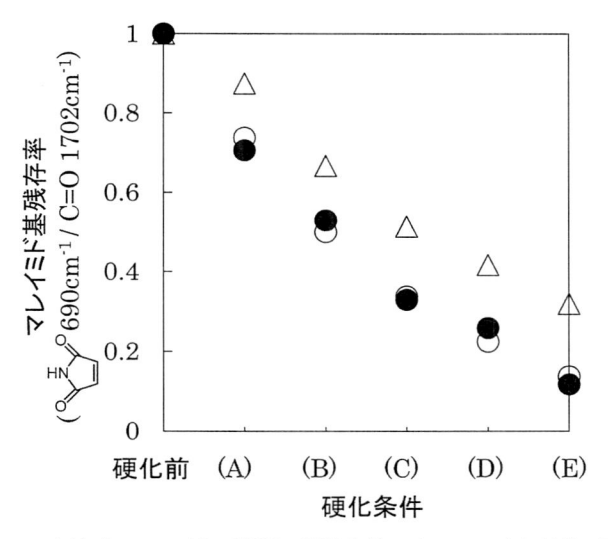

図7　チオール変性ビスマレイミド樹脂の硬化条件によるマレイミド基の残存率変化
△ BMI/DABPA＝3/1，　● BMI/DABPA/TEMPIC＝3/1/0.2，
○ BMI/DABPA/PEMP＝3/1/0.2（モル比）

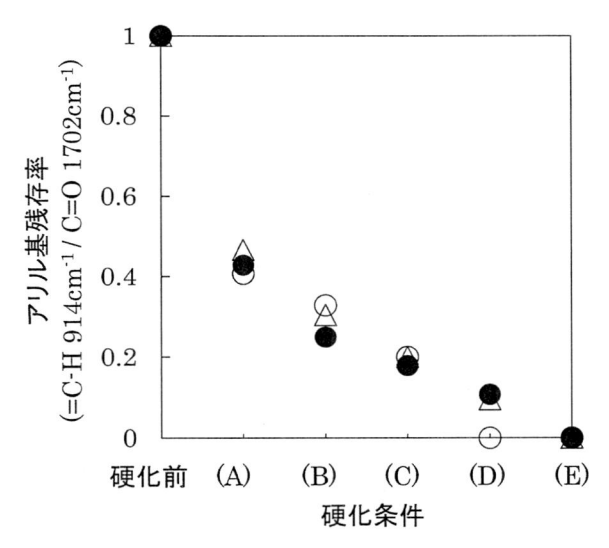

図8　チオール変性ビスマレイミド樹脂の硬化条件によるアリル基の残存率変化
△ BMI/DABPA＝3/1，　● BMI/DABPA/TEMPIC＝3/1/0.2，
○ BMI/DABPA/PEMP＝3/1/0.2（モル比）

較して硬化反応の初期段階から大きく減少し，250℃においてはいずれの配合系においても残存
しなかった（図8）。また，チオール化合物配合の有無によるアリル基残存率の差は認められな
かったことから，この反応系においてはアリル基とチオール基の反応はあまり起こっていないも

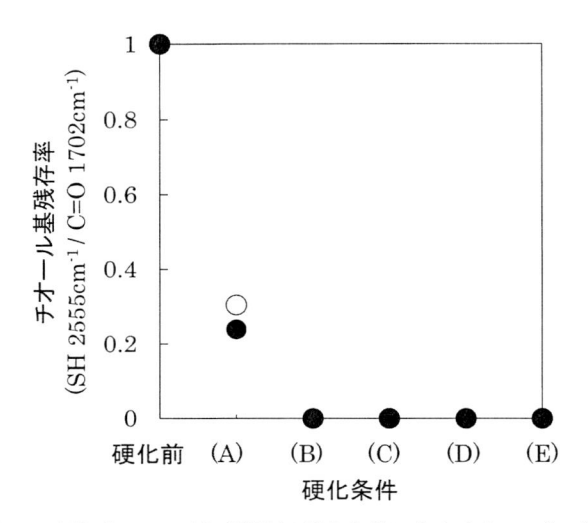

**図9　チオール変性ビスマレイミド樹脂の硬化条件によるチオール基の残存率変化**
● BMI/DABPA/TEMPIC = 3/1/0.2,　○ BMI/DABPA/PEMP = 3/1/0.2（モル比）

のと考えられる。図9より，チオール化合物で変性した場合のチオール基残存率については硬化反応の初期段階から大きく減少し，いずれの系でも180℃で消失した。マレイミド基残存率がチオール化合物の配合によって大きく低下した一方で，アリル基残存率がチオール化合物配合の有無によってほとんど変化しなかった結果から，チオール基残存率の低下は，主にマレイミド基とチオール基の反応によるものであると考えられる。また，チオール化合物で変性した場合のマレイミド基残存率の低下は，TEMPIC や PEMP が長鎖脂肪族ユニットを持つために BMI/DABPA 樹脂と比較してネットワークの分子運動性が大きくなり，その結果として硬化反応がより進行したことも理由に挙げられる。

　図10, 11 にチオール変性ビスマレイミド樹脂の動的粘弾性挙動を示した。未変性樹脂では，低温から高温域にわたる損失正接曲線のピーク強度は非常に小さくなった。また，貯蔵弾性率はゴム状領域においても $10^9$ Pa という非常に高い値を示した。これはマレイミド基とアリル基の反応により嵩高い構造が形成されるために，ネットワーク全体の分子運動性が抑制されたためであると考えられる。チオール変性ビスマレイミド樹脂の貯蔵弾性率については，チオール化合物配合量の増加とともに低下したもののゴム状領域においても $10^9$ Pa 以上の値を示した。また，チオール化合物配合系の損失正接曲線の $\alpha$ 緩和がすべての系において単一のピークであったこと，および硬化物の外観が透明であったことから，硬化物は相分離せずに均一構造であると考えられる。

　表4, 5にチオール変性ビスマレイミド樹脂の硬化物物性を示した。チオール化合物の配合によりガラス転移温度の上昇が認められ，未変性樹脂のガラス転移温度295℃に対して，TEMPICを 0.1 モル比配合した場合には 311℃，PEMP を 0.1 モル比配合した場合には 305℃を示し，剛直

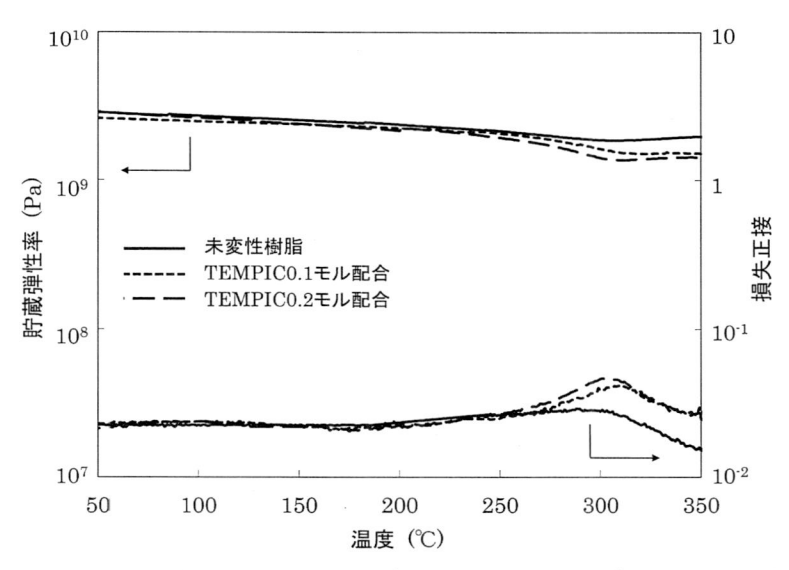

図10　チオール変性ビスマレイミド樹脂（BMI/DABPA/TEMPIC）の動的粘弾性挙動

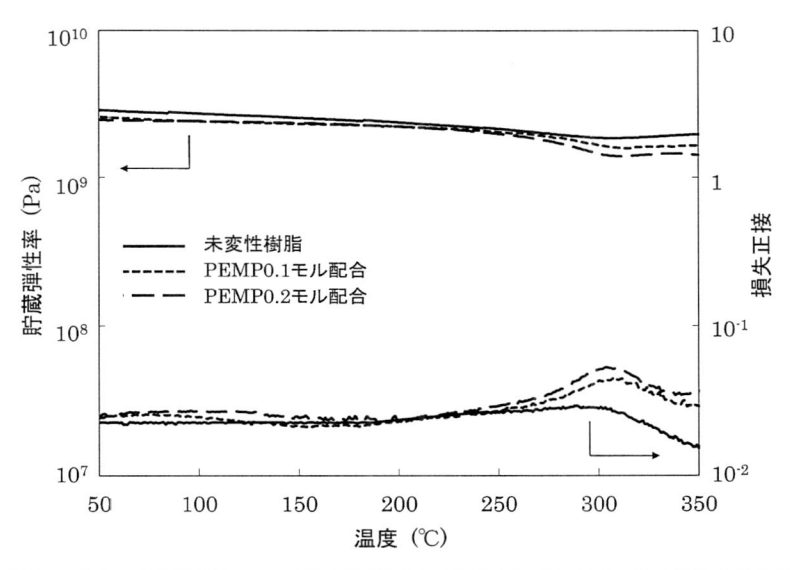

図11　チオール変性ビスマレイミド樹脂（BMI/DABPA/PEMP）の動的粘弾性挙動

なイソシアヌル骨格を持つ TEMPIC を配合した場合に高い値を示した。

　破壊靭性値についてもチオール化合物配合により向上し，TEMPIC を 0.2 モル比配合した場合に約 40％の増加を示した。これは，硬化物が相分離構造を形成していないことから長鎖脂肪族ユニットの導入により樹脂の柔軟性が増大したためであると考えられる。

表4　チオール変性ビスマレイミド樹脂（BMI/DABPA/TEMPIC）の硬化物物性

| | BMI/DABPA/TEMPIC（モル比） | | |
| --- | --- | --- | --- |
| | 3/1/0 | 3/1/0.1 | 3/1/0.2 |
| ガラス転移温度（℃） | 295 | 311 | 305 |
| 破壊靭性値（MPa・m$^{1/2}$） | 0.95 | 1.20 | 1.30 |
| 熱膨張率（ppm/℃） | 44 | 46 | 45 |
| 架橋密度（mol/m$^3$） | $1.28 \times 10^5$ | $1.02 \times 10^5$ | $9.89 \times 10^4$ |

表5　チオール変性ビスマレイミド樹脂（BMI/DABPA/PEMP）の硬化物物性

| | BMI/DABPA/PEMP（モル比） | | |
| --- | --- | --- | --- |
| | 3/1/0 | 3/1/0.1 | 3/1/0.2 |
| ガラス転移温度（℃） | 295 | 305 | 304 |
| 破壊靭性値（MPa・m$^{1/2}$） | 0.95 | 1.20 | 1.14 |
| 熱膨張率（ppm/℃） | 44 | 43 | 44 |
| 架橋密度（mol/m$^3$） | $1.28 \times 10^5$ | $1.09 \times 10^5$ | $9.67 \times 10^4$ |

　架橋密度は，TEMPIC や PEMP が長鎖脂肪族ユニットを持つために配合量の増加とともに減少した。一般に，熱硬化性樹脂に脂肪族ユニットのような柔軟鎖を持つ化合物を配合した場合，架橋密度の減少とともにガラス転移温度の低下とゴム状領域の貯蔵弾性率の大幅な低下を伴う [14]。チオール化合物配合系において架橋密度の減少にもかかわらずガラス転移温度が上昇した結果は，未変性系と比較してネットワークを形成していく過程での分子運動性の低下が小さいために硬化反応がより進み，その結果，より複雑に絡み合ったネットワーク構造が形成されたこと，特に TEMPIC 配合系においては TEMPIC が剛直なイソシアヌル骨格を持つためであると考えられる。

## 2.5　ポリロタキサン変性ビスマレイミド樹脂

　近年，幾何学的に拘束された分子から構成されるポリロタキサン（PR）が応力緩和材料として注目されている。線状の軸高分子が複数の環状高分子を貫き，嵩高い置換基によってその軸末端が封鎖された PR は，軸高分子と環状高分子との間に共有結合が存在しないために環状高分子は軸高分子上で自由にスライドや回転が可能であるというユニークな構造特性を持っていることから，ビスマレイミド樹脂の強靭化のための改質剤ポリマーとして興味深い材料である。著者は，ビスマレイミド樹脂の靭性向上のための改質剤ポリマーとしての PR の可能性を検討した [15]。図12 に使用した PR の構造を示した。PR としては，末端封鎖基としてアダマンタン，軸高分子としてポリエチレングリコール（PEG），環状分子の α-シクロデキストリン（α-CD）の一部分をヒドロキシプロピル基で修飾したヒドロキシプロピル化 PR のヒドロキシプロピル基をポリカ

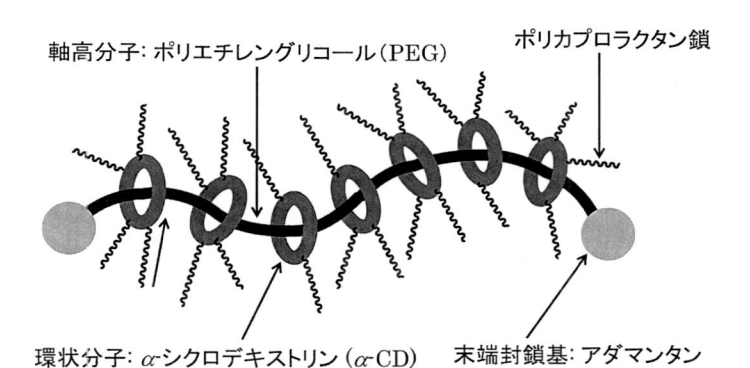

軸高分子: ポリエチレングリコール（PEG）　　　　　　ポリカプロラクタン鎖

環状分子: $\alpha$-シクロデキストリン（$\alpha$-CD）　　末端封鎖基: アダマンタン

図 12　ポリロタキサンの構造

プロラクトンでグラフトし，ポリカプロラクトン鎖の末端の反応性基としてメタクリル基を有するものを用いた。PEG の分子量は 35,000，PR の分子量は 461,000 である。PR を BMI/DABPA 樹脂に配合し，その靱性と耐熱性を評価した。

　表 6 にポリロタキサン変性ビスマレイミド樹脂の硬化物物性を示した。非常に長いユニットの PEG を分子内に持つ PR であるが，PR の配合によりガラス転移温度の上昇が認められた。また，PR の配合割合の増加とともに架橋密度が増加したことから，PR 中の $\alpha$-CD の側鎖末端のメタクリル基が BMI/DABPA マトリックス樹脂のアリル基と反応することで緻密なネットワークを形成したことがガラス転移温度の上昇につながったものと考えられる。

　破壊靱性値とアイゾット衝撃強度についてもポリロタキサンの配合により大きく向上した。図 13 の動的粘弾性挙動から，PR 配合系においてはガラス転移温度を示す $\alpha$ 緩和以外に −80℃ 付近と 50〜150℃ にかけて緩和が認められたが，これらの緩和は軸高分子の PEG の運動と PR のミクロブラウン運動に由来するものであると考えられる[16, 17]。これらの緩和のピーク強度が PR 配合割合の増加とともに大きくなったことから，BMI/DABPA マトリックス樹脂内での PR 中の PEG の運動が内部応力を緩和し，その結果，PR 配合割合の増加とともに破壊靱性値とアイゾット衝撃強度が向上したと考えられる。

表 6　ポリロタキサン変性ビスマレイミド樹脂の硬化物物性

| | PR の配合割合（重量%） | | |
|---|---|---|---|
| | 0 | 3 | 7.5 |
| ガラス転移温度（℃） | 274 | 280 | 287 |
| 架橋密度（mol/m³） | $1.9 \times 10^3$ | $1.6 \times 10^4$ | $1.3 \times 10^4$ |
| 破壊靱性値（MPa・m$^{1/2}$） | 1.03 | 1.35 | 1.62 |
| アイゾット衝撃強度（kJ/m²） | 8.6 | 33.8 | 34.7 |

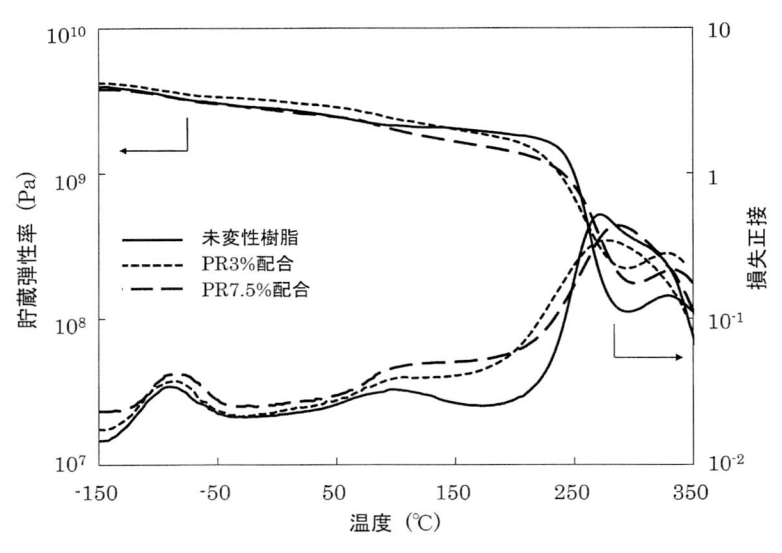

図 13 ポリロタキサン変性ビスマレイミド樹脂の動的粘弾性挙動

## 2.6 おわりに

　近年，ビスマレイミド樹脂はエポキシ樹脂を超える高耐熱材料として注目されている。今後，着実に伸びる市場であるパワーエレクトロニクス関連材料をはじめとして，塗料，接着剤，マトリックス樹脂など高耐熱性を要求される分野での応用が期待できる。


## 文　　　献

1)　S. Zahir, M.A. Chaudhari, J.J. King, *Macromol. Chem., Macromol. Symp.*, **25**, 141（1989）

2)　K.R. Carduner, M.S. Chattha, *ACS Polym. Mat. Sci. Eng.*, **56**, 660（1987）

3)　T. Abraham, *J. Polym. Sci., Part C*, **26**, 521（1988）

4)　大塚恵子，長谷川喜一，松本明博，木村肇，福田明徳，吉岡文男，林久夫，日本接着学会誌，**33**，128（1997）

5)　C.D. Giulio, M. Gautir, B. Jasse, *J. Appl. Polym. Sci.*, **29**, 1771（1984）

6)　I.K. Varma, Sanjita, D.S. Varma, *J. Polym. Sci. Polym. Chem. Ed.*, **22**, 1419（1984）

7)　D.K. Kurmer, G.M. Fohlen, J.A. Parker, *J. Polym. Sci. Polym. Chem. Ed.*, **21**, 245（1983）

8)　I.K. Varma, G.M. Fohlen, J.A. Parker, *J. Polym. Sci. Polym. Chem. Ed.*, **20**, 283（1982）

9)　J.V. Crivello, *J. Polym. Sci. Polym. Chem. Ed.*, **11**, 1185（1973）

10)　H.Y. Tang, N.H. Song, X.H. Fan, Q.F. Zhou, *J. Appl. Polym. Sci.*, **109**, 190（2008）

11)　H.Y. Tang, N.H. Song, Z.H. Gao, X.F. Chen, X.H. Fan, Q.F. Zhou, *Polymer*, **40**, 129（2007）

12)　D.K. Ambika, N.C.P. Reghunadhan, K.N. Ninan, *J. Appl. Polym. Sci.*, **106**, 1192（2007）

13)　大塚恵子，木村肇，松本明博，池下真二，中尾日六士，坪田俊祐，ネットワークポリマー，**36**，126（2015）

14)　大塚恵子，木村肇，松本明博，ネットワークポリマー，**35**，24（2014）

15)　大塚恵子，木村肇，米川盛生，趙長明，西岡聖司，増原悠策，石倉圭，第 66 回高分子討論会予稿集，**66**（2017）

16)　K. Kato, T. Mizusawa, H. Yokoyama, K. Ito, *J. Phys. Chem. C*, **121**, 1861（2017）

17)　K. Kato, T. Mizusawa, H. Yokoyama, K. Ito, *J. Phys. Chem. Lett.*, **6**, 4043（2015）

## 3 有機－無機ナノハイブリッドによる高耐熱性材料

中　建介*

### 3.1　はじめに

　有機高分子は無機材料と比べて機械特性や熱安定性に劣り，逆に無機材料は加工性，分子設計容易性が悪い。これらトレードオフを克服する技術として有機物と無機物を混合した複合材料は，お互いの弱点を補い合う手法として広く利用されている。例えば，有機高分子材料に対して無機フィラーを添加して機械的強度を向上する研究などが古くから行われ，繊維強化プラスチックなど現代ではなくてはならない材料となっている。近年では，有機物に無機物をナノレベルで分散した「有機－無機ナノハイブリッド材料」が大きな研究領域として盛んに研究されている[1]。これによって，従来の粒子レベル，マイクロレベルで有機成分と無機成分が複合化されたコンポジット材料では実現できない特性や機能の向上がナノハイブリッド化で達成させることが可能である。つまり，有機－無機ナノハイブリッド材料は有機物，無機物としての特性を合わせ持っているのみならず，それぞれの素材とは全く異なった新しい高機能複合材料が期待されている。例えば，プラスチックのように柔軟でありながら，機械的強度や耐熱性が優れているなど，既存材料特性にみられるトレードオフのない新素材や高機能性材料を開発するためのアプローチとして産業界において非常にニーズの高いものとなっている。本稿では，有機－無機ナノハイブリッド材料の基礎的な概念と合成戦略を基盤として，高耐熱性を発現する原理について概説した後，有機－無機ナノハイブリッド材料の無機成分の代表例であるシリカを用いた例を紹介する。さらに新たな視点での将来展望について述べる。

### 3.2　ナノハイブリッド化による高耐熱性発現の原理

　コンポジット材料では無機フィラーで補強されていても，マトリックス有機高分子のドメインサイズがマイクロメートルレベル以上であり，有機高分子そのものの物性が反映される。そのため，マトリックス有機高分子のガラス転移点（$T_g$）に達すると材料が軟化し，それ以上の高温での使用は信頼性などの観点で問題がある。すなわち，無機成分の長所が引き出せても有機成分の短所が同時に出てしまう。

　これに対し，有機成分や無機成分をナノメートルレベルの大きさまで細かくするとそれぞれの集合体としての物性が著しく変化するとともに，体積あたりの有機と無機の界面の割合が無視できなくなり，界面が集合した性質を示すことになる（図1）。これにより，有機と硬い無機成分間の相互作用によって樹脂骨格中のマクロブラウン運動が拘束され，材料の軟化が抑制され，ガラス転移点（$T_g$）が消失する。そのため，高温に加熱しても材料が全く軟化しないことになる（図2）。

　材料合成の立場からもコンポジット材料とナノハイブリッド材料とは大きく異なる。ナノサイ

---

　*　Kensuke Naka　京都工芸繊維大学　分子化学系　教授

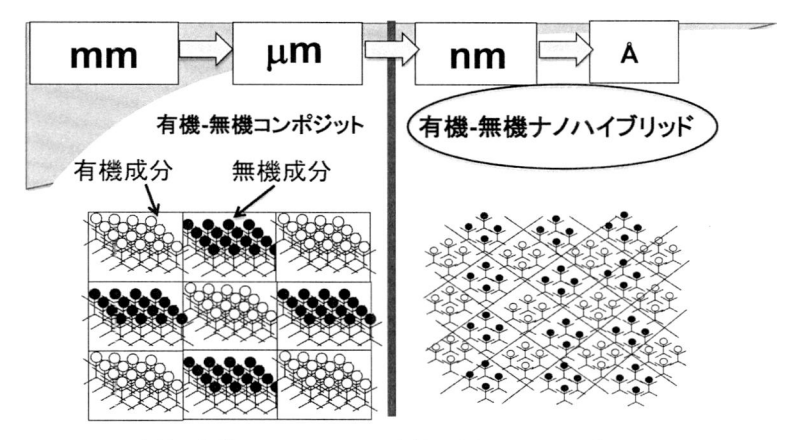

図1　有機－無機コンポジットと有機－無機ナノハイブリッドの違い

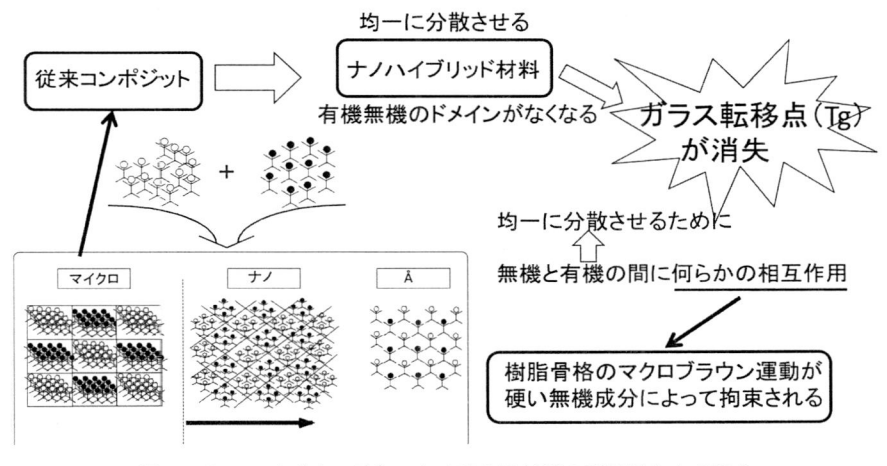

図2　ナノハイブリッド化による高分子材料の耐熱性向上の理由

ズの無機成分を有機マトリックス中に均一に分散させるナノハイブリッド化を達成させるためには，無機成分を単にナノサイズにして樹脂中に分散させるだけではなく，分散させた無機成分と有機成分との間に，何らかの相互作用を持たせることが必要である。従来の粒子レベル，マイクロレベルでの複合化は有機高分子と無機物をそれぞれ粉砕して細かくし，機械的に混練することで達成される。しかしながら，機械的な混練ではナノレベル，分子レベルの複合化は現実的には不可能である。さらに，有機－無機ナノハイブリッドを合成するためには，無機反応と有機反応の制御と同時に，有機成分と無機成分との相互作用の制御が重要である。

　このような有機－無機ハイブリッド材料が特に産業界から注目されている理由は，ナノメートルレベルでの精密な構造設計ができる合成手法の開発や，ナノメートルレベルの構造評価が可能

な測定装置が開発されてきたこともあるが，全く新しい素材を開発するのではなく，既存の材料の複合化をナノレベルや分子レベルで制御することで，材料特性が飛躍的に向上する可能性が示されていることが大きい。さらに，有機−無機ナノハイブリッド材料は有機成分と無機成分のそれぞれのドメインサイズが数百ナノメートル以下であり，可視光の波長よりも小さいために，均一な光学的透明材料であることが多い。

### 3.3　シリカナノハイブリッド

　代表的な有機−無機ナノハイブリッド材料は，無機成分としてのシリカと有機高分子とをゾル−ゲル法を用いて分子分散させることで作製される。シリカは Si−O−Si 結合が三次元的に広がった構造を有している。シリカを粉砕してもナノメートルレベルや分子レベルまで細かくすることは現実的には不可能である。ところが有機高分子存在下で，シリカゲルの原料であるシリケートのゾル−ゲル反応を利用するとナノメートルレベルでの複合化が可能となる。流動性のあるゾル状態では有機高分子を分子分散させることができる。その状態のまま化学反応によりゲル化を進行させてシリカマトリックスを形成することができればナノハイブリッド化が達成できることになる。このシリカゲルの構造は，基本的にはガラスと同じであり，温和な条件でのガラスの製造法として，ガラス繊維や薄膜，コーティングなどに利用されている。この温和な条件で製造できるという点が有機−無機ナノハイブリッド合成には重要である。言いかえると，有機化合物が分解してしまう従来の高温を必要とする無機合成は利用できないということである。

　このようにゾル−ゲル反応に，ある種の有機高分子を共存させると，有機高分子が分子レベルでシリカゲルに混ざり合った，有機−無機ナノハイブリッドが得られる。しかし，この手法がすべての有機高分子に適用できるわけではない。有機高分子としてはポリ（2− メチル −2− オキサゾリン）やポリ（N− ビニルピロリドン）またはポリ（N,N′− ジメチルアクリルアミド）などのアミド基を繰り返し単位とするものを用いれば，ハイブリッド中でポリマーのアミドカルボニル基とシリカマトリックス中のシラノール残基との水素結合によってポリマーが凝集することなく幅広い範囲の組成で無色透明均一なナノハイブリッドが得られる（図 3 (a)）。つまり，機械的な操作ではなく有機成分の重合や架橋反応と無機合成などの化学反応を制御し，有機成分と無機成分との水素結合や静電相互作用などの化学的な相互作用をうまく利用することによって初めてナノレベルや分子レベルでの混合状態を達成することができる。

　シリカを無機成分とする有機−無機ハイブリッド材料は，例えば，低ガラス転移温度のエポキシ／アミン硬化系において，有機ネットワーク内でテトラエトキシシラン（TEOS）のゾル−ゲル反応を行うことで，優れた熱的性質を示すことが報告されているなど[2]，多くの熱可塑性樹脂あるいは熱硬化性樹脂に対して検討されている[1]。

　有機−無機ナノハイブリッドの無機成分として四官能のシリケートのゾル−ゲル反応で作製されるシリカを用いる場合には，相互作用としてシラノールを介した水素結合の利用に制限される。そこで，高分子にトリアルコキシシリル基を導入したものを用い，共有結合を介して有機高

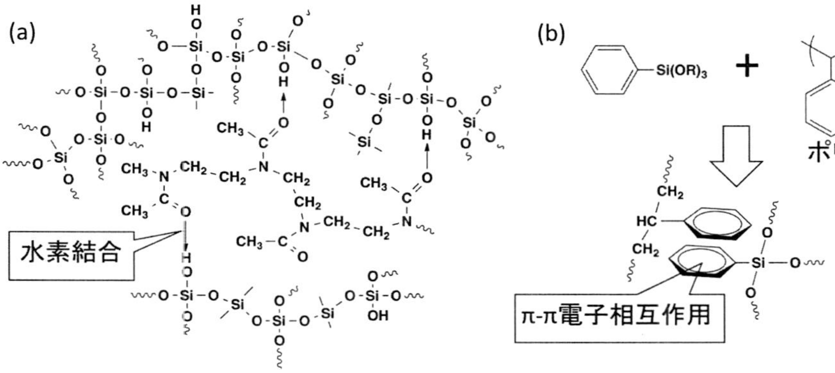

図3　有機－無機ナノハイブリッド中の水素結合(a)と$\pi$-$\pi$電子相互作用(b)

分子とシリカゲルを分子レベルで分散させる方法や，シラノールを足場として，有機ポリマーと相互作用可能な官能基を導入することで，無機成分と有機成分との間に相互作用を形成させる手法によってナノハイブリッド材料が作製できる。例えば，ゾル－ゲル反応を用いて 400 nm 程度のシリカ微粒子を作製し，その表面に種々の官能基を導入したナノフィラーをエポキシマトリックス中に添加することで，耐熱性，熱膨張係数の改善が図られることが報告されている [3]。

## 3.4　シルセスキオキサンを用いた有機－無機ナノハイブリッド

シルセスキオキサンは，ケイ素原子に1個の有機成分と3個の酸素原子が結合した（$RSiO_{3/2}$）の化学式で表されるシリコーン樹脂の一種として知られている [4]。シルセスキオキサンを用いれば有機基の選択による有機ポリマーとの親和性や，あるいは官能基を介しての共有結合を用いることができる。これらの原料となるトリアルコキシシラン類やトリクロロシラン類は古くからシランカップリング剤として開発されてきた。シランカップリング剤の有機基としてアミノ基，ビニル基，エポキシ基，メルカプト基，クロロ基などがあり，シランカップリング剤の種類を選択することで有機成分との強固な結合が達成できる。例えば，液状ビスフェノール A 型エポキシ樹脂中にシランカップリング剤の一つであるエポキシシラン（3-glycidoxy-propyltrimethoxysilane）と水を添加し，エポキシ樹脂の硬化過程でエポキシシランをゾル－ゲル反応させることで，シリカとのハイブリッド化にともなって，分子オーダーでエポキシ樹脂と相溶する。そのため，有機ネットワークを構成するエポキシ樹脂のミクロブラウン運動がほぼ完全に抑制され，耐熱性が大幅に向上することが報告されている [5,6]。

有機成分と無機成分との間の相互作用として，共有結合や水素結合の他にも，イオン相互作用，配位結合，疎水性相互作用や，電荷移動相互作用など，様々な相互作用を考えることができる。その一例として，ポリスチレンを用いた有機－無機ナノハイブリッドを作製する場合，フェニルメトキシシランのようなフェニル基を有機基としたものを用いると，フェニル基間のスタッ

キング，すなわちπ–π電子相互作用を利用して耐熱性，耐湿性に優れた均一透明なハイブリッド材料が得られる（図3(b)）[7]。

　シランカップリング剤を用いたゾル–ゲル反応では，硬化物中にゾル–ゲル反応の副生成物であるアルコールや水を生じる。これら副生成物が熱によって気化するためボイドを生じやすく，均質なハイブリッド体を得るのが困難な場合がある。そこで，有機基を有するトリアルコキシシランのゾル–ゲル反応により，官能基を有するシルセスキオキサンオリゴマーを合成し，これを無機源とするハイブリッド体を調製することで均質なハイブリッド体を得ることができる。例えば，前述のエポキシシランを用いてエポキシを有するシルセスキオキサンオリゴマーをあらかじめ合成することで，ゾル–ゲル反応の副生成物の発生が抑制され，通常のエポキシ樹脂の硬化と同様の幅広い方法と条件で均質なハイブリッド体が得られる[8]。

## 3.5　かご型シルセスキオキサンを用いたハイブリッド

　シルセスキオキサンには，かご型構造を有する低分子化合物が存在し，一般的にはPOSSと呼ばれている[9, 10]。POSSは，polyhedral oligomeric silsesquioxane（多面体シルセスキオキサン）の略称であり，高い対称性・剛直性・嵩高さを有した化合物である。そして，熱的・化学的にも安定であることに加えて，簡便な合成法や多様な化学修飾法が開発されていることから，優れたナノ材料としての特徴を備えている。POSSは，ナノ構造が厳密に制御された単一分子であることから，有機–無機ナノハイブリッド材料のビルディングブロックとして関心を集めている。

　POSSのシリカ骨格を分子サイズのシリカ微粒子とみなせば，効率のよいフィラーとなると期待される。また，POSSのそれぞれの頂点に導入された置換基を変えることで，材料に合わせた相溶性を制御することができる。POSSを樹脂にフィラーとして添加することで，粘土やカーボンブラックなどの既知のフィラーに比べてより熱的・機械的特性を向上させることが可能である。POSSと高分子との組み合わせによる有機–無機ナノハイブリッド材料の多くはナノフィラーとして高分子に加える手法や[11]，一官能性POSSモノマーと有機モノマーとの共重合[12, 13]，また多官能性架橋剤とした熱硬化性樹脂として利用する[14, 15]ことで達成されている（図4）。POSSをナノフィラーとして高分子に加える場合の留意点としては有機–無機ナノハイブリッド材料を作製する際と同様に，高分子とPOSS間に水素結合といった何らかの相互作用を利用する必要がある。この手法は簡単ではあるが，POSSの分子レベルでの分散が困難である場合が多い。高分子材料とのハイブリッド化することで期待されることは，耐熱性，機械的特性，耐酸化性の向上である。これはPOSSと高分子およびPOSS同士の相互作用による物理架橋が形成され，高分子の運動性を低下させるためである。置換基の異なるPOSSをフィラーとした検討では，置換基と高分子主鎖との相互作用だけでなく，POSSの硬い無機骨格も高分子の剛直性向上に寄与していることが示唆されている[16]。つまり，POSSの剛直な構造が効率的に主鎖の分子運動を抑制することで耐熱性を向上させていると説明できる。

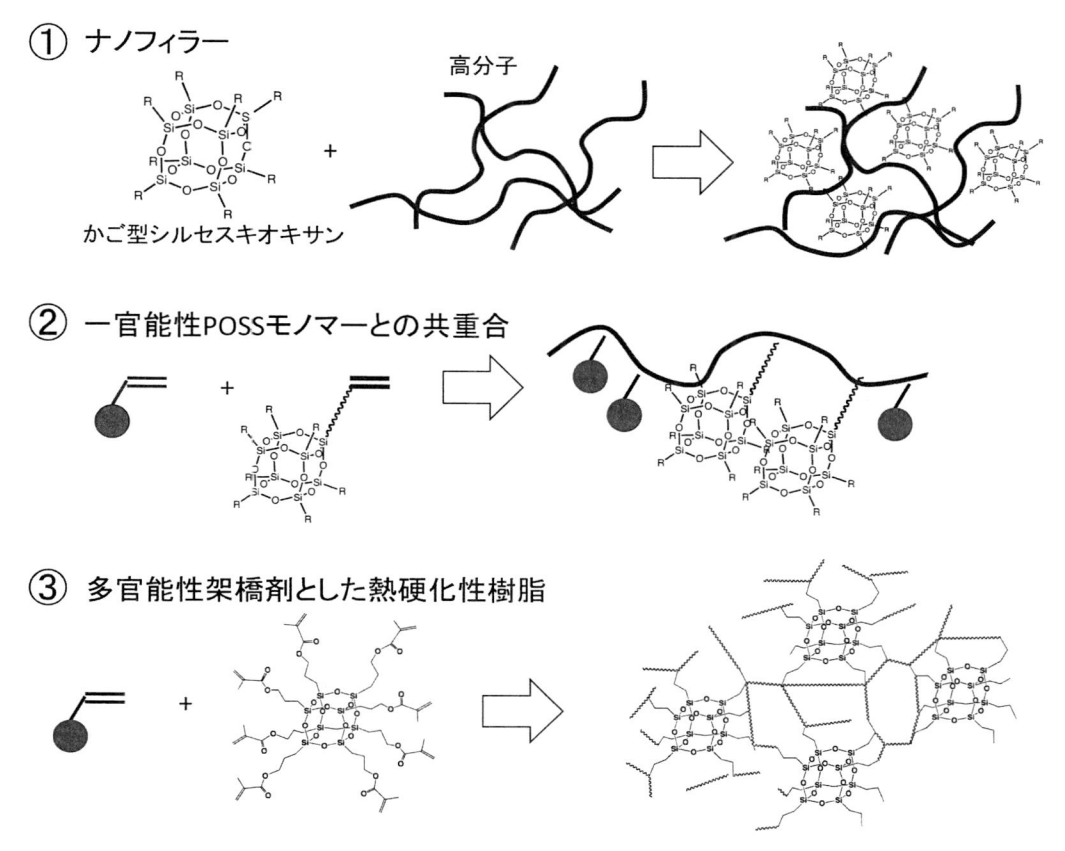

① ナノフィラー

高分子

かご型シルセスキオキサン

② 一官能性POSSモノマーとの共重合

③ 多官能性架橋剤とした熱硬化性樹脂

図4 かご型シルセスキオキサン（POSS）と高分子とのハイブリッド化の手法

## 3.6 元素ブロック高分子材料へ

　さらなる物性・機能向上を目指した分子・ナノ構造の設計自由度や機能安定性など，有機高分子と無機材料トレードオフとなる各々の優れた性能や機能を同時により高度なレベルで両立する材料創製には限界があり，従来の有機−無機ナノハイブリッドの概念を超えるブレークスルーが求められるようになっている。有機成分と無機成分のそれぞれのドメインサイズが数百ナノメートル以下で複合化された材料を有機−無機ナノハイブリッドと称している。さらにそれらのドメインサイズを分子レベルから元素レベルで制御することができれば，従来の有機−無機ハイブリッドの概念を超える新たな材料設計の概念を生み出すことができると考えられる。

　一方で，主鎖が炭素以外の元素のみで構成され，側鎖に有機成分が結合したポリシロキサンなどに代表される“無機高分子”は，有機側鎖の構造を変えることで耐熱性，耐油性，または難燃性に優れるものが合成され，古くから様々な分野で利用されている。このような無機高分子は有機成分と無機物の特性を併せ持った高分子であると捉えることができ，有機高分子や無機物の欠点を克服する材料として，これまで様々なタイプのものが合成されている。また，有機高分子の

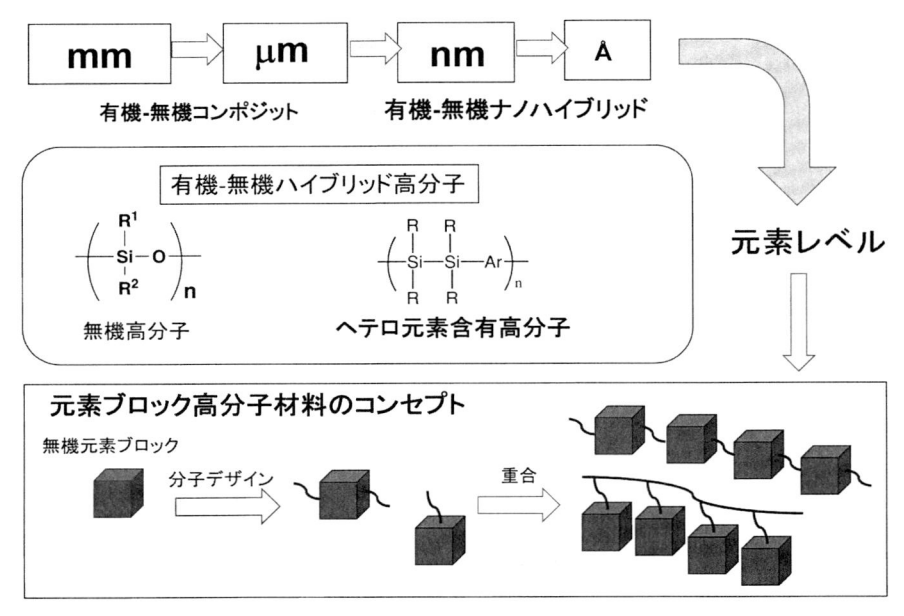

図5　有機－無機ナノハイブリッドと有機－無機ハイブリッド高分子との概念を融合する
　　　元素ブロック高分子材料のコンセプト

分野では，新たな物性や機能を発現する材料への期待からヘテロ元素を有機高分子主鎖に導入した，いわゆる“ヘテロ元素含有高分子”がケイ素を中心として発展し，従来の“無機高分子”を包括した定義として“有機－無機ハイブリッド高分子”と呼ばれる。これらはナノメートルレベルでの複合化である有機－無機ナノハイブリッドよりも混合するスケールを元素レベルにまで小さくしたハイブリッドと捉えることができる。そこで，有機化学の手法と無機元素ブロック作製技術を巧みに利用した革新的合成プロセスにより，多彩な元素群で構成される“元素ブロック”を開拓し，その精密結合法の開発によって従来の有機高分子を凌駕する電子・光学・磁気機能制御が追究できる“元素ブロック高分子材料”の創出がその突破口となることが期待されている（図5）。つまり，有機－無機ハイブリッドと無機高分子の概念を高度に融合させた材料創製の概念として“元素ブロック高分子材料”が我が国の研究者を中心として提案されている。その概念に関しての詳細は総説などを参考にされたい[17~19]。

## 3.7　さいごに

　有機高分子材料と無機材料のトレードオフを克服する技術として有機成分と無機成分をナノレベルで複合させた有機－無機ハイブリッドの考え方は，既存材料特性にみられるトレードオフのない新素材や高機能性材料を開発するためのアプローチとして産業界において現在でも非常にニーズの高いものとなっている。今後も有機－無機ハイブリッドの考え方から新たな革新的な新材料が創出されることが期待されている。一方で，最業界から既存の有機－無機ハイブリッドに

対してさらなる物性・機能向上が望まれるようになってきており，有機−無機ハイブリッドを超える新たな新材料創出のための概念と技術開発が必要になることは必至である。その候補として元素ブロック高分子材料の考え方を紹介した。理論的にはトレードオフとなる物性を高いレベルで両立した様々な元素ブロック高分子に基づく機能材料が生み出され，従来の複合材料を超えたナノ構造制御技術が数多く生み出されている。今後の発展と，この考え方を適用した産業界への展開を期待したい。

# 文　　　献

1)　中條善樹監修，有機−無機ナノハイブリッド材料の新展開，シーエムシー出版（2009）
2)　L. Matejka, O. Dukh, J. Kolarik, *Polymer*, **41**, 1449（2000）
3)　S. Kang, S. Hong, C. Choe, M. Park, S. Rim, J. Kim, *Polymer*, **42**, 879（2000）
4)　伊藤真樹監修，シルセスキオキサン材料の最新技術と応用，シーエムシー出版（2013）
5)　M. Ochi, R. Takahashi, *J. Polym. Sci.: Part B: Polym. Phys.*, **39**, 1071（2001）
6)　M. Ochi, T. Matsumura, *J. Polym. Sci.: Part B: Polym. Physics Ed.*, **43**, 1631（2005）
7)　R. Tamaki, K. Samura, Y. Chujo, *Chem. Commun.*, **1998**, 1131（1998）
8)　M. Ochi, T. Matsumura, *J. Polym. Sci.: Part B: Polym. Physics Ed.*, **43**, 1631（2005）
9)　D.B. Cordes, P.D. Lickiss, F. Rataboul, *Chem. Rev.*, **110**, 2081（2010）
10)　R.M. Laine, *J. Mater. Chem.*, **15**, 3725（2005）
11)　J.-H. Jeon, K. Tanaka, Y. Chujo, *J. Mater. Chem. A*, **2**, 624（2014）
12)　T. Hirai, M. Leolukman, S. Jin, R. Goseki, Y. Ishida, M. Kakimoto, T. Hayakawa, M. Ree, P. Gopalan, *Macromolecules*, **42**, 8835（2009）
13)　K.M. Kim, Y. Chujo, *J. Polym. Sci., Part A: Polym. Chem.*, **39**, 4035（2001）
14)　R. Tamaki, J. Choi, R.M. Laine, *Chem. Mater.*, **15**, 793（2003）
15)　J. Choi, S.G. Kim, R.M. Laine, *Macromolecules*, **37**, 99（2004）
16)　K. Tanaka, Y. Chujo *et al.*, *J. Polym. Sci. Part A: Polym. Chem.*, **47**, 5690（2009）
17)　Y. Chujo, K. Tanaka, *Bull. Chem. Soc. Jpn.*, **86**, 633（2015）
18)　中條善樹監修，元素ブロック高分子 ― 有機・無機ハイブリッド材料の新概念 ―，シーエムシー出版（2015）
19)　中條善樹監修，元素ブロック材料の創出と応用展開，シーエムシー出版（2016）

# 4 芳香族ポリエーテルケトン系耐熱素材の開発

前山勝也[*]

## 4.1 はじめに

　近年，エンジニアリングプラスチック（エンプラ），中でも高耐熱性・高機械的特性を有するスーパーエンジニアリングプラスチック（スーパーエンプラ）が，金属に替わる有機高分子素材として注目され，電気電子分野・航空宇宙分野・自動車分野から医療分野までに利用されている[1]。これまで開発されてきたエンプラには，製造コストやその製造の簡便性から，エステル結合（カーボネート結合を含む）やアミド結合（イミド結合を含む）を有するものが多い。アミド結合は特に，分子鎖間の強い水素結合の働きにより，素材がより強靭となる。その一方で，これらの結合には加水分解性があり，酸性条件やアルカリ性条件，特にこれらの高温条件下において，素材の強度低下が避けられない。

　一方，芳香族ポリケトン[2]は，主鎖が芳香環とケトンカルボニル基から構成されている有機素材であり，ポリアリーレンケトン（PAK, poly(arylene ketone)）とも呼ばれている。また，芳香族ポリケトンの大部分には主鎖にあわせてエーテル結合が含まれており，芳香族ポリエーテルケトンあるいはポリアリーレンエーテルケトン（PAEK, poly(arylene ether ketone)）とも呼ばれている。これに対し，主鎖にエーテル結合を含まない芳香族ポリケトン，すなわち，芳香環とケトンカルボニル基のみから構成される芳香族ポリケトンは，全芳香族ポリケトン（wholly aromatic polyketone）とも呼ばれる。芳香族ポリケトンは，その主鎖に，エステル単位やアミド単位などの加水分解性官能基を含まないことから，その大部分は濃硫酸や濃硝酸といったごく一部の強酸以外の薬品に侵されることはなく，ポリエステルやポリアミドと比較して，耐薬品性（耐酸，アルカリ性）の点で優れている。

　芳香族ポリケトンの工業製造については，ICI 社（Imperial Chemical Industries, イギリス）が世界をリードしてきた。中でも，1978 年に開発されたポリエーテルエーテルケトン（PEEK）は優れた耐熱性・機械的特性を有し，寸法安定性・耐候性・耐摩耗性に優れ，生体適合性をも併せ持っていることから，最高水準の熱可塑性樹脂として世界から注目されつつある有機素材である。現在，PEEK は，芳香族ポリケトンの中で生産量の 8 割以上を占め，Victrex 社（ICI 社承継）[3]，Evonik 社[4]（ドイツ，日本ではダイセル・エボニック社），Solvay 社（ベルギー）[5]さらには中国長春にある吉林大学などにて生産されており，その生産量は年々増加の一途をたどっている。また，PEEK とは分子構造が異なる芳香族ポリケトンとして，ポリエーテルケトン（PEK）やポリエーテルケトンケトン（PEKK）があり，工業的に製造されている。中でも，PEKK は，Arkema 社[6]（フランス）などで生産が開始され，PEEK の上位高耐熱性樹脂として，様々な分野への用途展開が期待されている。

---

　*　Katsuya Maeyama　山形大学　大学院有機材料システム研究科
　　　　　　　　　　　　有機材料システム専攻　准教授

芳香族ポリケトン同様に，優れた耐熱性・機械的特性・耐薬品性を有し，用途が競合する有機素材としては，硫黄原子を含む高分子であるポリフェニレンスルフィド（PPS）やポリエーテルスルホン（PES），さらには，フッ素原子を含む高分子であるテフロン（PTFE）などがある。現在のところ，芳香族ポリケトンの生産量はこれら競合素材よりも少なく，価格が高いという問題は残されている。しかし今後，芳香族ポリケトンの高性能性が一層注目され，需要がますます増えていくものと思われる。

## 4.2 芳香族ポリエーテルケトン（PAEK）の製造方法と用途

### 4.2.1 PEEK

PEEK は，炭酸カリウム存在下，高沸点溶媒であるスルホラン溶媒中で，4,4'-ジフルオロベンゾフェノンとヒドロキノンを反応させることにより製造されている。本手法は，芳香族求核置換反応を利用した重合法であり，200℃以上の極めて高い温度で行うことにより高重合度の PEEK を得ることができる（図1）。不活性かつ高沸点溶媒であるスルホランを重合溶媒に用いることにより，高温条件下では結晶化による重合度抑制が起きることもなく，高分子量化が達成されている[7]。

PEEK のガラス転移温度は 143℃，連続使用温度は 260℃，融点は 334℃であり，極めて高い耐熱性を有する半結晶性熱可塑性高分子である。さらには，難燃性（最高水準の V-0 レベル），耐熱水性，耐薬品性，耐酸性，耐アルカリ性，耐放射線性，耐摩耗特性に優れ，生体適合性をも有している。そのため，コネクタやガスケット，自動車のオイルシール部品，シーリング材，バルブ，HPLC などの分析機器の配管として使用されている。最近では PEEK の生体適合性を生かした医療分野への展開が盛んに行われている[8, 9]。

さらに，PEEK にガラス繊維あるいは炭素繊維を加えることによりその高性能性が一層向上した複合材料（強化グレード）が開発されており，自動車や航空機用途に用いられている。

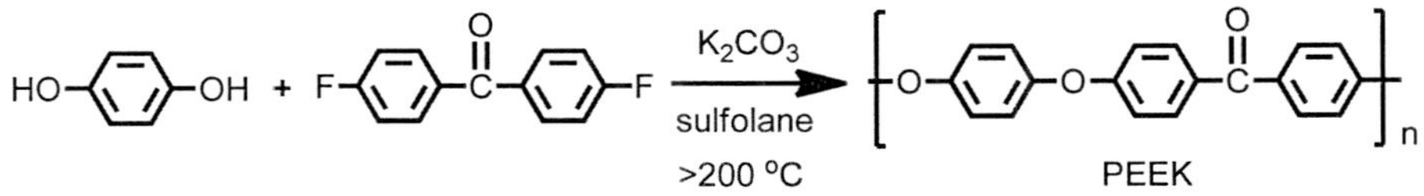

図1 PEEK の製造

### 4.2.2 PEK

PEK の製造法は二つある（図2）。一つは，4-フェノキシ安息香酸クロリドの塩化アルミニウム存在下での Friedel-Crafts アシル化重合であり，もう一つは，4-フルオロ-4'-ヒドロキシベンゾフェノンの炭酸カリウム存在下での求核芳香族置換重合である。得られる PEK は，ガラス転移温度が 156℃と PEEK よりも 13℃高い。そのため，PEEK よりも耐熱性に優れている。いずれの製造法もいわゆる A−B 型モノマーを用いる必要があり，非対称構造のモノマーを必要と

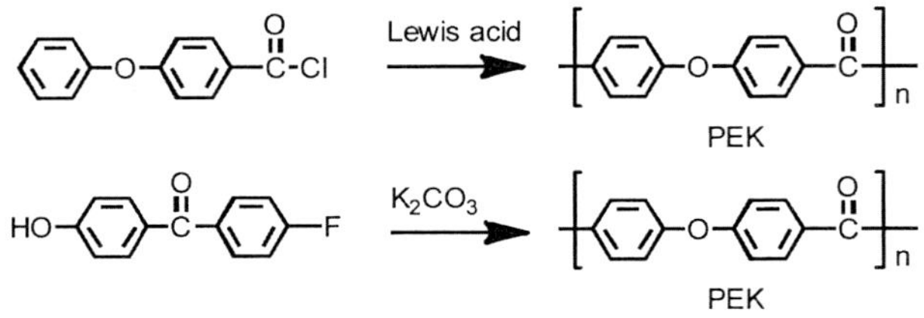

図2　PEK の製造

する点で合成ルートの観点で優位とは言えない。

### 4.2.3　PEKK

　PEKK は，ジフェニルエーテルとテレフタル酸二塩化物とのルイス酸試薬存在下での Friedel-Crafts アシル化重合により製造される（図3）。PEKK は，ガラス転移温度が165℃と，PEEK よりも23℃，PEK よりも9℃高く，より耐熱性に優れていることから，PEEK に対するハイグレード芳香族ポリケトンとしての地位を得られつつある。

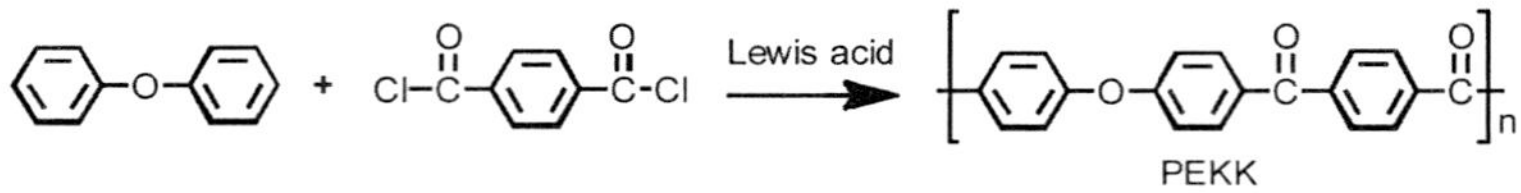

図3　PEKK の製造

### 4.2.4　他の芳香族ポリケトン

　他に，ポリエーテルエーテルケトンケトン（PEEKK）やポリエーテルケトンエーテルケトンケトン（PEKEKK）など様々な配列の芳香族ポリケトンが開発されている（図4）。いずれも，求核芳香族置換反応による $sp^2$ 炭素－酸素エーテル結合（Ar-OAr）形成および，Friedel-Crafts アシル化反応による芳香環－ケトンカルボニル基結合（Ar-C（＝O）-）形成により高分子が製造されている。この際，分子内のエーテル結合は，高分子鎖に柔軟性を，ケトンカルボニル基は，高分子鎖に剛直性を付与している[2]。そのため，熱特性，特に，ガラス転移温度については，

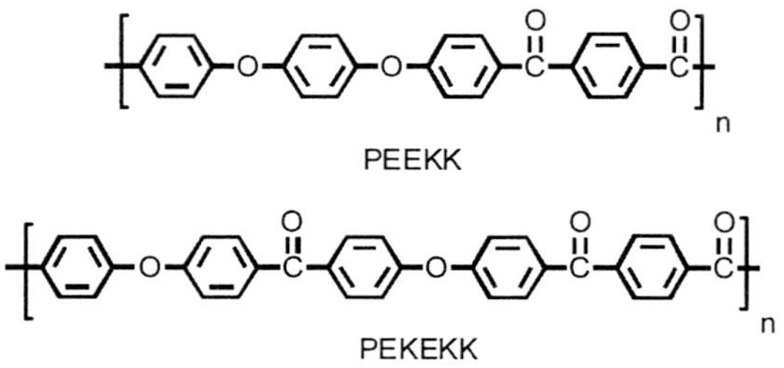

図4　他の芳香族ポリケトン

エーテル結合とケトンカルボニル基の導入割合に大きく依存する。PEEK のように，繰り返し単位あたりエーテル結合が二つ，ケトンカルボニル基が一つとエーテル結合がより多く配列している素材よりも，PEKK のように，繰り返し単位あたりエーテル結合が一つ，ケトンカルボニル基が二つとケトンカルボニル基がより多く配列している素材の方が，より高い $Tg$ を有することになる。PEK や PEEKK では共にその比率が 1：1 であることから，PEKK と PEKK の間の $Tg$ を有する。

　これまで紹介した芳香族ポリケトンは，芳香環としていずれも $p$– 置換ベンゼン環を含む場合であったが，$m$– 置換ベンゼン環あるいはナフタレン環など他の芳香環構造を導入することにより，その熱特性は大きく変化する。

　芳香族ポリケトンは，その優れた耐熱性・耐薬品性・機械的特性により，既に述べたように金属代替材料として，様々な分野に用いられている。芳香族ポリケトンの特徴を生かした応用展開として，燃料電池用電解質膜 [10] が挙げられる。

　燃料電池用電解質膜としてはフッ素系材料である Nafion が有名であるが，Nafion に代わる非フッ素系材料の開発も盛んに行われており，その候補の一つが，耐久性，耐酸性に優れた芳香族ポリエーテルケトンである。PEEK のスルホン化，すなわち，$SO_3H$ 基の導入反応を利用して得られるスルホン化 PEEK（SPEEK）（図 5）の，電解質膜としての利用に関する論文 [10] が多数報告されており，また，別のアプローチとして，前川らは，熱グラフト重合と放射線グラフト重合を併用することにより，SPEEK より高いイオン伝導性かつ機械強度を持つ電解質膜の開発に成功している。

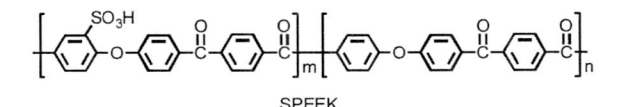

SPEEK

図 5　SPEEK の構造

## 4.3　溶剤可溶性を有する芳香族ポリケトンの開発

　これまで述べてきた芳香族ポリケトンは，優れた耐薬品性を有し，汎用有機溶媒には溶解しない。筆者らは，本素材の塗料用途への展開を図るべく，有機溶媒への溶解性の付与を目指し 1,1'– ビナフチレン単位の芳香族ポリケトン主鎖への導入について検討を行ってきた。

　2,2'– 二置換 –1,1'– ビナフチル化合物は，分子内に存在する二つのナフタレン環どうしの立体障害により互いが 60° 程度と大きくねじれており，光学活性を有し，$R$ 体と $S$ 体が存在している。そのため，2,2'– ビス（ジフェニルホスフィノ）–1,1'– ビナフチル（BINAP）に代表されるように，キラル配位子として不斉合成反応に広く用いられてきた。その一方で，1,1'– ビナフチル構造を主鎖に導入した各種光学活性高分子が開発され，その CD スペクトルを活用したらせん誘起についての議論が広くなされてきた [11]。

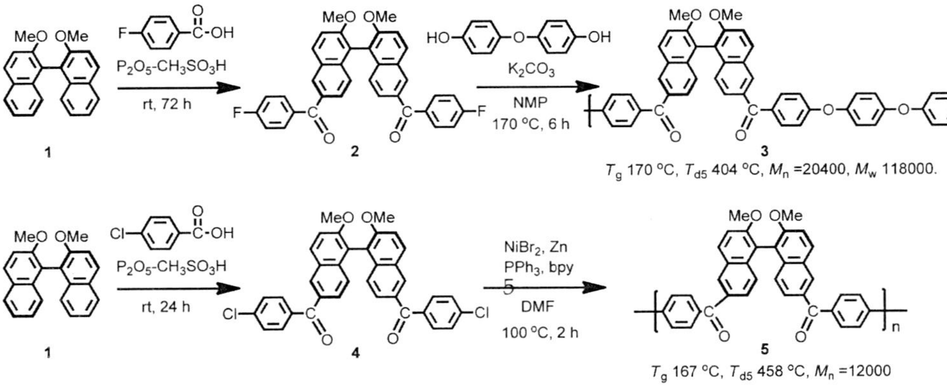

図6　1,1'-ビナフチレン骨格を有する芳香族ポリケトン **3**, **5** の合成

　筆者らは，1,1'-ビナフチル構造の大きなナフタレン環どうしのねじれを利用し，求核芳香族置換重合およびパラジウムナノクラスター触媒を用いる鈴木-宮浦カップリング重合により溶剤可溶性と耐熱性を併せ持つ高性能材料の開発を行った。また同時期に，岡本，米澤らにより親電子芳香族アシル置換重合による芳香族ポリケトンの開発も行われた。

　第一に，求核芳香族置換重合による芳香族ポリケトン **3** の合成について述べる[12]。まず，縮合剤として五酸化二リンのメタンスルホン酸飽和溶液（Eaton 試薬）を用いた，光学活性な (S)-2,2'-ジメトキシ-1,1'-ビナフチル（**1**）と 4-フルオロ安息香酸（**2**）との直接縮合反応を試みた。このとき，ブロモ化やニトロ化同様，1,1'-ビナフチルの 6,6'-位で位置選択的なジアロイル反応が進行し，ジフルオロモノマー **2** を得た。このジフルオロモノマー **2** と種々の芳香族ジオールとの求核芳香族置換重合を行ったところ，優れた耐熱性，高い重合度を有する芳香族ポリケトン **3** を得ることができた（図6上）。中でも，芳香族ジオールに 4,4'-オキシビフェノールを用いることで，重合度が大きく向上し，溶液キャスト法により容易にフレキシブルなフィルムを得ることができた。

　第二に，芳香環同士を効率よく繋ぐことができる，低原子価ニッケル錯体媒介ホモカップリング重合による合成を試みた[13]。まず，対応するジクロロモノマー **4** は同様の方法にて 4-クロロ安息香酸との直接縮合により合成した。ジクロロモノマー **4** の NiBr$_2$/Zn 媒介カップリング重合を行ったところ，目的とする全芳香族ポリケトン **5** が得られた（図6下）。得られたポリケトン **5** は主鎖にエーテル結合を含まず，剛直な p,p-ビフェニレンジカルボニル構造を有しているにもかかわらず，汎用有機溶媒に易溶であった。その一方で，数平均分子量が 12,000 と十分高く，なおかつ，ガラス転移温度が 167℃ と十分熱的安定性を有していた。

　第三に，クロスカップリング重合への展開を行うべく，より実験操作の簡便な鈴木-宮浦カップリング重合による芳香族ポリケトンの合成を目指した。対応するジヨードモノマー **6** は同様の方法にて合成した。ジヨードモノマー **6** とジホウ酸あるいはジホウ酸エステルとの鈴木-宮浦

カップリング重合を，まず，Pd(PPh₃)₄などの既存のパラジウム触媒を用いて検討した。しかし，低重合度の芳香族ポリケトンしか得ることができなかった。これは，反応性基であるヨード基の$p-$位に存在するケトンカルボニル基の電子求引性により，触媒活性が低下しているためと考えられる。このことは，反応性基であるヨード基の$p-$位にケトンカルボニル基を持たないモノマーを用いて重合を行った場合には，問題なく重合が進行することからも裏付けられる[14]。

　そこで，ジヨードモノマー**6**に対して十分高活性を示す触媒の探索を行ったところ，分子研（現大阪大）の桜井らにより開発された Pd(OAc)₂，Bu₄NOAc，PPh₃ より反応系内で容易に調製できるパラジウムナノクラスターを触媒に用いてジオキサン溶媒中反応を行うことにより3時間以内に重合が完了し，対応する芳香族ポリケトン**7**を得られた（図7上）[15]。

　また，同じジヨードモノマー**6**を同様にパラジウムナノクラスター触媒存在下，ジビニルアレーンと反応させると，溝呂木−ヘック重合反応が進行し，対応するポリアリーレンビニレンケトン（PAVK）**8**が得られた。C＝C単位の導入により，分子構造がより平面に近い構造をとることから，溶剤可溶性の低下が危惧されたが，クロロホルムや DMF に対し十分な溶剤可溶性を有していた。また，そのガラス転移温度は289℃と予想外に高いものであった[16]。さらに，得られた**PAVK 8**は高分子主鎖の共役拡張および主鎖中のケトンカルボニル基の電子求引効果によるドナーアクセプター効果により蛍光発光特性（青〜緑，$\lambda_{em}$：457〜525 nm）を有していた。このとき，ケトンカルボニル基は必須であり，ケトンカルボニル基を，アセタール保護したもの，メチレン（–CH₂–）基に還元したもの，代わりに SO₂ 基を導入したものは，溶液中において，**PAVK 8**より短波長側へのシフトが見られた（図7下）。

　また，米澤らにより 2,2′–ジメトキシ-1,1′–ビナフチル（**1**）をアシル受容モノマーとして用いる親電子芳香族アシル置換重合が試みられている[17]。すなわち，Eaton 試薬存在下，2,2′–ジメトキシ-1,1′–ビナフチル（**1**）と 2,2′–ジメトキシビフェニレン-5,5′–ジカルボン酸との直接重縮合を行うことにより，全芳香族ポリケトン**9**の合成が達成されている。全芳香族ポリケトン

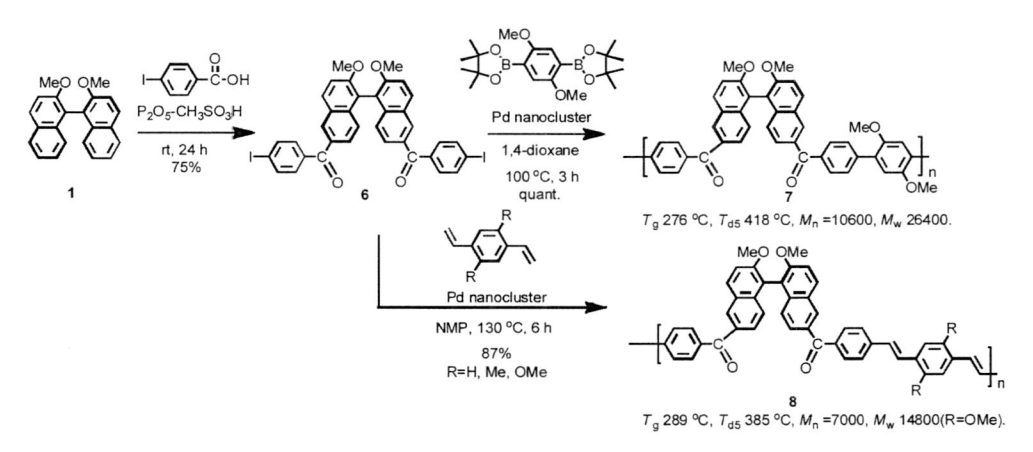

図7　Pdナノクラスター触媒による芳香族ポリケトン**7**およびポリアリーレンビニレンケトン**8**の合成

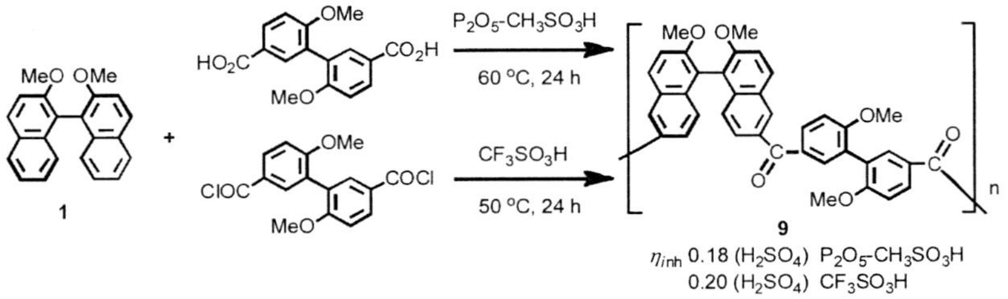

図8　1,1'-ビナフチレン骨格を有する芳香族ポリケトン **9** の合成

**8** は別途，トリフルオロメタンスルホン酸（TfOH）を用いる改良 Friedel-Crafts アシル化重合により合成することも可能である（図8）。

　いすれのポリケトンも十分高重合度，高 $Tg$ であり，かつ，THF，CHCl₃，NMP など汎用有機溶媒に可溶であり，PEEK や PEK などと異なり，優れた溶剤可溶性を有していた。これは，ナフタレン環同士の大きなねじれにより分子間の π－π スタッキングが大きく抑制できたためであると考えられる。いずれのポリケトンも，クロロホルムからの溶液キャスト法によりいずれもフレキシブルなフィルムを得ることができたが，そのフィルム強度はポリケトン **3** が最も優れており，様々な重合法の中で求核芳香族置換重合法が最も高分子量ポリケトンの合成に適していることがわかった。

### 4.4　水溶性芳香族ポリケトンの開発

　有機高分子材料が有機化合物である以上，塗料といえば，一般に有機溶剤を用いることが多い。しかし昨今では，揮発性有機化合物（VOC）の暴露を抑制する観点から溶剤に水を用いた水性塗料が注目されている。筆者の現在進めている水性塗料の開発例を以下に示す。

　芳香族ポリケトン **7** に対し，BBr₃ による脱メチル化，クロロ酢酸エチルによる $S_N2$ 反応，およびケン化反応を順に行うことにより，側鎖の置換基を OCH₃ 基からイオン性官能基である OCH₂COONₐ 基に変換することができる[18]。この官能基変換については，目視による色の変化および IR スペクトルにより追跡可能である。すなわち，カルボキシラート基導入により溶液は黄色透明溶液となり，IR スペクトルにおいてカルボキシラート基由来の 1609，1408 cm⁻¹ が観測されるとともに，エステル **7b** において観測されていたエステル由来の 1754 cm⁻¹ のピークは消失する。また，エステル **7b** は，CHCl₃ や THF に易溶，水に不溶なのに対し，カルボキシラート **7c** は，CHCl₃ や THF に不溶，水に易溶となる。カルボキシラート **7c** 水溶液に酸を加えていくとカルボン酸 **7d** となり，水に不溶化し，溶液は白濁するが，さらに水酸化ナトリウム水溶液を加えアルカリ性にすることにより，カルボキシラート **7c** に戻り水に再溶解し，透明な黄色溶液となり，可逆的である（図9）。

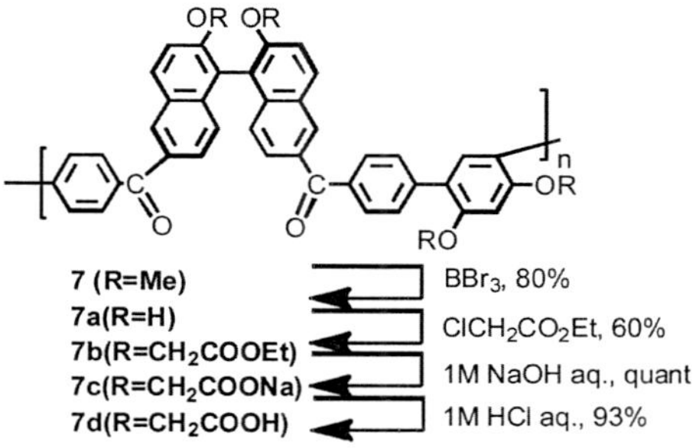

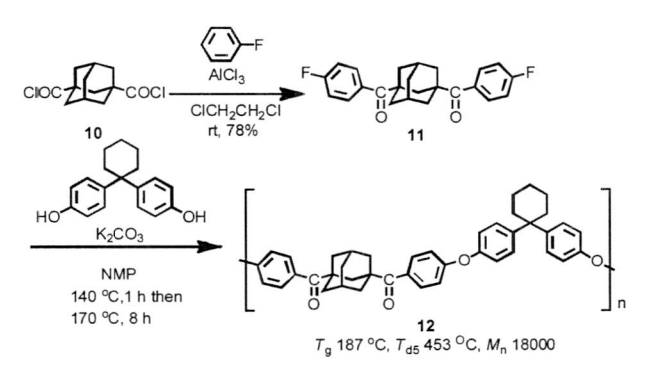

図9　水溶性芳香族ポリケトン **7c**

## 4.5　耐熱透明材料への展開

　PEEK，PEK など既存の芳香族ポリケトンのほとんどは，黄土色〜茶色に着色している。その理由は完全には解明されていないが，ポリイミドであるカプトン同様，分子内 / 分子間での電荷移動錯体，あるいは，僅かに含まれる不純物が原因と考えられている。もし芳香族ポリケトンを無色透明化できれば，光学レンズなど耐熱性と透明性が同時に要求される光学材料に適用できる。さらに溶剤可溶性が付与できればその用途は大きく拡大する。筆者らは，芳香族ポリケトンの主鎖に脂環構造を導入した半芳香族ポリケトンの開発を近年行ってきた。

　脂環構造を有する 1,3- アダマンタン酸二塩化物（**10**）とフッ化ベンゼンとの Friedel-Crafts アシル化反応により，ジフルオリド **11** を合成し，**11** の種々のビスフェノールとの求核芳香族置換重合を行うことにより半芳香族ポリケトン **12** を得ることができた（図 10）。このポリケトン（**12**）は十分な耐熱性，溶剤可溶性を有していた。さらに，既存のポリケトンに比べ大きく透明性の改善が図られた [13]。

　さらに，重合方法を Eaton 試薬を用いる脂環式ジカルボン酸と芳香族化合物 **13** との直接重縮合に変更したところ，より黄色度が低く透明性が一層改善された半芳香族ポリケトン **14** が得られた [20]。

図 10　求核芳香族置換重合による半芳香族ポリケトン **12** の合成

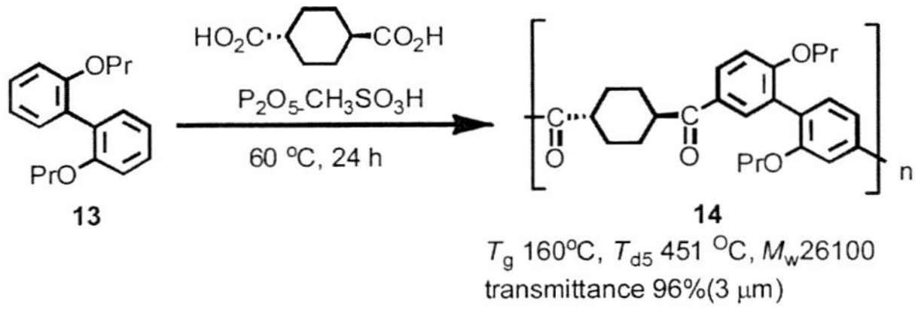

**図 11　直接重縮合による半芳香族ポリケトン 14 の合成**

　芳香族ポリケトン主鎖への脂環構造の導入により，大きく透明性の改善されたポリケトン素材が開発できることを明らかにした（図 11）。脂環構造の導入により，分子の対称性が崩れ，分子間の π スタッキングが抑制されたことは大きいが，それだけではなく，重合法の違い，例えば反応温度による違いの可能性もある。そのため，より高温で重合を行う必要のある求核芳香族置換重合において，より低い温度での重合による高分子量化が可能になれば，より黄色度の低い，無色透明材料が開発できるかもしれない。

## 4.6　おわりに

　本稿では，PEEK，PEKK を中心とする芳香族ポリケトンの開発動向および用途，および筆者らの溶剤可溶性ポリケトンの研究，さらには，その水性塗料への展開，発光材料，透明材料への展開について述べた。芳香族ポリケトンはその研究例が多くないものの，その卓越した高性能性（耐熱性・機械的特性・耐薬品性）を生かした，様々な分野での機能材料化がますます図られ，その生産量は今後飛躍的に伸びることが期待される。価格の問題を解決することができれば，既存のスーパーエンプラの代替材料として広く用いられることになろう。

**文　　　献**

1)　井上俊英ほか，高分子先端材料 8，エンジニアリングプラスチック，共立出版（2004）
2)　米澤宣行，有機合成化学協会誌，**53**，172（1995）；前山勝也，有機合成化学協会誌，**63**，616（2005）；繊維と工業，**64**，112（2008）；未来材料，**8**，42（2008）
3)　Victrex 社 HP，https://www.victrex.com/ja/products/victrex-peek-polymers
4)　ダイセル・エボニック㈱ HP，https://www.daicel-evonik.com/
5)　Solvay 社 HP，https://www.solvay.com/en/markets-and-products/featured-products/ketaspire.html
6)　アルケマ社 HP，https://www.arkema.co.jp/jp/products/product-finder/range/Kepstan/
7)　T.E. Attwood, P.C. Dawson, J.L. Freeman, R.J. Hoy, J.B. Rose, P.A. Staniland, *Polymer*, **22**,

1096（1981）

8)　https://www.victrex.com/ja/industries/medical

9)　https://www.daicel-evonik.com/search/function/list/7

10)　G.P. Robertson, S.D. Mikhailenko, K. Wang, P. Xing, M.D. Guiver, S. Kaliaguine, *J. Membr. Sci.*, **219**, 113（2003）; S. Hasegawa, S. Takahashi, H. Iwase, S. Koizumi, M. Ohnuma, Y. Maekawa, *Polymer*, **54**, 2895（2013）

11)　一例として T. Takata, Y. Furusho, K. Murakawa, T. Endo, H. Matsuoka, T. Hirasa, J. Matsuo, M. Sisido, *J. Am. Chem. Soc.*, **120**, 4530（1998）

12)　K. Maeyama, I. Hikiji, K. Ogura, A. Okamoto, K. Ogino, H. Saito, N. Yonezawa, *Polym. J.*, **37**, 707（2015）

13)　K. Maeyama, K. Ogura, A. Okamoto, K. Ogino, H. Saito, N. Yonezawa, *Polym. J.*, **37**, 736（2005）

14)　K. Maeyama, K. Yamashita, H. Saito, S. Aikawa, Y. Yoshida, *Polym. J.*, **44**, 315（2012）

15)　K. Maeyama. T. Tsukamoto, M. Suzuki, S. Higashibayashi, H. Sakurai, *Chem. Lett.*, **40**, 1445（2011）; *Polym. J.*, **45**, 441（2013）

16)　T. Tsukamoto, K. Maeyama, S. Higashibayashi, H. Sakurai, *Chem. Lett.*, **44**, 1780（2015）; *React. Funct. Polym*, **100**, 123（2016）

17)　A. Okamoto, R. Mitsui, K. Maeyama, H. Saito, H. Oike, Y. Murakami, N. Yonezawa, *React. Funct. Polym.*, **67**, 1243（2007）

18)　K. Maeyama, H. Kumagai, *React. Funct. Polym.*, **93**, 18（2015）

19)　K. Maeyama, T. Kamura, K. Akiba, H. Saito, *Polym.J.*, **40**, 861（2008）

20)　K. Maeyama, A. Katada, N. Mizuguchi, H. Matsutani, *Chem. Lett.*, **44**, 1783（2015）

# 5 アミノ酸をベースとした高耐熱・高強度・高透明性バイオプラスチックの開発

高田健司[*1], 金子達雄[*2]

## 5.1 はじめに ― 高性能バイオプラスチック ―

ポリ乳酸やセルロースなどのような，生物由来の原料をベースとした材料はバイオプラスチックといわれ，近年の持続可能な循環型社会の構築のために盛んに研究・開発が行われている。また，近年では食物と競合しないセルロースやそれを分解して得られた糖類（グルコースなど）を微生物の作用により様々な化学物質へ変換する研究が行われており，その物質変換の自由度は有機合成にも引けを取らないほどである。このように微生物によって生産された分子種を出発物質とした材料は，持続可能な社会の構築に有効な手段であることに加え，大気中の二酸化炭素由来のカーボンを高分子材料中に長期間固定化し，大気中の二酸化炭素濃度を連続的に削減できると期待できる。先にも挙げたポリ乳酸は，主鎖構造がエステル結合となりこれがポリ乳酸の生分解性・柔軟性に寄与しているが，逆にいえば安定性が比較的低い材料であるともいえる。さらに，現存するバイオプラスチックはほとんどが耐熱性能や強度に劣り，石油由来高性能プラスチックである，スーパーエンジニアリングプラスチック（スーパーエンプラ）に相当する高性能なバイオプラスチックはこれまでに開発されていない。近年では，従来の石油由来材料に代替できるようなバイオ材料が開発されているがそれらもまた，高耐熱性を発現するには至っていない。このようなバイオプラスチックの学術的背景から，スーパーエンプラのような高耐熱・高強度を有する材料，つまり安定性が非常に高く劣化しづらいバイオプラスチックを作ることができれば，新しい材料が開発できるだけでなく，大気中の二酸化炭素を継続的に削減し低炭素社会の構築に大きく貢献できる（図1）。

## 5.2 バイオスーパーエンプラの原料モノマー設計

スーパーエンプラは150℃以上の高温で長時間使用でき，各種溶媒耐性が強いプラスチックを指す。これらの高分子構造には芳香族が多量に含まれており，原料のほとんどが石油由来芳香族ジアミンである。芳香族を多量に含んだ天然物に植物の木皮を構成するリグニンがありその材料化を目的とした研究が行われているが，リグニンは構造が極端に複雑であり，化学処理が難しく不純物も多く含まれることから専ら添加剤としての利用がほとんどであった。しかし，リグニンの構成成分である桂皮酸類に着目すると高機能性材料としての可能性が伺える。例えば，4-ヒドロキシ桂皮酸と 3,4-ジヒドロキシ桂皮酸の水酸基をアセチル化して，減圧条件下において高温で重縮合を行うことで，天然由来のバイオポリエステルが可能である[1~3]。同様にして 3-ヒ

＊1 Kenji Takada 北陸先端科学技術大学院大学 先端科学技術研究科
環境・エネルギー領域 特任助教

＊2 Tatsuo Kaneko 北陸先端科学技術大学院大学 先端科学技術研究科
環境・エネルギー領域 教授

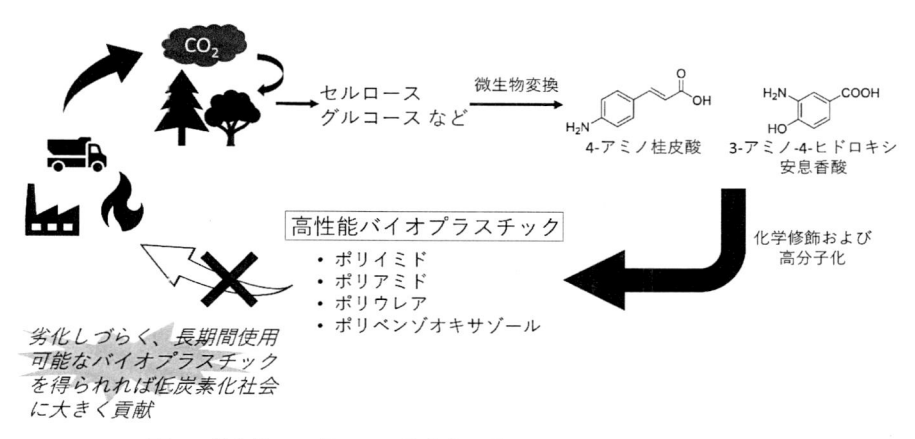

図1　微生物から得られた化合物を基盤とした高性能樹脂の開発

ドロキシ桂皮酸を重縮合することで溶媒に可溶なバイオポリエステルが合成可能であった[4]。これら桂皮酸を直接重合したバイオポリエステルは高分子主鎖中に芳香環を有することに加え，光によって反応する二重結合を有していたため，特定波長の紫外線を照射させることで変形する性質を示した。しかしながら，これらバイオポリエステルのガラス転移温度（$T_g$）は115〜169℃程度であり，スーパーエンプラに相当した耐熱性を示さず，分子構造の見直しが必要であった。ここで，桂皮酸類の特徴として特定の波長に対して，二重結合のシストランス異性化と二量化反応のそれぞれの反応性がある点に着目した（図2）。桂皮酸類の二重結合は光によって励起され，近傍の分子と［2 + 2］光環化付加反応を起こすことで知られている。この光二量化反応は固相から固相への不均一系反応であり，反応に用いた桂皮酸類結晶の基本骨格が光反応前後で保持される。桂皮酸のフェニレン部分を head，カルボキシル部分を tail とした時，桂皮酸には head-tail（H–T）型パッキングのアルファ型と，head-head（H–H）型パッキングのベータ型，ガンマ型の三種類の結晶形が存在する。同じ H–H 型パッキングのベータ型，ガンマ型結晶でも反応点間の距離が異なり，ガンマ型結晶では光反応が進行しないとされている[5]。

　ここで，スーパーエンプラの原料に芳香族ジアミンが用いられているという背景をもとに，アミンを有した桂皮酸，例えば 4- アミノ桂皮酸（4ACA）を光二量化することで対称性の高い天然由来の芳香族ジアミンが合成可能である。一般的に芳香族ジアミンは生体に対する毒性が高く，微生物生産により芳香族ジアミンを生産することは困難であるが，モノアミンである 4ACA を微生物により生産することは可能であることから，バイオテクノロジーとケミカルテクノロジーを組み合わせることでスーパーエンプラの原料を微生物から生産することが可能となる。しかしながら，4ACA を効率よく生産する微生物は発見されていなかったため，遺伝子組み換え大腸菌を駆使した微生物生産系の構築を行った。ここで，放線菌の一種である *Streptomyces pristinaespiralis* が生産する抗生物質（Pristinamycin Ⅰ）の構造中に 4- アミノフェニルアラニン（4APhe）という芳香族アミン誘導体が含まれることから 4APhe の特異的な

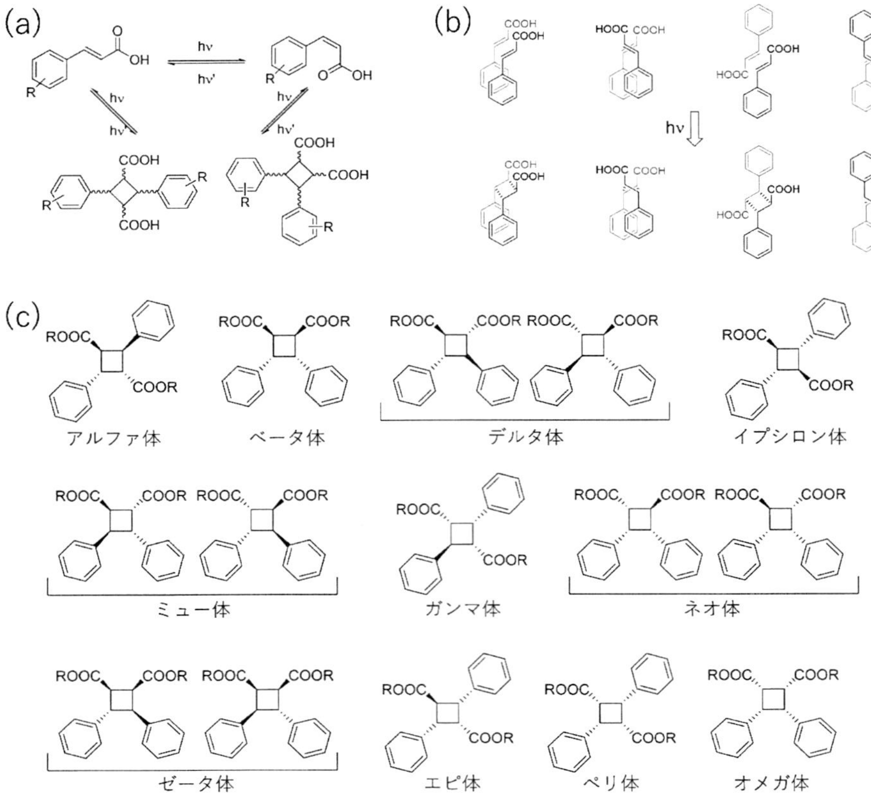

図2 桂皮酸の光に対する反応性(a)，結晶のパッキングによる立体異性の違い(b)，
予想される桂皮酸誘導体の光二量化生成物 15 種類(c)

酵素処理を行うことで 4ACA を生産する代謝経路を開発した。こうして生物学的手法により得られた 4ACA に対して化学修飾および光反応を行うことで，バイオスーパーエンプラの作成に必要不可欠な芳香族ジアミンを合成した（図3）。また，反応部位を選択してカルボキシル基を2つ有した芳香族ジカルボン酸もまた高収率で合成可能であった。これら化学修飾および光二量化反応は，反応開始から芳香族ジアミンの回収に至るまで，不均一な分散系を維持し続けられ，それでいて反応は定量的に進行し，回収もろ過のみで非常に容易なため，目的物のロスがほとんど無いという特徴があった。こうした生産プロセスにおいても，環境汚染につながる塩素系有機溶媒や，多量のエネルギーを要する高温反応，低温反応，禁水反応などの過酷な反応条件を要さないことからも，持続可能な循環型社会の構築の一役を担っている。

### 5.3 高性能な芳香族バイオポリイミドの合成

　カプトン®（東レ・デュポン㈱社製）やネオプリム®（三菱ガス化学㈱社製），アピカル®（㈱カネカ社製），ユーピレックス®（宇部興産㈱社製）などはスーパーエンプラに代表的されるポ

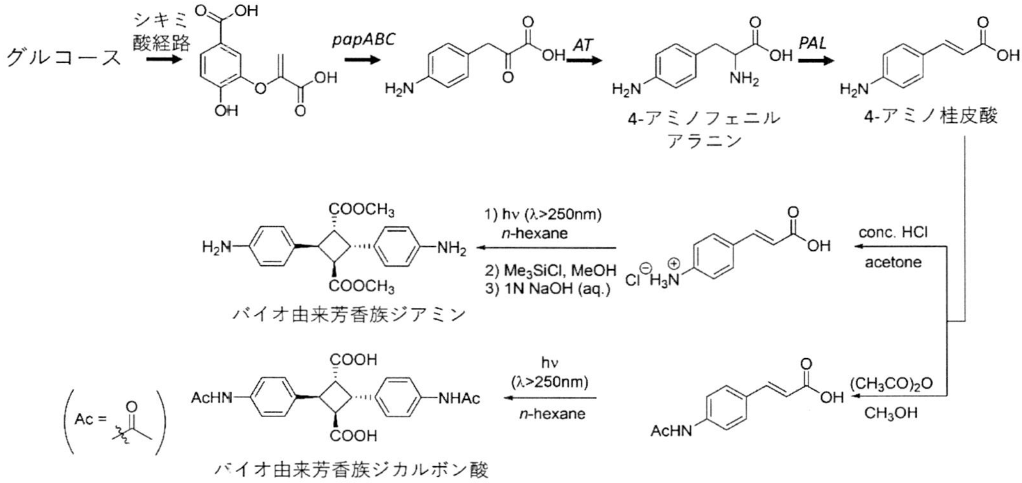

図3　グルコースからの4-アミノ桂皮酸の微生物生産および，化学修飾による
バイオ由来芳香族ジアミンおよび芳香族ジカルボン酸の合成

リイミドである。これらポリイミドの特徴は，芳香族を高度に含み，剛直かつ分子間相互作用の強いヘテロ環であるベンズイミド構造を持つため極めて高い耐熱性能を示すことである。また，高分子構造の剛直性が高くなり分子間での相互作用が強くなりすぎると加工性に問題が生じることがあるが，そのような場合は高分子構造中に屈曲した構造（例えば，1,4-フェニレンジアミンを1,3-フェニレンジアミンに変更するなど，オルト，メタ，パラの置換位置を変更する）を導入し，その加工性を調整する試みも行われる。これらポリイミドは芳香族ジアミンとテトラカルボン酸二無水物を反応させることで合成可能であり，バイオ由来芳香族ジアミンもまた，同様にしてポリイミドとすることが可能であった[6]。一例として，芳香族バイオジアミンと1,2,3,4-シクロブタンテトラカルボン酸二無水物（CBDA）を混合し，$N,N$-ジメチルアセトアミドを重合溶媒として加えることでポリイミド前駆体を合成し，続く脱水縮合反応により芳香族バイオポリイミドが合成可能であった（図4）。CBDAは生体分子であるフマル酸のメチル化，光二量化，加水分解，環化反応により得られるものであり，この組み合わせで得られるポリイミドは完全なバイオベースポリイミドとなる。また，テトラカルボン酸二無水物を変化させることで様々なバイオポリイミドが合成可能であった（図5）。

　得られたバイオポリイミドの特筆すべき物性として5%重量減少温度（$T_{d5}$）が最高で410℃，最低でも365℃という値を示した点である。これほどの高い耐熱性を有したバイオプラスチックはこれまでに報告されておらず，バイオ由来芳香族ジアミンをベースとしたポリイミドは世界最高耐熱のバイオプラスチックとなった。芳香族バイオポリイミドの力学強度に着目すると，破断伸びは最大でも4%程度という非常に小さな値であり，フィルムとして成形することは困難であったが，テトラカルボン酸二無水物を二種類使用してランダム共重合体とすることで伸び率は

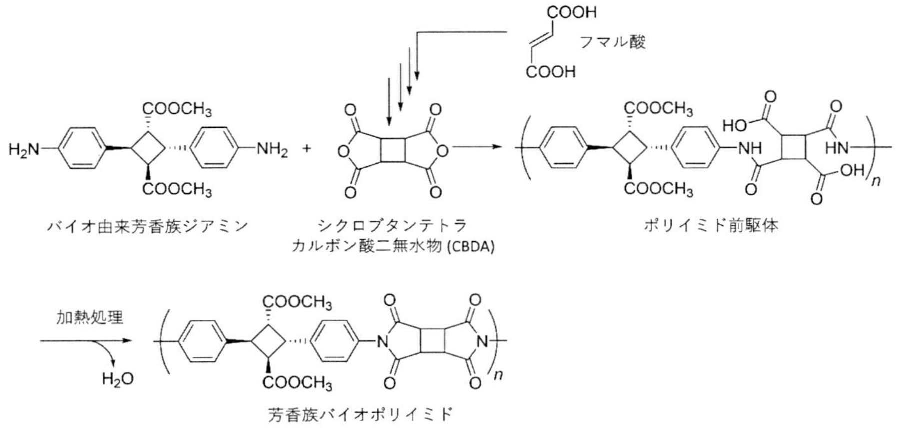

図4　バイオ由来芳香族ジアミンとシクロブタンテトラカルボン酸二無水物による
　　　バイオポリイミドの合成

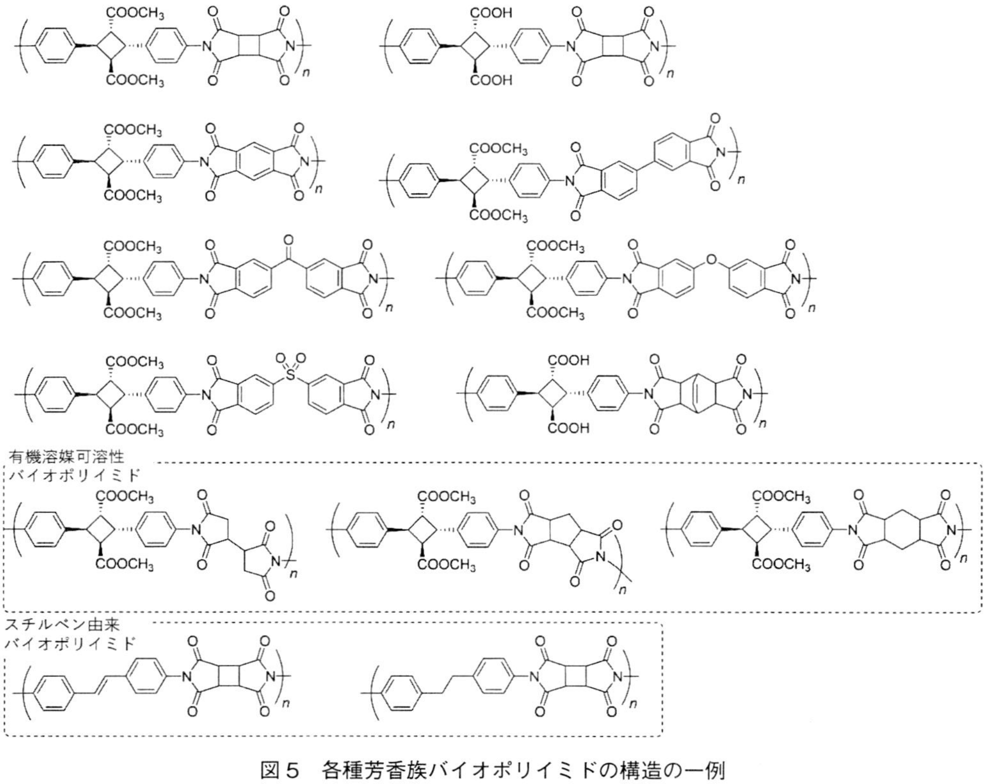

図5　各種芳香族バイオポリイミドの構造の一例

最大で9%まで改善された。これによりフィルムとして成形することが可能であり，その透過率
は光の波長450 nmにおいて90%程度を示し，黄色度も比較的低い数値であった。これらの芳香

族バイオポリイミド共重合体のフィルム成型物を四つ折りにして広げて顕微鏡観察しても破断箇所は発見されず，折り目の箇所で配向していることが確認された[7]。また，折り目を付けた状態で引張試験を行っても折り目とは違う箇所でフィルムが破断したことから折り曲げに耐性がある（じん性がある）材料であることが分かった。また，CBDA を対モノマーとしたバイオポリイミドフィルム表面にマウス線維芽細胞（L929）を接触させ，細胞適合性を調べた結果，カプトンなどの一般的なポリイミドと同様，高い細胞適合性を示すことが分かった[6]。また，バイオ由来芳香族ジアミンの側鎖をカルボシキル基の状態としてもバイオポリイミドが合成可能であり，その1%重量減少温度（$T_{d1}$）は最低のものでも200℃以上を示し，スーパーエンプラに準ずる耐熱性を示した。これらバイオポリイミドに対し，オルトケイ酸テトラエチルによるゾル－ゲル反応を行うことでシリカとのハイブリッド化が可能であった[8]。

バイオ由来ジアミンの対モノマーに脂環式ジカルボン酸二無水物である *meso*- ブタン-1,2,3,4- テトラカルボン酸二無水物，1,2,4,5- シクロヘキサンテトラカルボン酸二無水物，1,2,3,4-シクロペンタンテトラカルボン酸二無水物をそれぞれ用いてバイオポリイミドが合成可能であった。これらバイオポリイミドの特徴は，$N$- メチル -2- ピロリドン，ジメチルスルホキシド，$N,N$- ジメチルホルムアミド，$N,N$- ジメチルアセトアミドなどの非プロトン性極性溶媒および濃塩酸に溶解性を示したことである。非プロトン性極性溶媒に対する溶解性を示した理由としてテトラカルボン酸二無水物の屈曲性が影響して，CBDA などを原料としたポリイミドに比べて溶解性を示すようになったと考えられる[9]。

また，4ACA を化学修飾することで 4,4'- ジアミノスチルベンおよび 4,4'-（エタン -1,2- ジイル）ジアニリン（ジアミノスチルベンの二重結合を還元した物）を合成し，所定のテトラカルボン酸二無水物を用いたバイオポリイミドも合成可能であった。これら，スチルベン誘導体を用いて合成されたバイオポリイミドもまた，非常に高い耐熱性（$T_{d5}$：最大550℃）を示し，伸び率は最大で8%程度であり，カプトンの耐熱性に匹敵する性質であった[10]。

## 5.4 高透明性と優れた材料特性を有した芳香族バイオポリアミドの合成

芳香族系のポリアミドにケブラー®やノーメックス®（東レ・デュポン㈱社製）などの高強度繊維が知られており，これらは芳香族ジアミンと芳香族ジカルボン酸を重縮合させることで合成される。バイオ由来芳香族ジアミンとジカルボン酸を $N$- メチル -2- ピロリドンに溶解させ，亜リン酸トリフェニル（$(PhO)_3P$），ピリジンの共存下で重縮合を行うことで芳香族バイオポリアミドを合成することが可能であった（図6）[11]。これにより得られた芳香族バイオポリアミドは4ACA 誘導体由来の繰り返し構造を持つ，完全なバイオベースポリマーといえる。これらバイオポリアミドの反応溶液をメタノールなどの溶媒に滴下することで繊維状のポリアミドを再沈殿することができ，その固体を $N,N$- ジメチルホルムアミドなどの溶媒に溶解させことで，それぞれ，フィルム化およびファイバー化することが可能であった。この時，重縮合をする際のモノマーに所定の脂肪族ジカルボン酸，例えばアジピン酸やフランジカルボン酸などを加え，ランダ

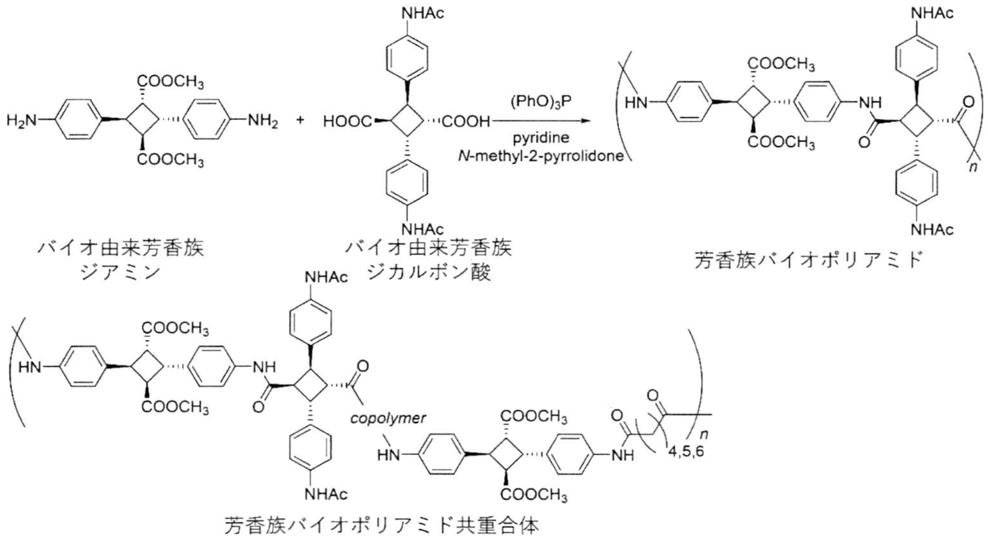

図6　バイオ由来芳香族ジアミンおよび芳香族ジカルボン酸を用いたバイオポリアミドの
合成および脂肪族ジアミンとの共重合体

ム共重合を行うことで力学物性や耐熱性，透明性などの物性の調整が可能である．さらに，これらの芳香族バイオポリアミドは構造中に光二量化に由来するシクロブタン環を有していることから，それらのポリマー溶液に対して紫外線を照射し，濃塩酸で化学処理を行うことで，原料である 4ACA にまで変換することができ，可逆的な光開裂反応による分解も可能であるということから，ケミカルリサイクルが可能な環境低負荷材料であることもまた証明されている．

　これらの芳香族バイオポリアミド樹脂の $T_g$ はいずれも 150℃以上，10％重量減少温度（$T_{d10}$）はほとんどが 350℃以上を示し，高い耐熱性能を有していた．さらに，得られた芳香族バイオポリアミドのフィルムは非常に高い透明性を示し，光の波長 450 nm の時，透過率は約 90％を示した．また，バイオポリアミド繊維の引張強度は，最大で 400 MPa を示し，この数値は，透明樹脂の代表格であるポリカーボネート[12] の力学強度（約 60 MPa）や，パイレックスガラス[13] の力学強度（約 120 MPa）を大きく超えるものであり，非常に高強度な材料であることが判明した．芳香族バイオポリアミド誘導体が，いずれも高耐熱・高強度を示した理由としては，4ACA 二量体由来の高い対称性が，樹脂の耐熱性に影響したこと，構造中のベンゼン環およびアミド結合が強い相互作用を引き起こすことで強度が向上したことなどが考えられる．特に力学物性に関しては非常に興味深い性質を示したことからも，その詳細なメカニズムの解明は重要であるといえる．

## 5.5　高い透明性と柔軟性を有した芳香族バイオポリウレアの合成

　上記芳香族バイオポリイミドやポリアミドは非常に高い耐熱性と力学強度を示したことから，原料である 4ACA 由来の芳香族ジアミンをベースとした様々な材料展開が可能である．ジアミ

ンから誘導されるプラスチックの中に，高いじん性と耐久性を有する材料であるポリウレアがあるが，このポリウレアもまた各種ジイソシアネートとバイオ由来芳香族ジアミンとの反応により合成が可能である（図 7）[14]。ポリウレアはウレア結合（R-NH-CO-NH-R）に由来した分子間水素結合を形成するが，ポリアミドのアミド結合（R-CO-NH-R）に比べ水素結合の規則性に劣り，強度や耐熱性能はやや低下するが，透明性が向上した。さらに，芳香族バイオポリウレアは高いじん性を有しており，何度も折り曲げたとしても破壊することはなく，折り紙のように扱うことも可能であった。

　物性の改質方法としてこれらのバイオポリウレアの溶液に，金属硝酸塩（例えば，硝酸ユウロピウム（Ⅲ）六水和物など）を添加することで，ウレア結合由来の分子間相互作用が金属配位によって調整され，若干の黄色化があるがフィルムの透明性を維持したまま，引張強度が元のバイオポリウレアの 2 倍近くまで向上した。

## 5.6　アミノ酸由来ポリベンゾオキサゾール共重合体の開発

　ここまで，4ACA をベースとしたバイオ由来材料を例に挙げたが，その他のアミノ酸をベースとしたスーパーエンプラも合成可能である。スーパーエンプラの中でもポリイミド以上の耐熱性を示すポリベンゾオキサゾール（PBO）は，非常に高い耐熱性（難燃性）や力学特性を示す。その非常に高い耐久性から消防用の防火服や，防弾チョッキ，絶縁被膜などに利用されている。

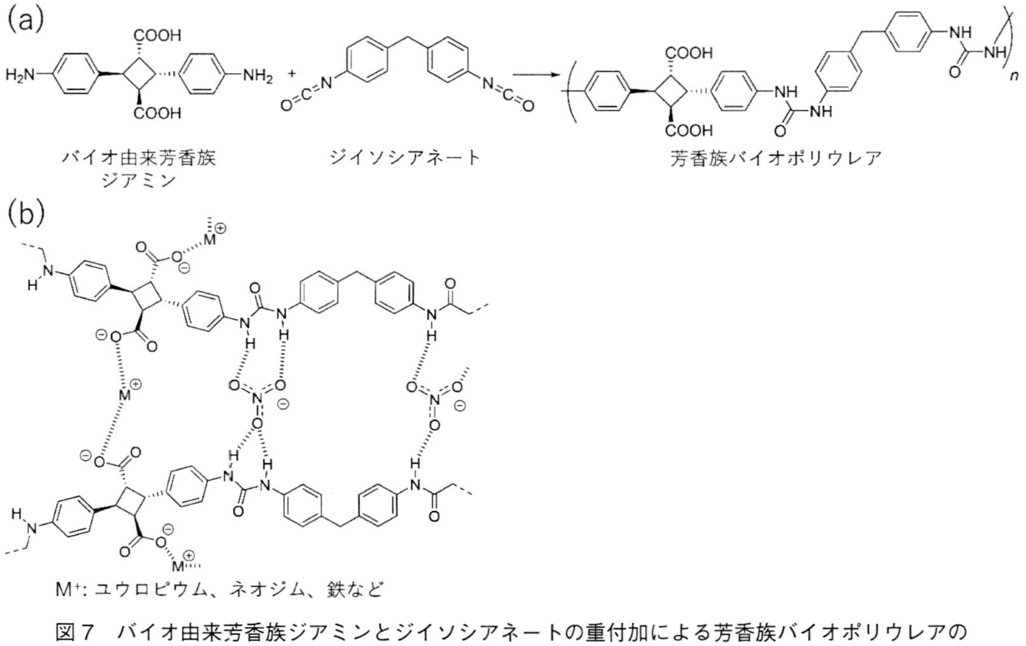

M⁺: ユウロピウム、ネオジム、鉄など

図 7　バイオ由来芳香族ジアミンとジイソシアネートの重付加による芳香族バイオポリウレアの
　　　合成(a)，金属硝酸塩の添加により分子間相互作用が調整される(b)

これら PBO のモノマーである 3- アミノ -4- ヒドロキシ安息香酸（3,4-AHBA）は従来石油由来であるが，この 3,4-AHBA もまた，土壌に生息する放線菌 *Streptomyces griseus* を利用して，L- アスパラギン酸 -4- セミアルデヒドから生合成することが可能である [15]。3,4-AHBA にイソフタル酸塩化物を反応させ，その後ヒドラジンまたは脂肪族ジアミンによる反応，加熱による脱水縮合を行うことで，従来の石油由来 PBO と同様の構造を含んだバイオ由来 PBO 共重合体が合成可能である（図 8）[16]。この時ヒドラジンをコモノマーとした場合は PBO- ポリオキサジアゾールとなり，脂肪族ジアミンを用いた場合は PBO- ポリアミド共重合体になる。これらバイオ PBO は $T_{d10}$ が最高で 502℃ を示し，従来の PBO と同等の非常に高い耐熱性を有することが確認された。さらに，PBO- ポリアミド共重合体は分子中に柔軟性があるため，その軟化温度以上（300〜350℃），高圧条件下にてサーモトロピック液晶性を示すことが確認された。

### 5.7　おわりに ─ 今後の展望 ─

　微生物から得られた 4ACA とそれを用いた化学修飾・光反応および高分子化により，今までにない高耐熱・高強度・高透明性を示すバイオ由来スーパーエンプラを得ることができた。4ACA の光二量体を芳香族ジアミンとし，所定のテトラカルボン酸二無水物との付加反応および縮合反応させることにより芳香族バイオポリイミドが合成可能であり，非常に高い耐熱性を示した。また，4ACA の化学修飾によりそれぞれ芳香族ジアミンおよび芳香族ジカルボン酸とし重縮合させることで芳香族バイオポリアミドが得られ，その力学物性は非常に高く興味深い性質を示した。さらに，これらバイオポリアミドに対し，溶液中での光反応，酸による化学反応を施すことで原料の 4ACA までリサイクルさせることが可能であり，原料生産からその処理・リサイクルに至るまで，環境低負荷な材料であることを示した。バイオ由来芳香族ジアミンと各種ジイソシアネートを反応させることで芳香族バイオポリウレアを合成することができ，柔軟性に優れるフィルムを得ることができた。4ACA をベースとした材料以外にも 3,4-AHBA をベースと

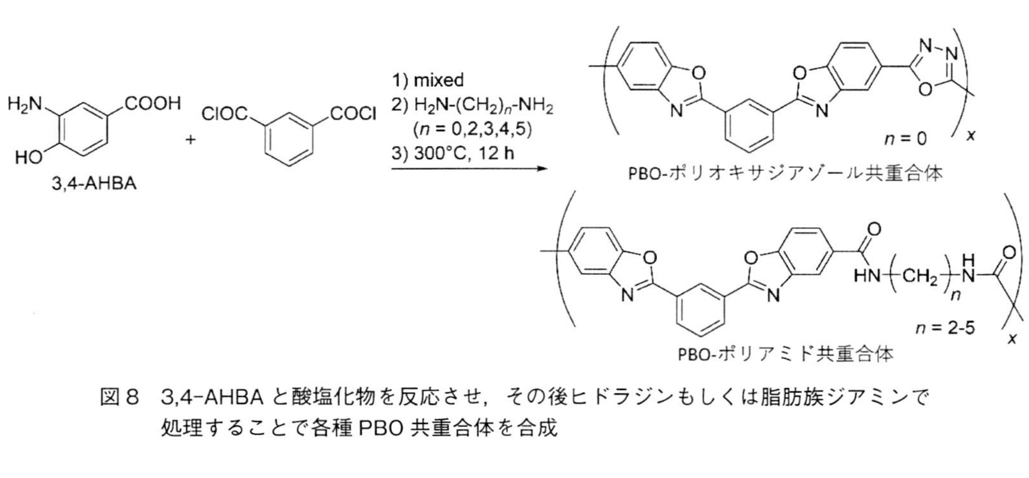

図 8　3,4-AHBA と酸塩化物を反応させ，その後ヒドラジンもしくは脂肪族ジアミンで処理することで各種 PBO 共重合体を合成

することで，スーパーエンプラの中でも非常に高い耐熱性を示す PBO を合成することが可能であった。このように，天然に広く存在する糖類をベースとして，遺伝子組み換え微生物により様々な有用モノマーを合成することで，低炭素社会に貢献できるだけでなく，バイオ由来だからこそできる特徴的な構造に基づく機能材料の創出も可能である。微生物から生産されたモノマーを原料として高耐熱・高強度・高透明性な樹脂を合成することで，既存のプラスチックに代替できるだけでなく新たな材料，例えば，高透明性と高耐熱性が要求される有機エレクトロルミネッセンス材料を基盤としたフレキシブルディスプレイなどへの展開が期待できる。石油資源に依存しない材料開発は近年の大きな課題であり，いずれは達成されるべき課題であることからも，こうした微生物生産を活用した材料開発はこれらの課題解決に直結していると考えられる。

**謝辞**

　本研究は，科学技術振興機構（JST）の先端的低炭素化技術開発（ALCA）プロジェクト（課題番号：5100270）および日本学術振興会（JSPS）科研費基盤研究（B）（課題番号：15H03864）の研究成果に基づくものである。また，糖類から 4ACA を微生物生産する経路を開発した，本プロジェクトにおける研究支援者である高谷直樹教授（筑波大学生命環境系）およびその研究グループのスタッフに心より感謝する。

# 文　　　献

1) Kaneko, T. *et al.*, *Nature Mater.*, **5**, 966-970 （2006）
2) Kaneko, T. *et al.*, *Adv. Funct. Mater.*, **22**, 3438-3444 （2012）
3) Kaneko, T. *et al.*, *Angew. Chem. Int. Ed.*, **52**, 11143-11148 （2013）
4) Kaneko, T. *et al.*, *J. Polym. Sci. Part A: Polym. Chem.*, **49**, 1112-1118 （2011）
5) Mallete R.J. *et al.*, *J. Chromatogr. A*, **1364**, 234-240 （2014）
6) Kaneko, T. *et al.*, *Macromolecules*, **47**, 1586-1593 （2014）
7) Kaneko, T. *et al.*, *Ind. Eng. Chem. Res.*, **55**, 5761-8766 （2016）
8) Kaneko, T. *et al.*, *RSC Adv.*, **8**, 14009 （2018）
9) Kaneko, T. *et al.*, *Polymers*, **10**, 368 （2018）
10) Kaneko, T. *et al.*, *Polymer*, **83**, 182-189 （2016）
11) Kaneko, T. *et al.*, *Macromolecules*, **49**, 3336-3342 （2016）
12) Marks, M.J. *et al.*, *Macromolecules*, **27**, 4106-4113 （1994）
13) Simax glass properties of Friedrich & Dimmock, Inc. https://www.fdglass.com/pdf/simax.pdf
14) Kaneko, T. *et al.*, *Polym. J.*, **47**, 727-732 （2015）
15) Kondo, A. *et al.*, *Biores. Technol.*, **198**, 410-417 （2015）
16) Kaneko, T. *et al.*, *J. Polym. Res.*, **24**, 214 （2017）

# 第2章　電子機器・部品・光学部材

## 1　感光性ポリイミドの展開と将来動向

荘司　優[*1]，富川真佐夫[*2]

### 1.1　はじめに

　ポリイミドの歴史は，Bergrt らによる一連のアミノフタール酸の反応検討で，縮合物の合成が報告された時から始まったと思われる[1]。しかし，これは不溶・不融の固体で実用性はなかった。その後，Edward らにより，ピロメリット酸と脂肪族ジアミンを用いた縮合体が発明された[2]。さらに，Sroog らが2ステップ法という合成法を発明しポリマー状態で不溶・不融の芳香族からなるポリイミドをその前駆体の状態で加工し，加工したものをさらに熱硬化することで，材料固有の優れた耐熱性，電気絶縁性，機械特性を様々な形で発現できるようになった[3]。これによりポリイミドの前駆体溶液を銅線に塗布し，その後加熱することで，耐熱エナメル線の絶縁塗料として用いられたのが最初のポリイミドの産業的な利用である。その後，耐熱絶縁ワニス，耐熱接着剤，感光性ポリイミド，成形樹脂などに展開され，電気，電子，航空宇宙分野など多くの分野に展開されていった。

### 1.2　電子材料への展開

　ポリイミドは，熱分解温度が400℃を超える，弾性率が無機材料より小さく加熱・冷却で発生する熱応力が小さくなることに加え，酸無水物とジアミンを N- メチルピロリドンのような極性溶媒中に混合することで反応が進みポリイミド前駆体が得られるために，出発物の原料と溶媒の純度を高めることで，純度の高いポリマーが得られる。これらのことから，日立製作所の佐藤らはポリイミドを半導体の層間絶縁膜に使うことを検討し，汎用的に使われていた酸化ケイ素膜より高い信頼性を示すことを示した[4]。この結果をもとに，ポリイミドがアナログ IC の層間絶縁膜に使われるようになり，半導体内部に初めて使われた有機樹脂となった。ポリイミドパターンを得るため，ポリイミドを250℃から350℃程度の温度でキュアを行い，ヒドラジン系の薬液でエッチングすることで，比較的微細なパターンを形成することができた[5]。しかし，ヒドラジンの有する毒性のため，この方式が廃止され，120～140℃でポリアミド酸溶液をベークし，より弱いアルカリであるポジ型フォトレジストの現像液であるテトラメチルアンモニウム水溶液（TMAH）で，フォトレジストの現像と同時にエッチングする手法が使われるようになった[6]。
　また，Intel の May らは DRAM の記憶素子が，当時の DRAM で使用していたセラミックパッ

＊1　Yu Shoji　東レ㈱　電子情報材料研究所　研究員

＊2　Masao Tomikawa　東レ㈱　リサーチフェロー，電子情報材料研究所　研究主幹

ケージの不純物として含まれていた放射性原子から出てくる α 線で誤動作し，この対策として高純度の樹脂を半導体チップ上に塗布することが効果的であるということを示した[7]。この結果，DRAM の α 線遮蔽膜として，30 μm 以上の厚さで塗布したポリイミド膜を用いるようになった。

　半導体素子用でのポリイミドコーティング剤の最大の用途はバッファーコートである。バッファーコートは，半導体素子を基板に実装するときに，モールド樹脂と半導体チップの熱膨張率の差により生じる熱応力により半導体素子内のパッシベーション膜が割れる，配線のずれが起こる，モールド樹脂が割れるなどの問題が起こり，これに対して柔軟で，耐熱性があり，モールド樹脂と接着に優れる樹脂を塗布することで形成される[8]。

　バッファーコート用途では，まずは非感光性ポリイミドコーティング剤を塗布して，フォトレジストをマスクにウェットエッチングする手法がとられたが，加工寸法の高精度化，工程の短縮ということから，ポリイミド（前駆体）に感光性を付与した感光性ポリイミドコーティング剤を適用するという検討が材料メーカー，半導体メーカー各社で進められた。

　感光性ポリイミドは，ポリイミドやその前駆体に感光性を有する基を導入したり，感光する成分を加えたりすることで調整することができる。この最初の報告は，Kerwin らによる重クロム酸化合物をポリアミド酸に加えたものである[9]。重クロム酸化合物を感光成分に用いるものとしては，カゼインやポリビニルアルコールに混合し，これをブラウン管マスクやリードフレームのエッチング用レジストとして用いられていた[10]。しかし，この手法では毒性の高いクロム化合物を用いること，溶液の保存安定性が悪いことがあり，実用化されることはなかった。

　実用的なものとして，Siemens の Rubuner らが，ポリイミドの原料である酸無水物に感光性のあるアルコールを反応させジカルボン酸ジエステルを作り，次に残ったカルボン酸とジアミンを縮合させて，感光性のアルコールがエステル結合でポリアミド酸側鎖についた，ポリアミド酸エステルを得たものが知られている[11]。この手法はジカルボン酸とジアミンの縮合反応のために酸を酸クロリドや活性エステルなどに活性化することや，カルボジイミドなどの縮合剤を用いる必要があり，合成工程が煩雑になること，不純物の除去が必要であること，熱硬化時に感光成分が除きにくいなどの欠点があるが，材料メーカーに技術移転され，ポリイミドと感光成分，及び添加剤に関する精力的な研究の結果，極めて容易にパターンを得ることができるようになり，半導体のバッファーコートに幅広く展開されるようになった[12]。

　エステル型に対抗する技術として，東レの Hiramoto らはポリアミド酸に感光性のある 3 級アミンを加えることで感光成分をポリアミド酸のカルボキシル基にイオン的に導入する手法を開発した[13]。この手法は極めて容易に感光性ポリイミドが得られること，熱硬化時に感光成分が容易に揮発するだけでなく，イミド化の触媒となり，より低温で硬化が完了するなどの特徴があり，最初にスーパーコンピューターの実装基板の層間絶縁膜として実用化された感光性ポリイミドとなった[14]。また，この感光機構については，光反応性のアクリル基の反応が見られないことから不明であったが，ポリアミド酸が紫外線で光電荷分離を起こし，反応が進むことが分かった[15]。

　他の感光性ポリイミドしては，Pfifer らが開発したオルト位にアルキル基を有したベンゾフェ

ノンテトラカルボン酸を用いた可溶性ポリイミドが挙げられる [16]。このポリイミドの感光機構は，Horie らにより検討され，紫外線でベンゾフェノンが励起され，アルキル基から水素引き抜きを起こして，架橋不溶化する機構が示された [17]。さらに Omote らは，ポリアミド酸にニフェジピン化合物を加えることで，ニフェジピンの光反応でアミンが生成し，その後，ベークすることでイミド化が進み，ネガ型の画像を得る感光性ポリイミドを発表した [18]。

　フォトレジストは，最初は紫外線が照射された部分が不溶化するネガ型と露光部が可溶化するポジ型に分類される。一般にネガ型はアクリル基などの紫外線反応基が紫外線で光重合を起こし，架橋構造を作ることで現像液に不溶化する。しかしながら，ネガ型は架橋構造に現像液が浸透すると膨潤を引き起こすため，微細なパターンを得ることは難しい。一方，ポジ型はアルカリ水溶液に可溶なフェノール性水酸基を有したポリマー，例えばノボラック樹脂にジアゾナフトキノン化合物を添加し，未露光部はジアゾナフトキノン化合物がアルカリ水溶液に不溶であることから溶解せず，露光部はジアゾナフトキノン化合物がインデンカルボン酸に変化することでアルカリ水溶液に可溶になるため，画像を得ることができる [19]。この技術をポリイミドに展開することも早くから検討され，GAF 社の Loprest らがポリアミド酸にジアゾナフトキノン化合物を配合したポジ型感光性ポリイミド前駆体を特許化した [20]。しかしながら，ポリアミド酸はアルカリ水溶液に対する溶解性が非常に大きいため，良好な画像を得ることができず，このまま実用化されることはなかった。その後，アルカリ水溶液への溶解性を調整したフェノール性水酸基を有するポリイミド，ポリアミド酸エステルにジアゾナフトキノン化合物を添加するものが発表された [21~23]。また，Tomikawa らは，ジメチルホルムアミドジアルキルアセタールの添加量に応じてポリアミド酸のエステル化率を変化させ，アルカリ水溶液に対する溶解性を制御できることを見出し，この部分的にエステル化したポリアミド酸を用いたポジ型感光性ポリイミドを開発した [24]。

　ポジ型感光性ポリイミドに対して，Siemens の Rubner らは，ポリイミドと同程度の耐熱性を有する複素環ポリマーとして，ポリベンゾオキサゾール（PBO）を使ったポジ型耐熱性材料を発明した [25]。PBO の前駆体はポリヒドロキシアミドであり，フェノール性水酸基を有したポリアミドであるため，適度なアルカリ可溶性を有する。この PBO 前駆体にジアゾナフトキノンジアジド化合物を加えることで，画像形成可能なポジ型耐熱材料となった。この技術は住友ベークライトなど各社が開発し，幅広く使われている [26]。

　また，別の感光性機構有するポジ型感光性ポリイミドの開発も検討され，三菱電機の Kubota らは，ポリアミド酸の o-ニトロベンジルエステルを用いたものを発表した [27]。これは o-ニトロベンジル基が紫外線で脱離するため，露光した部分はポリアミド酸になりアルカリ可溶性のポジ型感光性ポリイミドとなる。また，先に取り上げた千葉大の Omote らが開発したポリアミド酸にニフェジピン化合物を添加するネガ型感光性ポリイミドは，露光後のベーク条件により水素結合性が変化し，ポジ型の画像を得ることも可能である [28]。

　東レの Tamura らは，イオン結合型感光性ポリイミドを露光後に 130~150℃でベークするとポジ型の画像を得られることを見出した [29]。この機構は，Yoshida らにより解明され，露光部と

未露光部でガラス転移温度（$T_g$）が異なることを利用している。露光部の $T_g$ が少し高く，$T_g$ 付近でベークを行うと，$T_g$ の高い露光部のイミド化は進行せず，$T_g$ の低い未露光部のイミド化が進行することで $T_g$ の高い露光部がアルカリ現像液に可溶化し，ポジ型の画像を得られるということを見出した[30]。

フォトレジストの中には化学増幅と言われる紫外線で発生した酸を触媒としアルカリ可溶基を保護している置換基を脱離するタイプが開発された。この技術についてもポリイミドへ応用され，フェノール性水酸基をターシャルブトキシカルボニル基（t-BOC 基）などの酸で脱離可能な保護基で保護した溶媒可溶性ポリイミドと光酸発生剤を添加したもの[31,32]，ポリアミド酸オリゴマーとメチロール化合物をプリベーク時に架橋させ，架橋構造を光酸発生剤で開裂させポジ型画像を得るもの[33] などが開発されている。

さらに，より大きな露光部と未露光部の溶解コントラストを付け，ポリイミドや PBO の前駆体をそのまま使える化学増幅型感光性耐熱樹脂として，Ueda らは，ポリイミドや PBO 前駆体，光酸発生剤に，フルオレン構造を有した溶解抑止剤を加えた三元系を提案している[34]。この手法によると，ポリマー自体を保護する必要はなく，酸で脱離する保護基を有する溶解抑止剤を加えることで，露光部と未露光部の溶解速度比が 2,000 を超える高コントラストの感光性耐熱樹脂も得ることができる。

また，Oyama らはポリイミドとして汎用なポリエーテルイミド（Ultem）とジアゾナフトキノン化合物を用いて，NMP などの極性溶媒とモノエタノールアミンなどの求核性の塩基を加えた現像液でポジ型画像を得ており，この手法ではポリカーボネートなどのエンジニアリングプラスティックも使用可能であることを示した[35]。この画像形成機構は，現像中に露光部はジアゾナフトキノン化合物からできた酸とアルカリ現像液により構成された塩が，親水性露光部への現像液の浸透を早め，露光部において求核反応が進行し，ポリマー主鎖の切断が起こる。一方，未露光部は現像液による塩形成がなく，主鎖の反応は遅いために未露光部が残るという画像形成と報告されている。また，この技術はネガ型画像を得ることも可能であり，ポリマーに加えてフェニルマレイミドとジアゾナフトキノン化合物を加え，水酸化テトラメチルアンモニウム（TMAH）水溶液にアルコールを加えた現像液で現像することで得られる[36]。さらに，半導体加工で一般的に採用されている TMAH 水溶液のみの現像も可能であると報告されている[37]。このような感光化技術は，今後，より物性の優れたポリマーを感光材料として適用可能であることを示しており，興味深い技術である。また，ポリイミドの異性体であるポリイソイミドにジアゾナフトキノン化合物を加えても，同様に露光部はアルカリ可溶となり，画像を得ることが報告されている[38]。

半導体用の材料として，前記したように半導体チップ表面を保護するためのバッファーコートとして適用されたが，従来用いられていたワイヤーボンド法という半導体チップ上の電極（パッド）から導線を用いてリードフレームに接合し基板に電気信号を伝える手法から，さらに半導体を小さく実装するために半導体チップに基板と接合するためのバンプと言われる突起電極を形成

し，直接基板と接合するチップスケールパッケージ（CSP）という手法が開発された[39]。この手法は半導体パッケージの小型化とともに高速の信号伝送が可能になるが，感光性ポリイミドなどでチップのパッドから再配線という手法でパッドをチップ全面に形成することが必要になる。

　この再配線の形成に感光性ポリイミドが適用され，各社で材料開発が進められた[40, 41]。

　近年，ファンアウト型ウェハーレベルパッケージ（FO-WLP）に注目が集められている。この技術はInfineonで開発され[42]，前記で述べたCSPはチップ面積の範囲内で再配線と形成するパッケージであるのに対して，FO-WLPはより多数のバンプに対応するため，チップの外側にも再配線層を形成している。FO-WLPを用いて，携帯電話のアプリケーションプロセッサーのパッケージを作ることで，これまでの構造に比べて薄くできるなどのことから，高機能のスマートフォンでの採用が進んでいる（XY）。ワイヤーボンド，CSP，FO-WLPの構造を図1にまとめた。

　FO-WLPでは半導体チップをモールドに入れ，感光性ポリイミドなどで形成した再配線層をつけた後，モールド上に再配線を形成し，半導体チップを搭載している。薄型基板を用いず，再配線層形成に用いられる樹脂層が基板の代わりとなるため，パッケージの高密度化や接続点間隔の狭小化が実現できる。この樹脂層に絶縁材料として，感光性ポリイミドが用いられる。このFO-WLPの製造プロセスにおいて，モールド樹脂はエポキシ樹脂とシリカフィラーで構成されているが，このモールド樹脂の耐熱温度以下でのプロセスが求められている。

　したがって，再配線用絶縁膜として用いる感光性絶縁材料は，モールド樹脂の耐熱温度以下の低温硬化性が求められており，200℃以下で焼成可能な絶縁材料の要求がある。また，パネルレベルなど大面積パッケージングプロセスにおいても，パッケージ素材の熱膨張率の差から生じる反りを低減するため，低温硬化性は有効である。一方FO-WLPでは，半導体チップやモールド樹脂と樹脂層である感光性ポリイミドやPBOが直接接着するため，先に述べた熱膨張率の差による熱衝撃で感光性ポリイミドやPBO，半田バンプが破壊しないことも必要である。この観点からは，破断伸度などの機械特性も重要視され，機械特性向上に向けた製品開発も行われている[41]。さらに，FO-WLPの微細化・高密度化も開発が進んでおり，$2\,\mu$mのライン＆スペースで配線形成も進められている[43]。

　低温硬化に向けた各種の研究が盛んに行われている。イミド閉環を低温で行うために熱塩基発

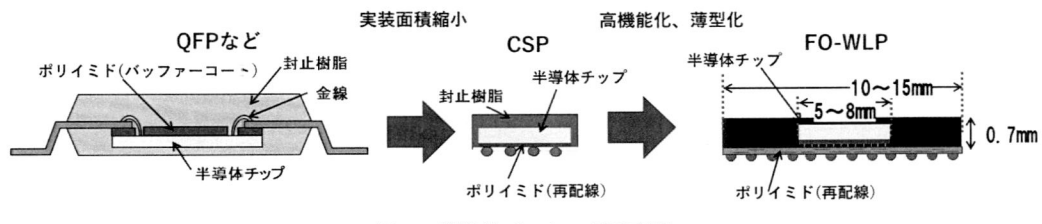

図1　半導体パッケージの変遷

生剤を加えるもの[44]，既に閉環したポリイミドを使うもの[45, 46]などが開発されている。また，ポリイミドの主鎖構造に着目し，ジアミン成分の酸性度を高くすると，低温でイミド化するという発表がされた[47]。

さらに，PBO の低温環化に向けた検討がされており，一例を挙げると PBO を構成する主鎖構造を柔軟にすると低温硬化が可能なる[48]。また，熱でスルホン酸を発生する熱酸発生剤を加えると低温でオキサゾール環化することが報告されている[49]。

以上のような技術を用いて低温硬化可能な感光性ポリイミド，PBO が数多く開発されており，最近の特許から一例を示していく。日立化成デュポンでは，低温硬化のために PBO 前駆体の酸成分に柔軟なアルキル基を有するポリマーを用いた感光性樹脂組成物を開発した[50, 51]。さらに，光酸発生剤としてジヨードニウム塩，イミドスルホニウム塩を用い，酸の存在下にカルボキシル基を生成する化合物を加え，$10 \mu m$ 以上の厚膜においても良好なパターンが形成できるポジ型の感光性 PBO[52]，同様にアルキル基を有するジカルボン酸を用いた PBO 前駆体と光酸発生剤，酸で架橋する化合物の成分で構成されるネガ型の感光性 PBO[53]などの出願がある。最近は，剛直なポリイミドを使った，高強度で i 線透過率に優れた感光性ポリイミドの出願がされている[54]。

住友ベークライトでは，末端にイミド構造を有する PBO 前駆体，シリコン化合物，感光剤よりなり，保存安定性に優れ高感度で現像時の剥がれがないポジ型感光性材料[55]，エーテル結合とアミド結合を有する溶媒を含み現像密着性向上，再配線工程でのクラック抑制できるポジ型感光性材料[56]，ジアミノフェノールのアミノ基の隣に置換基を有した PBO 前駆体を用いることで低温硬化性とともに露光波長領域で透明性に優れた感光性樹脂組成物[57]，電子吸引基で挟まれた２級アミノ基を有する化合物を加えると低温環化性に加え，高感度化可能なポジ型感光性 PBO 前駆体樹脂組成物[58]，ジエン構造を有したポリイミド前駆体と PBO 前駆体を用いることで 200℃の硬化温度でも十分な機械特性を示す感光性樹脂組成物[59]，ポリノルボルネンを用いた室温保存安定性に優れる感光性樹脂組成物[60]，PBO 前駆体を構成するビス（アミノフェノール）の２つの芳香環を回転させた時の最安定構造の生成熱と最不安定構造の生成熱の差を規定したもの[61]，ガラス転移に高い熱エネルギーを要させる高 $T_g$ のアルカリ可溶性樹脂[62]，などが出願されている。

旭化成からは，低温硬化性感光性樹脂組成物の報告があり，特定のフェノール樹脂と光酸発生剤より構成される高感度，高耐薬品性，高機械強度有する感光性樹脂組成物[63~67]，さらに，耐熱透明性，耐熱クラック性，熱衝撃試験耐性有するアルカリ可溶性シリコーン樹脂を用いた樹脂組成物[68]，特定構造のポリイミド前駆体と特定のモノカルボン酸化合物，光重合開始剤より構成される基板密着性に優れたネガ型感光性樹脂組成物[69]，脂環式テトラカルボン酸と環状脂肪族ジアミン，鎖状脂肪族ジアミンを用いたポリイミドに３官能以上のアクリルモノマーを加えることで，耐薬品性，機械特性に優れ，低応力，低誘電率の硬化膜が得られる感光性樹脂組成物[70]，ポリアミド酸主鎖に脂肪族基を導入することで，低反り，低反発性，機械特性に優れる感光性樹脂組成物[71]，ポリイミドなどのポリマーに分子量 1,000 未満の低分子量イミド化合物と感光剤，

多官能アクリレートを用いた接着性に優れる感光性樹脂 [72] などの出願がされている。

　富士フイルムからは，酸でエステル基が脱離するポリアミド酸エステルと光酸発生剤よりなり低温での反りが小さくなる感光性樹脂組成物 [73]，ポリアリーレンエーテルにベンゾオキサジンを加えた低温硬化性樹脂組成物 [74]，アルカリ可溶基を保護した PBO 前駆体にスルホン酸を加えることで半導体フォトレジスト並みのリソグラフィー性能を有する低温硬化性感光性樹脂組成物 [75]，ディスプレイ用途向けにアクリル系ポリマー，重合性モノマー，3 級アミノ基と芳香族含窒素複素環を有する化合物より構成される低温硬化性樹脂組成物 [76] などが出願されている。また，最近はポリマーの分子量分布の規定 [77]，重合禁止剤の添加 [78]，低分子量成分を含んだもの [79] という出願があり，いずれも露光ラチチュードを拡大させることに主眼をおいている。

　東レでは，PBO と可溶性ポリイミドの共重合体を用いて低ストレス性，低アウトガス性有する感光性樹脂組成物 [80]，アルカリ可溶性ポリイミドに 2 官能以上のエポキシ化合物を添加した低そりかつ高解像度の硬化膜が得られるポジ型感光性樹脂組成物 [81]，アルカリ可溶性ポリイミドと S-S 結合を有する化合物とを含む金属との密着性に優れた硬化膜が得られるポジ型感光性樹脂組成物 [82]，アルカリ可溶性ポリイミドや PBO に熱架橋基を有するフェノール樹脂を添加することで，低温硬化時も耐薬品性に優れた硬化膜を得ることができるポジ方感光性樹脂組成物 [83]，有機微粒子を添加した低ストレス感光性ポリイミド [84]，低熱膨張で現像残渣の少ないものとして微細な無機粒子を含んだもの [85] などの出願が行われている。上記したように近年，特に低温硬化性に重点をおいた数多くの特許が出願されている。低温硬化，低ストレス，機械特性，微細加工性，絶縁信頼性の全てを満たすことが必要となり，今後もブレークスルーに向け，研究・開発はさらに進められると思われる。

　近年のパッケージではフリップチップ接続を行う高信頼性パッケージにおいて，絶縁層と銅配線との密着性は重要である。ポリイミドと銅との密着性を向上させる手法は古くから報告がある。銅とポリイミドの接着については，ポリイミド上に銅配線を形成する場合と，銅配線上にポリイミドを形成する場合の 2 つのケースがある。

　ポリイミド上に銅配線を形成する場合，Ho らは銅を蒸着したポリイミドについて，ポリイミドと銅との相互作用は強くないという報告をしている [86]。銅蒸着前後における XPS 分析では，ポリイミドのカルボニルの C1s の変化は，ポリイミドと強固に接着するクロムの場合と比較して，小さかったためである。さらに，銅を蒸着したポリイミド膜を加熱すると，銅がポリイミド内へ拡散・浸透し，ポリイミド膜内で金属銅のクラスターの析出が観察された。したがって，ポリイミド上の銅は，ポリイミドとほとんど反応しないと報告されている。

　一方，銅上にポリイミド前駆体であるポリアミド酸を塗布し，加熱硬化してポリイミド膜を得る過程において，加熱硬化中にポリアミド酸のカルボキシル基と銅が錯体を形成し，硬化後にはイミド化の進行と同時に，酸化銅も形成される。図 2 は，銅配線上にポリアミド酸を塗布，及びキュアした後の銅とポリイミドの界面付近の TEM 写真を示すが，ポリイミド膜中に酸化銅の析出が観察される。

このように，ポリイミド膜内へ銅が拡散することが確認されており，銅配線絶縁膜としてポリイミドを用いる場合は対策が必要である。古くから一般的であった方法として，クロム，チタン，ニッケルなどのバリアメタルで銅配線を覆うことで，ポリイミドと銅との錯体形成を抑制できる[86]。しかしながら，近年，高周波対応，また省コスト・プロセスの観点から，銅配線上に抵抗の大きい金属を付けずに，ポリイミドと銅が直接接触するデバイス構造が考案されている。このようなデバイスにおいて，高温条件下で長時間保存するような信頼性試験に対し，銅とポリイミドの界面で起こる反応や劣化・剥離がしばしば問題となるため，対策が必要不可欠である。

宮下らは，銅薄膜とポリイミド基板の密着性に及ぼす表面粗さについて報告している。プラズマ処理をポリイミドに行うと，プラズマ処理時間に対して直線的に表面粗さが増大する。一方，銅とポリイミドの剥離

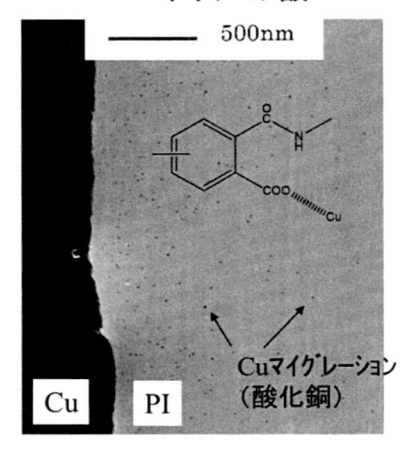

図2　ポリアミド酸を銅配線上に塗布，キュアした後の銅とポリイミドの界面付近の TEM 写真

強度は，ある表面粗さまでは急激に増加するが，それ以上の領域ではほぼ一定，もしくはやや低下する傾向にある[87]。したがって，表面粗さと剥離強度の関係が直線的でないことから，プラズマ処理による銅薄膜のポリイミドに対する密着力の上昇は，接触面積の増大ではなく，ポリイミド表面の極性基の改質によるものと示唆している。また，プラズマ処理後のポリイミド表面の分析は，一般に X 線光電子分光法（XPS）や全反射赤外分光分析法（ATR FT-IR）を用いて行うことができる。銅はポリイミドのイミド基のカルボニルとイオン性相互作用により密着しているが，プラズマ処理によりこのカルボニル基が酸化され極性基へと変化するため，さらに密着性が向上すると考えられている[88]。しかしながら，大気中，150℃以上の環境下における信頼性試験後では，ポリイミドと銅との界面でボイドが発生し，ポリイミドと銅との密着力が低下するという問題が発生している。このような信頼性試験において，銅表面は薄い酸化銅層が形成されていることが XPS により確認されている。銅が酸化される際に生じる銅イオンは，銅層よりも酸化銅層における拡散速度が速いことが知られており，この拡散速度の差により，銅層にボイドが発生する現象がある（Kirkendall 効果）[89, 90]。このボイドの発生により，ポリイミドと銅層との界面の接着強度が低下する。高温保存試験（HTS）に代表される信頼性試験において，パッケージの信頼性向上のため，このような銅配線のボイドを低減させるような絶縁材料の報告もある[91, 92]。これらは熱可塑剤を添加することによって，ポリマー間のパッキング性が向上し，信頼性試験中，ボイドの発生を抑制することができ，銅配線と絶縁層との界面での密着性低下を抑制することができるとされている。また，イオウ，酸素原子を含んだ光重合開始剤を用いること

で低減できるというものも出願されている[93]。

　今後は，携帯電話では高周波を活用して多量のデータを短時間に送受信できること，携帯電話の多機能化に向けて制御を行っているアプリケーションプロセッサーの動作周波数が高くなっていること，自動車の衝突安全性向上のためミリ波レーダーの採用が進んでいることなどから，高周波での材料を使うことがこれまで以上に多くなる。これに向けてフッ素ポリマー[94]，液晶ポリエステル[95]，ベンゾシクロブテン（BCB）[96]，ポリフェニレンエーテル[97]，シクロオレフィンポリマー[98]などの材料が，高周波領域での誘電率，誘電損失が低いことから使われてきたが，接着性，$T_g$が低いなどの問題もあり，ポリイミドでも多孔質化するなどで低誘電率化，低誘電損失化が検討されている[99]。これらの材料については，布重が概説している[100]。また，ポリイミド材料の低誘電率化，低誘電損失化についても，いくつかの出願が目立つようになってきた[101~103]。

## 1.3　ディスプレイ分野への展開

　液晶ディスプレイにおいては，ポリイミドは配向膜として，TN型から現在のIPS型やVA型で使われてきた[104]。これらは非感光性であるものがほとんどで特にここでは紹介しない。

　次世代のフラットパネルディスプレイとして，有機ELディスプレイ（OLED）が大きく数量を伸ばしている。OLEDの断面構造の概略図を図3に示す。図にあるように画素と画素の間を分けるために絶縁層がある。この絶縁層は発光層と直接接触するために，絶縁膜から水分や有機ガスが出ることは画素の信頼性に重大な悪影響を与える。さらに，配線に電流の集中を抑えるために断面の形状はなだらかな順テーパーが好ましい。そこで，OLED用途において，耐熱性を有し，電気絶縁性が高く，なだらかな断面形状が得られるポジ型感光性ポリイミドが適していることを見出した[105]。さらに低温硬化に向けた取り組みがなされ，架橋成分を加えることで低温硬化条件においても十分な耐薬品性を発現することを報告した[106]。

　さらに，OLEDディスプレイが携帯電話に使われるにつれ，基板サイズの大型化が進み，スリットダイを用いた塗布が使われるようになった。この塗布法に適合できる溶媒の乾燥速度が制御できる感光性樹脂組成物の特許[107, 108]などが出願されている。

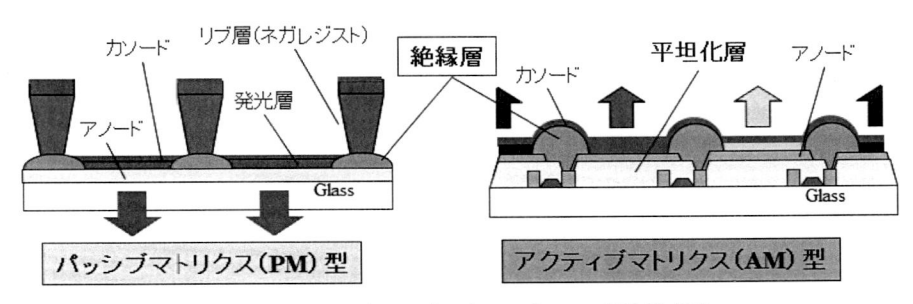

図3　有機EL（OLED）ディスプレイの構造模式図

　また，フルカラー化に際して絶縁層を黒色化することでコントラストを高める試みもあり，感光性を有し，かつ黒色化するために複数の色素で着色した樹脂組成物[109, 110]などが出願されている。他に耐候性を上げるために光吸収剤を添加した樹脂組成物[111]，フェニルマレイミドを重合した樹脂組成物[112]，ITOとの接着性を高めたもの[113]なども出願されている。近年はフレキシブル基板用の高耐熱ポリイミド[114]，透明ポリイミド[115]などの出願が増えてきている。

　また，液晶ディスプレイの平坦化材料はアクリル系の材料にエポキシ樹脂を加えた樹脂組成物が主である[116]。これをOLEDディスプレイの絶縁膜を用いて平坦化膜にも適用する検討もされており，数多くの出願がされている[117, 118]。一方，オレフィン系の樹脂で優れた信頼性を出すという特許も新たに報告されている[119]。

## 1.4　イメージセンサーへの展開

　イメージセンサーはデジタルカメラ，携帯電話のカメラなどに幅広く使われ，最近は交通システムの監視，自動車の自動運転など，幅広い分野に使われるようになってきた。この用途では透明な高屈折率の樹脂を用いてレンズを作ると光を効率的に集めることができる。

　一般にポリイミドは芳香族を使っていることもあり，屈折率がカプトンなどでは1.7以上と大きな値を示す。しかしながら，多くのポリイミドは黄褐色に着色しており，イメージセンサーのレンズ，導波路などに使うのは困難である。これに対して，安藤は光学材料としてのポリイミドを適用するための指針を示している[120]。透明かつ屈折率を高めるには硫黄原子を導入するのが良いとされ，一連の透明高屈折率ポリイミドを提案した[121~126]。また，硫黄原子含有ポリイミドと架橋剤，光酸発生剤を用いて，屈折率1.74を示す高屈折率感光性ポリイミドが提案されている[127]。屈折率を高める他の手法として，高屈折率の無機物であるチタニアを添加したものが提案されており，感光性を有し屈折率1.8を超えるものが報告されている[128]。

　また近年，フィラーを添加せずに1.7程度の屈折率を得ることができるトリアジン構造を導入したポリアミド系ポリマーで屈折率を高めたものが発表された[129]。また，トリアジン構造にフルオレン構造を加えたもの[130]，さらにこれはハイパーブランチ構造とすると屈折率がさらに高くなり1.8を超えると報告されている[131, 132]。これまでフィラーレスでこのような高屈折率で透明な材料は出ておらず，新しい取り組みとして今後の展開が期待される。

　また，フルオレン構造を有する溶解性に優れ，高屈折率になるポリイミドが提案されている[133, 134]。

## 1.5　最後に

　ポリイミドが実用化されて50年近く経つが，いまだに新しい用途に向けての開発が進められている。これはポリイミドという材料が高い純度のものが簡単に合成でき，優れた耐熱性を維持しつつ他の物性を多様に変化させることができる設計自由度の高さによるものである。今後も設計自由度と，耐熱性，絶縁性などの優れた特性を活かした新しい展開が進められるものと思われる。

# 文　　献

1) M.T. Bogert, R.R. Renshaw, *J. Am. Chem. Soc.*, **30**, 1135（1908）

2) Dupont 社，US Patent 2710853（1955）

3) C.E. Sroog, A.L. Endrey, S.V. Abramo, C.E. Berr, W.M. Edward, K.L. Oliver, *J. Polym. Sci., Part A*, **3**, 1373（1965）

4) K. Sato, S. Harada, A. Saiki, T. Kimura, T. Okubo, K. Mukai, *IEEE Trans. on PHP*, **PHP-3**, 3（1973）

5) J.I. Jones, *J. Polym., Sci. Polym. Symp.*, **22**, 773（1969）

6) G.C. Davis, C.L. Fasoldt, Proc. 2nd Ellenville Conf. on Polyimides, 381（1987）

7) T.C. May, W.H. Woods, *Annu. Proc. Reliab. Phys. Symp.*, **16**, 33（1978）

8) 佐々木，芹沢，金田，電子情報通信学会論文誌 C，**J71-C**，834（1988）

9) R.E. Kerwin, M.R. Goldrick, *Polym. Eng. & Sci.*, **11**, 426（1971）

10) 上田，防食技術，**38**，231（1989）

11) R. Rubner, B. Bartel, G. Bald, *Siemens Forsch Entwickl. Ber.*, **5**, 235（1976）

12) 例えば富士通，特開平 05-41499 号公報

13) N. Yoda, H. Hiramoto, *J. Makromol. Sci. Chem.*, **A21**, 1641（1984）

14) T. Ohsaki, T. Yasuda, S. Yamaguchi, T. Kon, Preprint, Electronic Manufacturing Technol. Symp., 178（1987）

15) M. Tomikawa, M. Asano, G. Ohbayashi, H. Hiramoto, Y. Morishima, M. Kamachi, *J. Photo Polym. Sci. & Technol.*, **5**, 343（1992）

16) J. Pfifer, O. Rohde, 2nd International Conference on Polyimides, 130（1985）

17) H. Higuchi, T. Yamashita, K. Horie, I. Mita, *Chem. Mater.* **3**, 188（1991）

18) T. Omote, T. Yamaoka, *Polym. Eng. Sci.*, **32**, 1634（1992）

19) O. Sus, *Ann.*, **556**, 65-85（1944）

20) GAF 社，US Patent 4093461（1978）

21) Hochest 社，US Patent 4927736（1990）

22) D.N. Khanna, W.H. Mueller, *Polym Eng Sci.*, **29**, 954（1989）

23) S.L.C. Hsu, Po-I. Lee. J-S King, J-L Jeng, *J. Appl. Polym. Sci.*, **90**, 2293（2003）

24) M. Tomikawa, S. Yoshida, N. Okamoto, *Polym. J.*, **41**, 604（2009）

25) R. Rubner, *Adv. Mater.*, **2**, 452（1990）

26) H. Makabe, T. Banba, T. Hirano, *J. Photopolym. Sci. & Technol.*, **10**, 307（1997）

27) S. Kubota, Y. Tanaka, T. Moriwaki, S. Eto, *J. Electochem. Soc.*, **138**, 1080（1991）

28) T. Yamaoka, S. Yokoyama, T. Omote, K. Naito, K. Yoshida, *J. Photopolym. Sci. & Technol.*, **9**, 293（1996）

29) 東レ，特開平 6-273932 号公報

30) S. Yoshida, M. Eguchi, K. Tamura, M. Tomikawa, *J. Photopolym. Sci. & Technol.*, **20**, 145（2007）

31) T. Omote, K. Koseki, T. Yamamoka, *Macromol.*, **23**, 4788（1990）

32) R. Hayase, N. Kihara, N. Oyasato, S. Matake, M. Oba, *J. Appl. Polym. Sci.*, **51**, 1971（1994）

33) T. Nakano, H. Iwasawa, N. Miyazawa, S. Takahara, T. Yamamoka, *J. Photopolym. Sci. & Technol.*, **13**, 715 （2000）

34) T. Ogura, T. Higashihara, M. Ueda, *J. Photopolym. Sci. & Technol.*, **22**, 429 （2009）

35) T. Fukushima, Y. Kawakami, T. Oyama, M. Tomoi, *J. Photopolym. Sci. & Technol.*, **15**, 191 （2002）

36) 大山，友井，高分子，**55**，887 （2006）

37) 大山，高分子論文集，**67**，477 （2010）

38) T. Oyama, S. Sugawara, Y. Shimizu, X. Cheng, M. Tomoi, A. Takahashi, *J. Photopolym. Sci & Technol.*, **22**, 597 （2009）

39) 浅田，天野，日笠，菅原，大島，小野，古河電工時報，**119**，13 （2007）

40) T. Yuba, M. Suwa, Y. Fujita, M. Tomikawa, G. Ohbayashi, *J. Photopolym. Sci. & Technol.*, **15**, 201 （2002）

41) K. Yamamoto, T. Hirano, *J. Photopolym. Sci. & Technol.*, **15**, 173 （2002）

42) M. Brunbauer, E. Fergut, G. Beer, T. Meyeer, H. Hedler, J. Belonio, E. Nomura, K. Kikuchi, K. Kobayashi, Electronic Comp.& Technol. Conf., ECTC 2006, 56th, 5 （2006）

43) W.K. Choi, D.J. Na, K.O. Aung, A. Yong, J. Lee, U. Ray, R. Radojcic, B. Adams, S.W. Yoon, IMAPS 2015, Orland （2015）

44) K. Fukukawa, T. Ogura, Y. Shibasaki, M. Ueda, *Chem. Lett.*, **34**, 1372 （2005）

45) H. Onishi, S. Kamemoto, T. Yuba, M. Tomikawa, *J. Photopolym. Sci. & Technol.*, **25**, 341 （2012）

46) Y. Shoji, Y. Koyama, Y. Masuda, K. Hashimoto, K. Isobe, R. Okuda, *J. Photopolym. Sci & Technol.*, **29**, 277 （2016）

47) T. Sasaki, *J. Photopolym. Sci. & Technol.*, **29**, 379 （2016）

48) K. Iwashita, T. Hattori, S. Ando, F. Toyokawa, M. Ueda, *J. Photopolym. Sci. & Technol.*, **19**, 281 （2006）

49) F. Toyokawa, Y. Shibasaki, M. Ueda, *Polym. J.*, **37**, 517 （2005）

50) 日立化成デュポン，特開 2011-2852 号公報

51) 日立化成デュポン，特開 2013-167742 号公報

52) 日立化成デュポン，特開 2016-130831 号公報

53) 日立化成デュポン，特開 2012-203359 号公報

54) 日立化成デュポン，特開 2016-200643 号公報

55) 住友ベークライト，特開 2017-152250 号公報

56) 住友ベークライト，再公表 2017/18290 号公報

57) 住友ベークライト，特開 2013-256506 号公報

58) 住友ベークライト，特開 2012-78542 号公報

59) 住友ベークライト，特開 2012-68413 号公報

60) 住友ベークライト，特開 2016-177012 号公報

61) 住友ベークライト，特開 2009-155481 号公報

62) 住友ベークライト，特開 2006-10781 号公報

63) 旭化成，特開 2016-18043 号公報

64) 旭化成，特開 2015-64484 号公報

65)　旭化成，特開 2015-55862 号公報

66)　旭化成，特開 2014-186124 号公報

67)　旭化成，特開 2013-15642 号公報

68)　旭化成，特開 2014-178471 号公報

69)　旭化成，特開 2014-164050 号公報

70)　旭化成，特開 2014-222367 号公報

71)　旭化成，特開 2010-250059 号公報

72)　旭化成，特開 2017-219850 号広報

73)　富士フイルム，特開 2013-50699 号公報

74)　富士フイルム，特開 2011-75987 号公報

75)　富士フイルム，特開 2009-36863 号公報

76)　富士フイルム，特開 2016-71379 号公報

77)　富士フイルム，再公表 2017/2858 号公報

78)　富士フイルム，再公表 2017/2859 号公報

79)　富士フイルム，再公表 2017/110982 号公報

80)　東レ，特開 2016-204506 号公報

81)　東レ，特開 2012-208360 号公報

82)　東レ，特開 2013-72935 号公報

83)　東レ，特開 2012-63498 号公報

84)　東レ，特開 2018-54937 号公報

85)　東レ，特開 2018-36329 号公報

86)　P.S. Ho, P.O. Hahn, J.W. Bertha, G.W. Rudloff, F.K. LeGouses, B.D. Silverman, *J. Vac. Sci. Technol.*, **A3**, 793（1985）

87)　岩森，宮下，福田，福田，須藤，真空，**39**，103（1996）

88)　宮下，岩森，福田，福田，須藤，真空，**39**，11（1996）

89)　岩森，宮下，福田，福田，須藤，真空，**39**，295（1996）

90)　H.J. Lee, J. Yu, *J. Electro. Mater.*, **37**, 1102（2008）

91)　旭化成，特開 2017-194677 号公報

92)　旭化成，特開 2017-198977 号公報

93)　旭化成，再公表 2017/33833 号公報

94)　斉藤，塚本，高分子，**41**，770（1992）

95)　岡本，日本ゴム協会誌，**81**，86（2008）

96)　Y. Iseki, E. Takagi, N. Ono, J. Onomura, K. Yamaguchi, M. Amano, M. Sugiura, H. Yamada, Y. Shizuki, T. Togasaki, K. Higuchi, K. Tateyama, *Int. J. Microcircuits and Electronic Packaging*, **23**, 203（2000）

97)　新井，横山，木下，片寄，回路実装学会誌，**10**，113（1995）

98)　宮澤，回路実装学会誌，**16**，394（2013）

99)　川島，田原，太田，山田，第 16 回エレクトロニクス実装学術講演大会，122（2002）

100)　布重，エレクトロニクス実装学会誌，**16**，389（2013）

101)　日立化成，特開 2018-12259 号公報

102)　日立化成デュポン，特開特開 2018-12748 号公報

103） 東京応化，特開 2017-119889 号公報

104） 例えば，沢畑，液晶，**8**，216（2004）など

105） R. Okuda, K. Miyoshi, N. Arai, M. Tomikawa, *J. Photopolym. Sci. & Technol.*, **17**, 207 （2004）

106） 三好，越野，奥田，富川，高分子論文集，**68**，160（2011）

107） 東レ，特開 2004-54254 号公報

108） 旭化成，特開 2017-21113 号公報

109） 東レ，特開 2004-326094 号公報

110） 東レ，特開 2004-145320 号公報

111） 東レ，特開 2005-139433 号公報

112） 東レ，特開 2004-190008 号公報

113） 東レ，特開 2017-90619 号公報

114） 例えば日立化成デュポン，特開 2017-155658 号公報

115） 例えば日立化成デュポン，特開 2018-24886 号公報

116） 高橋，林田，緒方，野中，栗原，ネットワークポリマー，**28**，230（2007）

117） 例えば日産化学，特開 2004-203817 号公報など

118） 例えばゼオン，特開 2006-179423 号公報など

119） 富士フイルム，特開 2010-262259 号公報など

120） 安藤，光学，**44**，298（2015）

121） J-G. Liu, Y. Nakamura, Y. Suzuki, Y. Shibasaki, S. Ando, M. Ueda, *Macromol.*, **40**, 7902 （2007）

122） J. Liu, Y. Nakamura, Y. Shibasaki, S. Ando, M. Ueda, *Macromol.*, **40**, 4614（2007）

123） N-H. You, Y. Suzuki, D. Yorifuji, S. Ando, M. Ueda, *Macromol.*, **41**, 6361（2008）

124） N-H. You, N. Fukuzaki, Y. Suzuki, Y. Nakamura, T. Higashihara, S. Ando, M. Ueda, *J. Polym. Sci. Part-A*, **47**, 4428（2009）

125） N-H. You, Y. Suzuki, Y. Nakamura, T. Higashihara, S. Ando, M. Ueda, *J. Polym. Sci. Part-A*, **47**, 4886（2009）

126） N-H. You, Y. Suzuki, T. Higashihara, S. Ando, M. Ueda, *Polym.* **50**, 789（2009）

127） Y. Saito, T. Higashihara, M. Ueda, *J. Photopolym, Sci. & Technol.*, **22**, 423（2009）

128） M. Suwa, H. Niwa, M. Tomikawa, *J. Photopolym. Sci. & Technol.*, **19**, 275（2006）

129） 岩手大学，日産化学，特開 2011-38015 号公報

130） 岩手大学，日産化学，特開 2015-172209 号公報

131） 岩手大学，日産化学，特開 2014-98101 号公報

132） 岩手大学，日産化学，特開 2016-50293 号公報

133） 田岡化学工業，特開 2015-155385 号公報

134） 田岡化学工業，特開 2017-178928 号公報

# 2 反応現像型感光性エンジニアリングプラスチック

大山俊幸*

## 2.1 はじめに

　感光性ポリマーを用いたフォトリソグラフィープロセスによる微細パターン形成は，大面積への露光・現像による大量生産，目的の場所のみの選択的な加工，複雑な形状の簡便な作製などを可能にする。これらの特徴に基づき，感光性ポリマーは，集積回路（IC）の超微細パターン形成のためのフォトレジスト，多層配線板の層間絶縁膜やICチップ－封止樹脂間のバッファコート層などの電子材料用途，カラーフィルターの作製などのディスプレイ用途，光導波路の作製，印刷版の作製，3Dプリンティングによる三次元造形物の作製など，非常に幅広く用いられている[1~11]。感光性ポリマーに要求される特性はその利用先に応じてそれぞれ異なっており，各用途に適した感光性ポリマーの開発が進められている。例えば，ICの超微細パターン形成に用いられるフォトレジストには非常に高い解像度（数十nm以下）や耐エッチング性が必要とされるが，感光性ポリマー自体は最終的に除去されるため，長期的な耐熱性や機械的特性は重視されない。一方，バッファコート層や層間絶縁膜などに用いる感光性ポリマーに要求される解像度はμmレベルであるが，形成した微細パターンをそのまま残して使用するため，ポリマーには高い熱的・機械的安定性や電気絶縁性などが強く求められる。

　長期的な耐久性が必要な用途に用いられる感光性ポリマーとしては，代表的なスーパーエンプラであるポリイミドの微細パターンを形成できる感光性ポリイミドがよく知られている[4, 12~14]。感光性ポリイミドに，露光部が不溶化するネガ型と露光部が可溶化するポジ型があるが，現在までに開発されている感光性ポリイミドの設計の大部分は，「ポリイミドないしポリアミック酸（ポリイミド前駆体）の化学修飾による感光化[15~18]」または「化学修飾ポリイミドないしポリアミック酸への低分子量成分（増感剤・光酸発生剤・光ラジカル発生剤など）の添加[19~27]」に基づいている（図1）。しかし，ポリイミドやポリアミック酸への化学修飾は，ポリマー合成の煩雑化や合成コストの増大を招くとともにポリイミド本来の優れた物性の低下をもたらす。また，ポリアミック酸を用いた系は，製膜前の感光性ワニスの状態での保存安定性が悪く，さらに微細パターン形成後に300℃以上の加熱によるポリイミドへの変換が必要となる。また，ポリイミド以外のエンプラへの感光性付与に関しては，ポリイミドと同じく前駆体を使用する必要がある感光性ポリベンゾオキサゾール[12, 13, 28, 29]を除き，ほとんど報告例がない。

　我々は，特別な化学修飾を行っていないポリイミドやポリエステル，ポリカーボネートなどのカルボン酸類縁基結合を含むエンプラに広く適用できる微細パターン形成法であるReaction Development Patterning（RDP）を開発し，研究を進めてきている[30~32]。RDPでは，ポリマーに含まれるカルボン酸類縁基と現像液中の求核剤（アミン，$OH^-$など）との求核アシル置換反応に伴うポリマーの溶解性変化を利用しており，この溶解性変化を露光部または未露光部で選択

---

＊　Toshiyuki Oyama　横浜国立大学　大学院工学研究院　機能の創生部門　教授

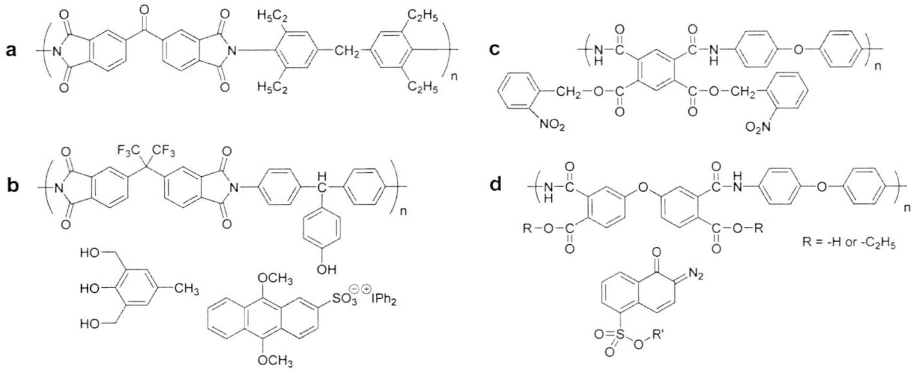

図1　従来型の感光性ポリイミドの例
（a，b：ネガ型，c，d：ポジ型）

的に引き起こすことによってポジ型（露光部の溶解）とネガ型（未露光部の溶解）の両方の微細パターン形成が実現される。従来の感光性ポリイミドや感光性ベンゾオキサゾールでは，パターン形成の鍵となる反応（酸の生成や重合などに基づく露光部の溶解性変化）はすべて露光時に起こっており，現像段階は溶解しやすい部分を溶かすだけのプロセスであったのに対し，RDP は現像時の反応が鍵となって微細パターンが形成される新しいパターン形成原理となっている。現像時の高分子反応を利用した感光性エンプラは，ポリイソイミドを用いた先駆的な例[33, 34] 以外には報告例がなく，RDP は市販のエンプラを含む広範なポリマーに容易に感光性を付与できる新規かつ有用な方法と考えられる。本稿では，RDP に基づく感光性エンプラを中心に RDP の適用可能範囲について紹介する。

## 2.2　RDP によるポジ型微細パターン形成

　市販のポリイミド，ポリカーボネート，ポリアリレート（図2）などを含むカルボン酸類縁基結合含有エンプラを感光剤であるジアゾナフトキノン（DNQ）（図2）とともに共通溶媒（$N$-メチルピロリドン（NMP）など）に溶解させ製膜したのちに，フォトマスクを通して超高圧水銀灯からの UV 光を露光し，エタノールアミンなどの求核剤を含む親水性現像液を用いて現像を行うことにより，露光部のみが溶解したポジ型微細パターンを得ることができる[35〜41]。市販のポリエーテルイミド（PEI，Ultem™）およびポリカーボネート（BisA-PC）を用いて形成したポジ型微細パターンの走査電子顕微鏡（SEM）写真を図3a，b に示すが，いずれも解像度10 $\mu$m 以上の明確な line and space（L/S）パターンの形成が確認された[35, 38]。これらの感光性エンプラの感度（残膜率がゼロとなる露光量（$D_0$））は，感光性 PEI で 2000 mJ/cm$^2$，感光性BisA-PC で 1000 mJ/cm$^2$ であった。

　これらのポジ型パターン形成は RDP に基づくものであり，その機構は図4に示す通りである。露光部では，①露光による DNQ からのインデンカルボン酸の生成，②生成した酸と現像中

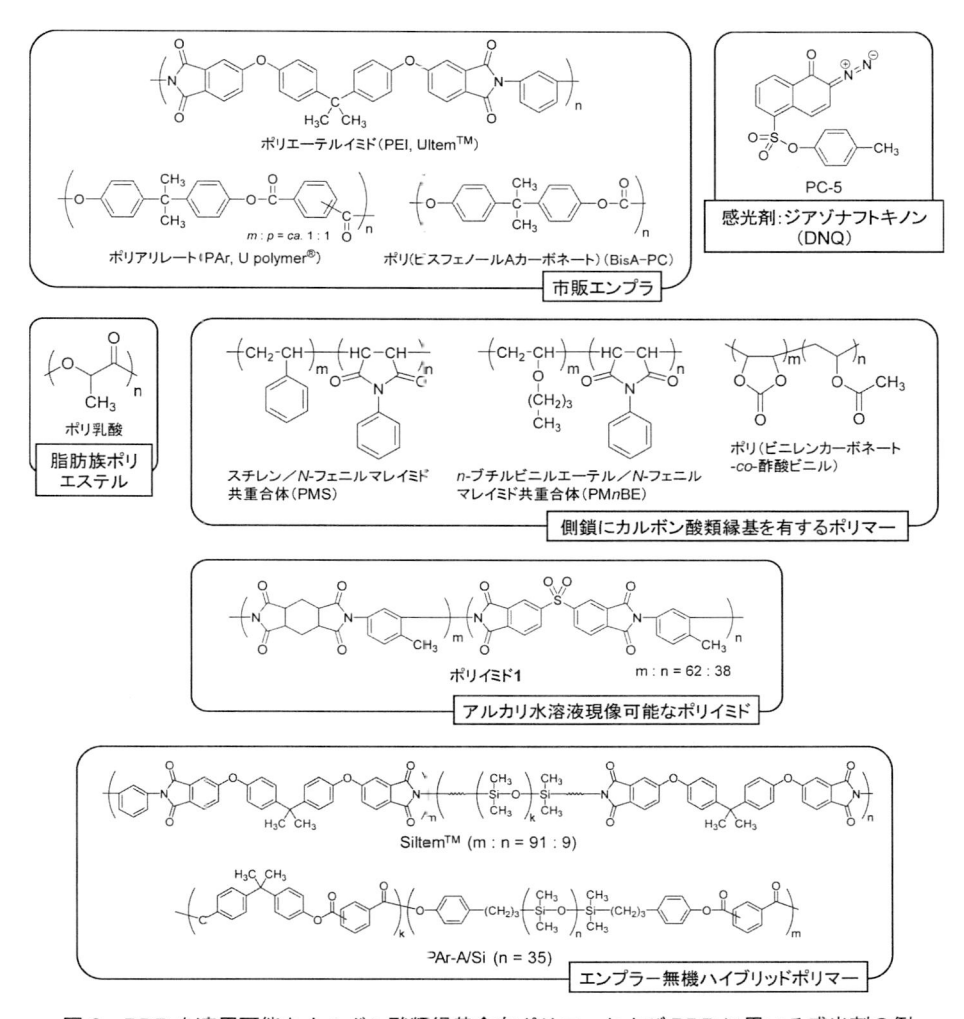

図2　RDP を適用可能なカルボン酸類縁基含有ポリマーおよび RDP に用いる感光剤の例

の求核剤（アミン）との反応による塩の形成，③塩による露光部の親水性向上とそれに伴う露光部への親水性現像液の浸透促進，④露光部に浸透した求核剤（アミン）とエンプラ主鎖中のカルボン酸類縁基との求核アシル置換反応によるエンプラ主鎖の切断，および⑤低分子量化した露光部の現像液への溶解により膜厚が減少する。一方，未露光部では①の酸生成が起こらないため，その後のプロセスが全て起こらず，ポリマーの現像液への溶解は抑制される。実際，微細パターン形成後に現像液に溶解した露光部の GPC 測定を行ったところ，エンプラの低分子量化が確認された[36~38]。また，ニタノールアミンとニンプラを共通溶媒に溶解させた均一系におけるモデル反応においてもエンプラの低分子量化が確認された[35~39]。さらに，露光部が完全に溶解する前に現像を停止した PEI/DNQ 膜表面の ATR-IR スペクトル測定においても，露光部でのみイ

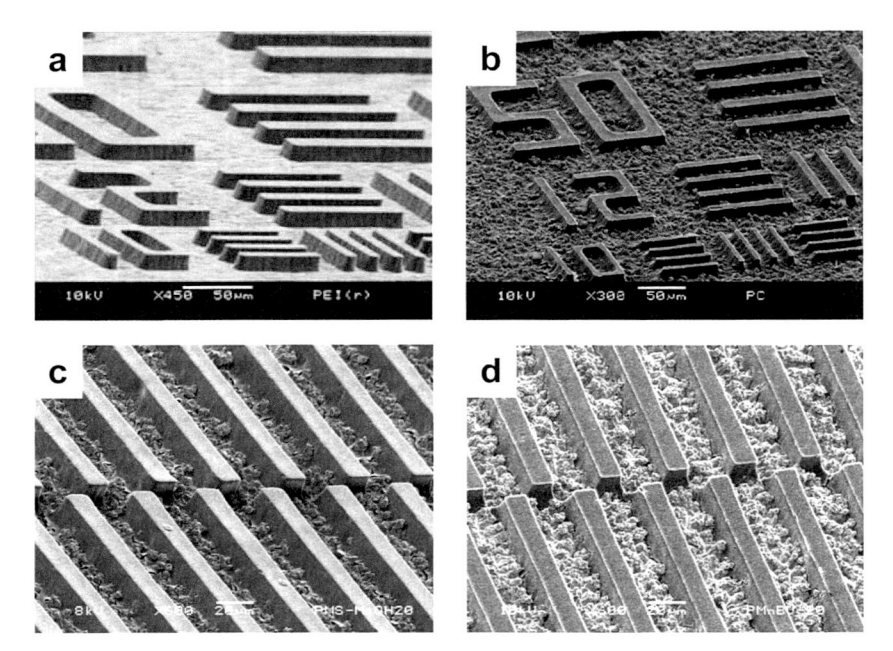

図3　RDPによるポジ型微細パターン形成

DNQ（PC-5）：ポリマーに対して30 wt%，露光量：2000 mJ/cm²
a）PEI（～10 μm L/S）（現像条件：エタノールアミン/NMP/水=4/1/1（重量比），
　　40～45℃，超音波処理下，13分）
b）BisA-PC（～10 μm L/S）（現像条件：エタノールアミン/NMP/水=1/1/1（重量
　　比），40℃，浸漬，7分）
c）PMS（20 μm L/S）（現像条件：NH₂CH₂CH₂ONa溶液*/メタノール=20/1（重量
　　比），50℃，超音波処理下，22分）
d）PMnBE（20 μm L/S）（現像条件：NH₂CH₂CH₂ONa溶液*/メタノール=3/1（重量
　　比），50℃，浸漬，1分5秒）
*NH₂CH₂CH₂ONa/エタノールアミン=1/9（モル比）

ミドC=O基に由来する吸収の減少やアミドN-H基に由来する吸収の増加が確認されており，図4の機構に基づく微細パターン形成が明らかとなった。

　ポジ型のRDPは，エンプラだけでなく，ポリ乳酸[42]や酸無水物硬化エポキシ樹脂[43]などの主鎖中にカルボン酸類縁基を有するポリマーや，スチレン／N-フェニルマレイミド共重合体（PMS）やn-ブチルビニルエーテル／N-フェニルマレイミド共重合体（PMnBE）[44, 45]，ポリビニレンカーボネート[46]などの側鎖にカルボン酸類縁基を有するポリマー（図2）にも広く適用可能であった。例えば，高いガラス転移温度（$T_g$）を有するビニルポリマーであるPMS（$T_g$：219℃）やPMnBE（$T_g$：172℃）は，アルコキシド（NH₂CH₂CH₂ONa）または水酸化テトラメチルアンモニウム（TMAH）を含む現像液を用いたRDPによりポジ型微細パターン形成が可能であった（図3c，d）[44]。

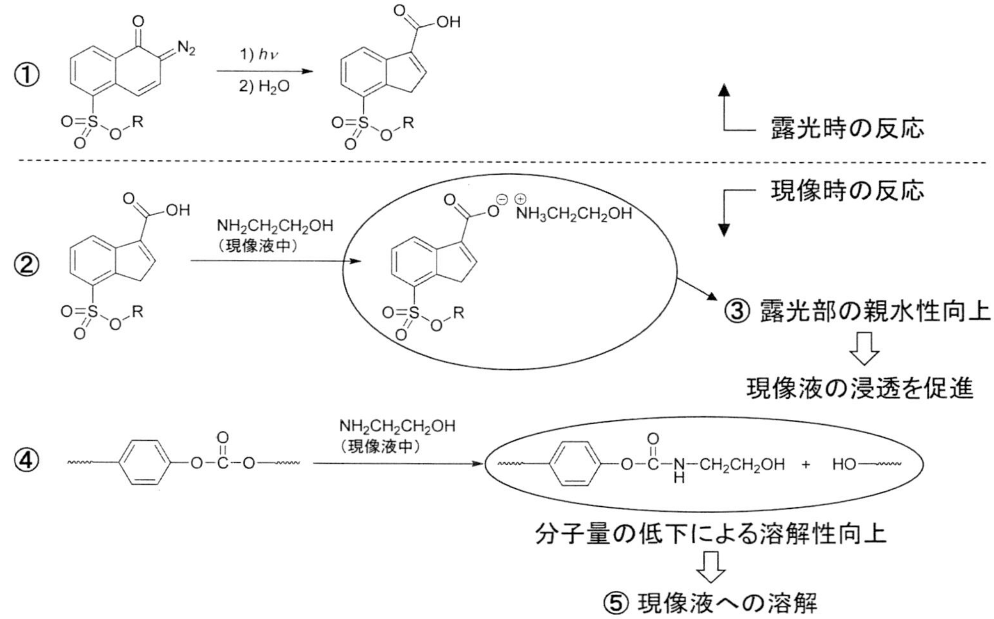

図 4　RDP によるポジ型微細パターン形成機構（露光部）

　ポジ型の RDP により形成される微細パターン中には未反応の DNQ が残存しているが，トリフルオロメチル基含有ポリイミド（CF$_3$-PI）および DNQ 含有 CF$_3$-PI の線熱膨張係数（CTE）を測定した結果，DNQ の有無による影響はほとんど見られなかった[40]。また，DNQ 含有 CF$_3$-PI を 300℃で加熱したのちの誘電率および誘電正接の測定値は，CF$_3$-PI 自体の値と比較してわずかな増加にとどまった[40]。

## 2.3　RDP によるネガ型微細パターン形成

　前項で述べたように，感光剤（DNQ）を含んだポリイミド膜への RDP の適用によりポジ型の微細パターンを形成できるが，この膜に DNQ とともに N- フェニルマレイミド（PMI）などを添加することにより，RDP によるネガ型微細パターン形成が可能となる[31, 32, 47]。DNQ および PMI を含む PEI 膜に対してフォトマスクを通して超高圧水銀灯で露光したのちに，TMAH の水／アルコール溶液（TMAH：7.4 wt%）による浸漬現像を行い形成したネガ型微細パターンの SEM 画像および感度曲線を図 5 に示す。この系の感度（残膜率が 50％となる露光量（$D_{50}$））は 31 mJ/cm$^2$ であり，ポジ型の RDP よりも大幅に高感度であるとともに，現在実用化されている感光性ポリイミドと比較しても同等以上の感度であった。また，ネガ型 RDP ではポジ型 RDP よりも少ない感光剤添加量でパターン形成が可能であることも明らかとなった（ネガ型：ポリマーに対して 20 wt%以下，ポジ型：ポリマーに対して 20〜30 wt%）。同一のフォトマスクを用

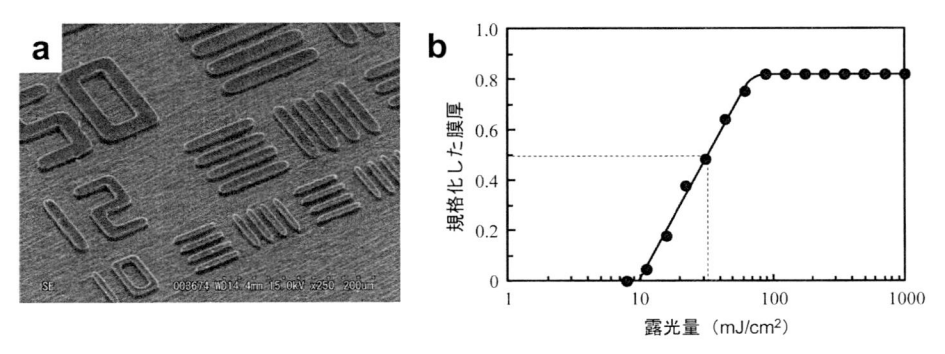

図5　RDP による PEI（Ultem™）のネガ型微細パターン形成

a）L/S パターン（〜10 μm）
　　DNQ（PC-5）：ポリマーに対して 15 wt%，PMI：ポリマーに対して 1 wt%，初期膜厚：
　　11.0 μm，露光量：100 mJ/cm²，現像条件：TMAH/ 水 /PEG400/ エタノール＝2/8/5/18
　　（重量比），50℃，浸漬，8 分 20 秒（PEG400＝ポリエチレングリコール（M＝400））
b）図 5a の系の感度曲線
　　初期膜厚：9.2 μm，感度（$D_{50}$）：31 mJ/cm²

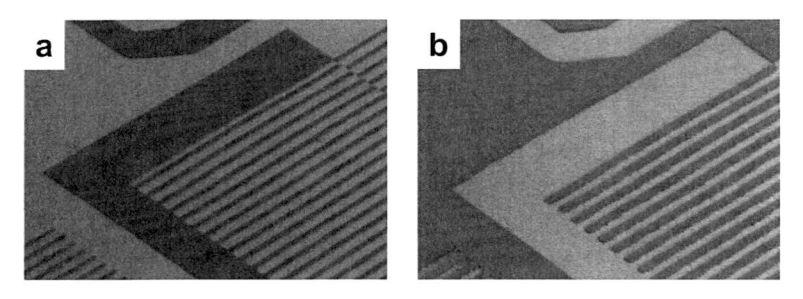

図6　RDP による PEI（Ultem™）のポジ型およびネガ型微細パターン形成

　a）ポジ型パターン（35 μm）
　　　DNQ（PC-5）：ポリマーに対して 30 wt%，露光量：2000 mJ/cm²，現像条件：
　　　エタノールアミン /NMP/ 水＝4/1/1（重量比），50℃，超音波処理下，6 分 15 秒
　b）ネガ型パターン（40 μm）
　　　DNQ（PC-5）：ポリマーに対して 20 wt%，PMI：ポリマーに対して 20 wt%，
　　　露光量：100 mJ/cm²，現像条件：TMAH/ 水 /NMP/ メタノール＝2/5/5/18（重
　　　量比），50℃，超音波処理下，4 分 57 秒

いて，超高圧水銀灯からの露光および反応現像により形成した PEI のポジ型およびネガ型微細
パターンの SEM 画像を図 6 に示すが，互いに反転したパターンが得られていることが分かる。
　PEI のネガ型 RDP において現像液に溶解した成分の GPC 測定，および PEI／現像液間のモデ
ル反応における生成物の $^1$H–NMR スペクトル測定より，ネガ型 RDP ではポリイミドは低分子
量化せずにポリアミック酸塩の状態で現像液に溶解していることが明らかとなった[47]。また，
種々の $N$- 置換マレイミドを DNQ とともに添加した PEI 膜に RDP を適用した際のマレイミド

構造と露光部残膜率との関係を調査した結果，光照射による［2＋2］環化付加で生成するマレイミド二量体[48, 49]が現像液に溶けにくい場合に RDP での露光部残膜率が大きいことが明らかとなった[50]。さらに，RDP に基づく微細パターン形成における DNQ の役割を詳細に調査したところ，露光量が小さい場合は，露光により DNQ から生じるインデンカルボン酸と現像液中の求核剤（OH⁻）との反応により OH⁻が消費され，露光部でのポリイミドと OH⁻との反応が抑制される（＝ネガ型化する）効果が強く働くことが示唆された[51]。以上より，ネガ型 RDP では「PMI の二量化による現像液浸透の抑制（1b）」および「インデンカルボン酸－TMAH 間の反応による OH⁻の消費（2）」によって露光部におけるポリイミド→ポリアミック酸の変換反応（3）が抑制され，ネガ型微細パターンが形成されることが示唆された（図7）。

　RDP による PEI のネガ型パターン形成は，アルカリ水溶液と有機溶媒からなる現像液でのみ実現可能であったが，低濃度アルカリ水溶液での現像によりポリイミドの微細パターンを形成できれば，RDP の有用性はさらに高まると期待される。図7に示したように，ネガ型 RDP では現像時におけるポリイミド→ポリアミック酸の反応によりポリマーが現像液に溶解することを利用している。よって，アルカリ水溶液現像によるネガ型 RDP が可能なポリイミドは，対応するポリアミック酸がアルカリ水溶液に可溶であり，かつポリイミドが有機溶媒に可溶である必要がある（添加物を含んだ状態での製膜のため）。一つ目の条件を満たすためには，ポリマー鎖中のア

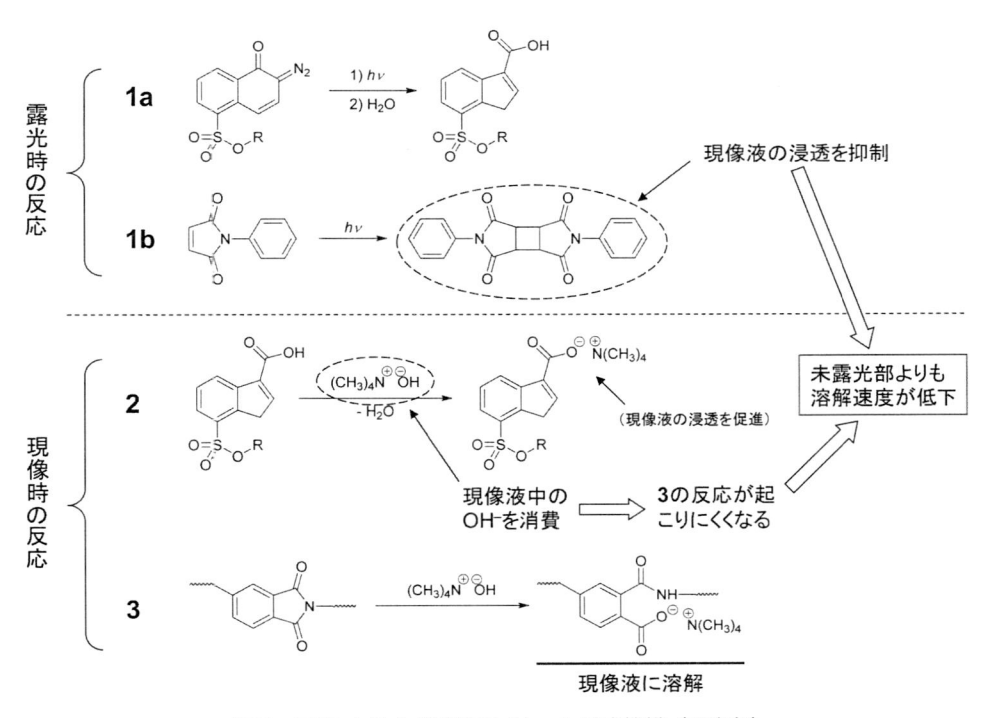

図7　RDP よるネガ型微細パターン形成機構（露光部）

ミック酸基間の距離を短くする必要があるが，一方でイミド基間の距離が短いポリイミドは剛直性が高く，一般に溶解性が低いことが知られている。我々はこれら2つの条件を満たすポリイミドの一つの例として脂環式ポリイミド1（図2）を合成し，アルカリ水溶液現像によるネガ型RDPの適用について検討を行った[52]。DNQ（PC-5），PMIおよび5-ヒドロキシイソフタル酸（5HIPA）を含んだポリイミド1の膜をフォトマスクを通して露光したのちに，工業的に使用されている現像液と同等の低濃度である2.5 wt% TMAH水溶液に浸漬し現像を行ったところ，6分24秒の現像時間で鮮明なネガ型微細パターンが形成された（図8a）。この系の感度曲線を図8bに示すが，感度は$D_{50} = 50$ mJ/cm$^2$であり，現在実用化されている感光性ポリイミドと同等以上の感度を有していることが明らかとなった。

また，ポリイミド以外にも，ポリカーボネート[53]やポリ乳酸[42]でもネガ型RDPによる微細パターン形成が可能であることが明らかとなった。シクロヘキサン構造およびアダマンタン構造を含むポリカーボネートにRDPを適用したところ，アダマンタン構造含有ユニットの比率が増加するにつれて現像時間が短縮されることが明らかとなった（表1）[53]。このポリカーボネートはアダマンタン構造含有ユニットの比率が高くなるほど$T_g$も高くなり，最も短い現像時間でのネガ型パターン形成が実現されたポリマー（m：n＝75：25）は，270℃の高い$T_g$を有していた。

## 2.4 RDPによるエンプラー無機ハイブリッド微細パターンの形成

有機・無機の両成分がnmレベルで複合化した有機無機ハイブリッドや分子レベルで複合化した元素ブロックポリマーは，有機および無機材料の両方に由来する特性を相乗的に発現可能であり，有機－無機成分間の共有結合，水素結合，$\pi - \pi$相互作用などによって複合化された種々の

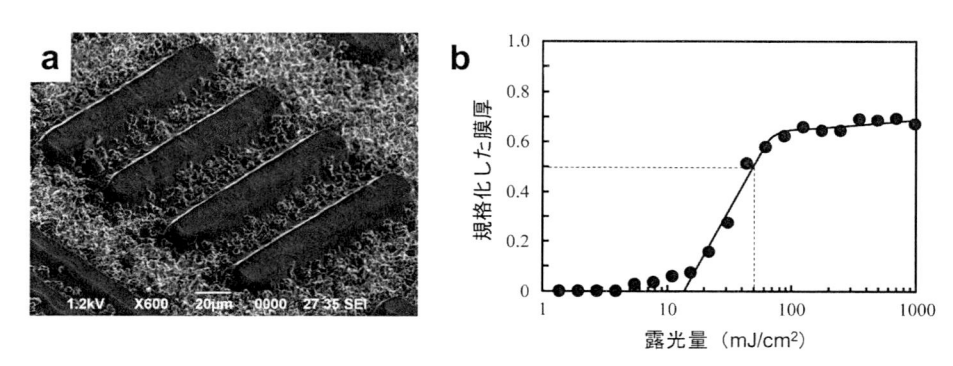

図8　2.5 wt% TMAH水溶液を現像液として用いたRDPによるポリイミドのネガ型微細
　　　パターン形成
　　a）ポリイミド1のL/Sパターン（25 $\mu$m）
　　　　DNQ（PC-5）：ポリマーに対して15 wt%，PMI：ポリマーに対して30 wt%，
　　　　5HIPA：ポリマーに対して10 wt%，初期膜厚：9.4 $\mu$m，露光量：300 mJ/cm$^2$，現像
　　　　時間：6分24秒
　　b）図8aの系の感度曲線　初期膜厚：10.0 $\mu$m，感度（$D_{50}$）：50 mJ/cm$^2$

表 1　RDP によるアダマンタン構造含有ポリカーボネートのネガ型微細パターン形成[*1)]

| m：n | 現像時間[*2)] [min' sec] | 露光部膜厚 [μm] | 未露光部溶解速度 [nm/s] | 解像度[*3)] [μm] |
|---|---|---|---|---|
| 0：100 | 50' 00 | 5.5 → 3.6 | 1.8 | 10 |
| 25：75 | 29' 20 | 8.5 → 4.7 | 4.9 | 20 |
| 50：50 | 16' 30 | 9.7 → 6.2 | 9.8 | 10 |
| 65：35 | 9' 30 | 5.8 → 3.0 | 10.2 | 15 |
| 75：25 | 8' 30 | 9.2 → 6.3 | 18.0 | 20 |

＊ 1)　DNQ（PC-5）：ポリマーに対して 20 wt%，製膜溶媒：シクロヘキサノン，
　　　予備乾燥　90℃/10 min，露光量：100 mJ/cm$^2$
＊ 2)　現像条件：TMAH/$H_2O$/EtOH＝1/9/20（重量比），50℃/浸漬
＊ 3)　共焦点レーザー顕微鏡による観察

材料が開発されている[54, 55)]。特に，高性能有機材料であるエンプラを用いたハイブリッド材料や元素ブロックポリマーは非常に優れた物性を発揮すると考えられるため，このような系に感光性を付与できれば高性能微細パターンの簡便な形成が可能になると期待される。しかし，感光性のエンプラ－無機ハイブリッド材料としては，ベンゾフェノン型ポリイミドの光架橋を利用した長時間露光系や，ポリアミック酸のエステルまたは塩を用いた有機溶媒現像系など，ポリイミドやポリベンゾオキサゾールを用いた汎用性の低い系しか報告されておらず[56, 57)]，これら以外のエンプラを用いた系については我々の知る限り報告例がない。

　一方，前項までに述べてきたとおり，RDP はポリイミドやポリエステルなどにもともと存在するカルボン酸類縁基結合を利用した微細パターン形成法である。よって，ポリイミドやポリエステルと無機成分とのハイブリッド系についても，エンプラ側のイミド基やエステル基を利用し RDP を適用することにより，簡便に感光性を付与できると期待される。そこで，PEI とポリジメチルシロキサンとのマルチブロック共重合体である Siltem$^{TM}$（図 2）へのネガ型 RDP の適用を検討した[58)]。PMI および DNQ（PC-5）を含んだ Siltem$^{TM}$ の薄膜にフォトマスクを通して超高圧水銀灯からの UV 光を露光したのちに，TMAH／水／NMP／メタノールからなる現像液で現像したところ，ネガ型微細パターンの形成が確認された（図 9a）。

　続いて，ポリアリレート（PAr）とポリジメチルシロキサンとのマルチブロック共重合体（PAr-A/Si（図 2））へのポジ型 RDP の適用による微細パターン形成を行った[59)]。DNQ（PC-5）および PAr-A/Si（k：m＝11：1）をシクロペンタノンに溶解させたのちに製膜・予備乾燥を行い調製したドライフィルム（＝溶媒を含まない膜）について，フォトマスクを通して超高圧水銀

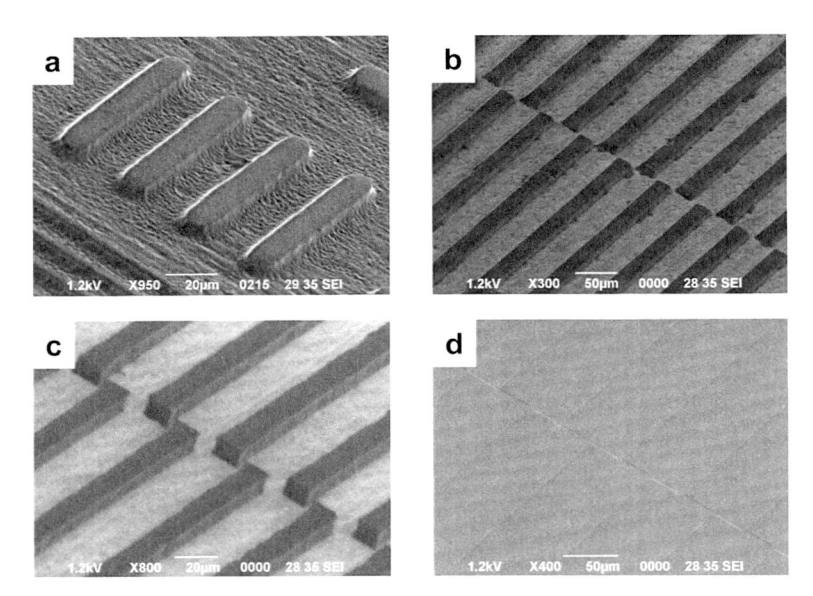

図9　エンプラとポリジメチルシロキサンとのマルチブロック共重合体への RDP による
　　　微細パターン形成

a）Siltem™ のネガ型微細パターン（15μm L/S）
　　DNQ（PC-5）：ポリマーに対して 20 wt%，PMI：ポリマーに対して 10 wt%，露光量：
　　300 mJ/cm²，現像条件：TMAH/ 水 /NMP/ メタノール＝2/5/10/18（重量比），50℃，
　　超音波処理下，5 分 10 秒
b）PAr-A/Si ドライフィルムのポジ型微細パターン（30μm L/S）
　　DNQ（PC-5）：ポリマーに対して 30 wt%，製膜溶媒：シクロペンタノン，予備乾燥：
　　90℃/10 分，露光量：2000 mJ/cm²，現像条件：エタノールアミン / 水＝8/1（重量比），
　　40℃，超音波処理下，2 分 30 秒
c）PAr のポジ型微細パターン（20μm L/S）
　　DNQ（PC-5）：ポリマーに対して 30 wt%，製膜溶媒：NMP，予備乾燥：90℃/10 分，
　　露光量：2000 mJ/cm²，現像条件：エタノールアミン / 水＝8/1（重量比），40℃，超音
　　波処理下，12 分
d）PAr の不完全なポジ型微細パターン（35μm L/S）
　　DNQ（PC-5）：ポリマーに対して 30 wt%，製膜溶媒：NMP，予備乾燥：90℃/10 分＋
　　90℃/1 時間（減圧下），露光量：2000 mJ/cm²，現像条件：エタノールアミン / 水＝8/1
　　（重量比），40℃，超音波処理下，15 分

灯からの UV 光を露光したのちに，エタノールアミン /H₂O＝8/1（w/w）の現像液により超音波
処理下での現像を行った結果，ポジ型微細パターンが得られた（図 9b）。一方，シロキサンユニッ
トを含まない PAr（図 2）の感光性膜を NMP 溶液から製膜して RDP を適用した結果，溶媒が
膜中に十分残存する予備乾燥条件の系では微細パターンが得られたが（図 9c），予備乾燥条件を
厳しくすると微細パターンが形成されなくなった（図 9d）。この結果は，PAr 主鎖へのシリコー
ンユニットの導入が，ドライフィルムでの RDP を可能にすることを示している。また，無機成
分を含まない PAr の感度 $D_0$ が 600 mJ/cm² であるのに対して，PAr-A/Si の $D_0$ は 189 mJ/cm²

となり，シリコーンユニットの導入により感度も向上することが明らかとなった。さらに，PAr-A/Si のドライフィルムは2.5分間の現像で良好な微細パターンが形成されるのに対し，PArでは，溶媒が膜中に十分残存している場合でもパターン形成のためには12分間の現像が必要であり，シリコーンユニットの導入が現像時間の短縮にも有効であることが示された。

## 2.5　おわりに

　本稿では，フォトリソグラフィープロセスによるエンプラなどの微細パターン形成を可能にする新しい手法である RDP について，耐熱性高分子への適用例を中心に紹介した。RDP は，エンプラなどの主鎖および側鎖にもともと存在しているカルボン酸類縁基と現像液中の求核剤との求核アシル置換反応を利用してパターン形成を行う手法であるため，エンプラへの酸性基や重合性基の導入が不要であり，「市販のエンプラが使用できる」「合成したポリマーを使用する場合にも分子設計の自由度が大きい」といった特長を有している。RDP ではポジ型・ネガ型の両方の微細パターンの形成が可能であり，アミン，アルコキシド，アルカリ水溶液＋有機溶媒，アルカリ水溶液など多様な求核性現像液を使用することができる。また，一般的なネガ型フォトレジストでは，露光に伴うポリマーの架橋によって溶解性を低下させているため現像時にパターンの膨潤が起こりやすいが，RDP ではポリマーを架橋することなくネガ型微細パターン形成できるため，パターンの膨潤に伴う解像度の低下なども起こらない。さらに，本稿で紹介したように，無機成分を含んだハイブリッド系についても RDP の適用により簡便に微細パターンを形成することが可能となる。よって，これらの優れた特徴をもとに，RDP によって形成される微細パターンの物性を実用時の用途に応じて最適化していくことにより，今後様々な分野で RDP に基づく感光性の耐熱性高分子が実用化されていくことを期待している。

**謝辞**

　本研究の一部は NEDO・産業技術研究助成（プロジェクト ID：07A23009d）および文部科学省科学研究費・新学術領域研究「元素ブロック高分子材料の創出」（課題番号：25102513・15H00729）の支援を受けたものであり，深く感謝いたします。

## 文　　献

1)　A. De Silva, C.K. Ober, Functional Polymer Films Vol. 1: Preparation and Patterning, ed. by W. Knoll, R.C. Advincula, Chap. 13, pp. 475-499, Wiley-VCH（2011）

2)　Polymers for Microelectronics and Nanoelectronics, ed. by Q. Lin, R.A. Pearson, J.C. Hedrick, ACS Symposium Series 874, American Chemical Society（2004）

3)　Micro- and Nanopatterning Polymers, ed. by H. Ito, E. Reichmanis, O. Nalamasu, T. Ueno, ACS Symposium Series 706, American Chemical Society（1998）

4) T. Higashihara, Y. Saito, K. Mizoguchi, M. Ueda, *React. Funct. Polym.*, **73**, 303 (2013)

5) Y. Li, X. Zhang, Q. Zhang, X. Wang, D. Cao, Z. Shi, D. Yan, Z. Cui, *RSC Adv.*, **6**, 5377 (2016)

6) K.-H. Kuo, W.-Y. Chiu, K.-H Hsieh, T.-M. Don, *Eur. Polym. J.*, **45**, 474 (2009)

7) H. Kudo, T. Nishikubo, *Polym. J.*, **41**, 569 (2009)

8) P.G. Reddy, S.P. Pal, P. Kumar, C.P. Pradeep, S. Ghosh, S.K. Sharma, K.E. Gonsalves, *ACS Appl. Mater. Interfaces*, **9**, 17 (2017)

9) L. Li, S. Chakrabarty, K. Spyrou, C.K. Ober, *Chem. Mater.*, **27**, 5027 (2015)

10) C.-H. Chem, W.-T. Cheng, *J. Photopolym. Sci. Technol.*, **25**, 409 (2012)

11) M. Shirai, H. Okamura, *Polym. Int.*, **65**, 362 (2016)

12) 福川健一，上田充，高分子論文集，**63**, 561 (2006)

13) K. Fukukawa, M. Ueda, *Polym. J.*, **40**, 281 (2008)

14) T. Higashihara, Y. Shibasaki, M. Ueda, *J. Photopolym. Sci. Technol.*, **25**, 9 (2012)

15) A.A. Lin, V.R. Sastri, G. Tesoro, A. Reiser, R. Eachus, *Macromolecules*, **21**, 1165 (1988)

16) S. Kubota, T. Moriwaki, T. Ando, A. Fukami, *J. Appl. Polym. Sci.*, **33**, 1763 (1987)

17) S. Kubota, T. Moriwaki, T. Ando, A. Fukami, *J. Macromol. Sci., Chem.*, **A24**, 1407 (1987)

18) S. Kubota, Y. Tanaka, T. Moriwaki, S. Eto, *J. Electrochem. Soc.*, **138**, 1080 (1991)

19) N. Yoda, H. Hiramoto, *J. Macromol. Sci., Chem.*, **A21**, 1641 (1984)

20) M. Tomikawa, M. Asano, G. Ohbayashi, H. Hiramoto, Y. Morishima, M. Kamachi, *J. Photopolym. Sci. Technol.*, **5**, 343 (1992)

21) N. Yoda, *Polym. Adv. Technol.*, **8**, 215 (1997)

22) S. Akimoto, D. Kato, M. Jikei, M. Kakimoto, *High Perform. Polym.*, **12**, 185 (2000)

23) R. Rubner, H. Ahne, E. Kuhn, G. Koloddieg, *Photogr. Sci. Eng.*, **23**, 303 (1979)

24) H.S. Yu, T, Yamashita, K. Horie, *Macromolecules*, **29**, 1144 (1996)

25) M. Ueda, T. Nakayama, *Macromolecules*, **29**, 6427 (1996)

26) T. Fukushima, K. Hosokawa, T. Oyama, T. Iijima, M. Tomoi, H. Itatani, *J. Polym. Sci. Part A: Polym. Chem.*, **39**, 934 (2001)

27) M. Tomikawa, S. Yoshida, N. Okamoto, *Polym. J.*, **41**, 604 (2009)

28) K. Mizoguchi, T. Higashihara, M. Ueda, *Macromolecules*, **42**, 1024 (2009)

29) T. Ogura, K. Yamaguchi, Y. Shibasaki, M. Ueda, *Polym. J.*, **39**, 245 (2007)

30) T. Fukushima, Y. Kawakami, A. Kitamura, T. Oyama, M. Tomoi, *J. Microlith. Microfab. Microsyst.* (*JM³*), **3**, 159 (2004)

31) 大山俊幸，ネットワークポリマー，**34**, 261 (2013)

32) T. Oyama, *Polym. J.*, **50**, 419 (2018)

33) H. Seino, O. Haba, A. Mochizuki, M. Yoshioka, M. Ueda, *High Perform. Polym.*, **9**, 333 (1997)

34) H. Seino, O. Haba, M. Ueda, A. Mochizuki, *Polymer*, **40**, 551 (1999)

35) T. Oyama, Y. Kawakami, T. Fukushima, T. Iijima, M. Tomoi, *Polym. Bull.*, **47**, 175 (2001)

36) T. Oyama, A. Kitamura, T. Fukushima, T. Iijima, M. Tomoi, *Macromol. Rapid Commun.*, **23**, 104 (2002)

37) T. Fukushima, T. Oyama, T. Iijima, M. Tomoi, H. Itatani, *J. Polym. Sci. Part A: Polym. Chem.*, **39**, 3451 (2001)

38) T. Fukushima, Y. Kawakami, T. Oyama, M. Tomoi, *J. Photopolym. Sci. Technol.*, **15**, 191 (2002)

39) T. Oyama, A. Kitamura, E. Sato, M. Tomoi, *J. Polym. Sci. Part A: Polym. Chem.*, **44**, 2694 (2006)

40) T. Miyagawa, T. Fukushima, T. Oyama, T. Iijima, M. Tomoi, *J. Polym. Sci., Part A: Polym. Chem.*, **41**, 861 (2003)

41) S. Sugawara, M. Tomoi, T. Oyama, *Polym. J.*, **39**, 129 (2007)

42) T. Oyama, T. Kawada, Y. Tokoro, *Chem. Lett.*, **46**, 1810 (2017)

43) W.M. Zhou, T. Fukushima, M. Tomoi, T. Oyama, *J. Photopolym. Sci. Technol.*, **27**, 713 (2014)

44) T. Oyama, S. Senoo, M. Tomoi, A. Takahashi, *J. Photopolym. Sci. Technol.*, **24**, 523 (2011)

45) D. Sakii, A. Takahashi, T. Oyama, *J. Photopolym. Sci. Technol.*, **25**, 371 (2012)

46) M. Suzuki, T. Oyama, *Polym. Int.*, **64**, 1560 (2015)

47) T. Oyama, S. Sugawara, Y. Shimizu, X. Cheng, M. Tomoi, A. Takahashi, *J. Photopolym. Sci. Technol.*, **22**, 597 (2009)

48) A. Cantín, A. Corma, S. Leiva, F. Rey, J. Rius, S. Valencia, *J. Am. Chem. Soc.*, **127**, 11560 (2005)

49) J. Put, F.C. De schryver, *J. Am. Chem. Soc.*, **95**, 137 (1973)

50) T. Oyama, Y. Shimizu, A. Takahashi, *J. Photopolym. Sci. Technol.*, **23**, 141 (2010)

51) Y. Shimizu, A. Takahashi, T. Oyama, *J. Photopolym. Sci. Technol.*, **22**, 407 (2009)

52) M. Yasuda, A. Takahashi, T. Oyama, *J. Photopolym. Sci. Technol.*, **26**, 357 (2013)

53) S. Yasuda, A. Takahashi, T. Oyama, S. Yamao, *J. Photopolym. Sci. Technol.*, **23**, 511 (2010)

54) 有機-無機ナノハイブリッド材料の新展開, 中條善樹監修, シーエムシー出版 (2009)

55) Y. Chujo, K. Tanaka, *Bull. Chem. Soc. Jpn.*, **88**, 633 (2015)

56) Z.-K. Zhu, Y. Yin, F. Cao, X. Shang, Q. Lu, *Adv. Mater.*, **12**, 1055 (2000)

57) Y.-W. Wang, W-C. Chen, *Mater. Chem. Phys.*, **126**, 24 (2011)

58) T. Oyama, A. Kasahara, M. Yasuda, A. Takahashi, *J. Photopolym. Sci. Technol.*, **29**, 273 (2016)

59) Y. Tokoro, M. Miyoshi, T. Oyama, *J. Photopolym. Sci. Technol.*, **30**, 177 (2017)

## 3　LED エポキシ樹脂封止材の開発動向

### 3.1　はじめに

　発光ダイオード（Light Emitting Diode）は，従来の光源に比べ，高速応答，低消費電力，長寿命，小型軽量化などに優れた特徴を持ち，現在多くの用途に応用されている。一般的な LED パッケージ構造を図1，図2に示す。主に，イルミネーション，信号機，屋外ディスプレイを中心とした砲弾型 LED を足がかりに，最近では液晶テレビのバックライトや照明用途の高輝度 LED が表面実装（Surface Mount Device）型 LED として商品化され，白熱電球や蛍光灯に代わる光源として目覚しい発展を遂げつつある。このような LED の急激な用途拡大や形状変化に伴い，それらに使用されていた封止材も大きな変局点を迎えることとなった。すなわち，従来の赤・黄色系の LED では，封止材の黄変性がそれほど問題視されていなかったが，青色 LED の登場によって，光や熱に対しての耐黄変性に優れた封止材が求められることとなった。封止材が，青色と補色関係にある黄色に変色することで，青色の光の取出し効率を低下させ，LED の光度低下につながるからである。また，屋内から屋外へとその使用が広がると，太陽光や雨水，排気ガスといった新たな劣化因子に対しての耐性が求められることになった。さらに，照明用途の LED においては，LED の高輝度化に伴い，大電流が通電されるようになり，明るさに比例し

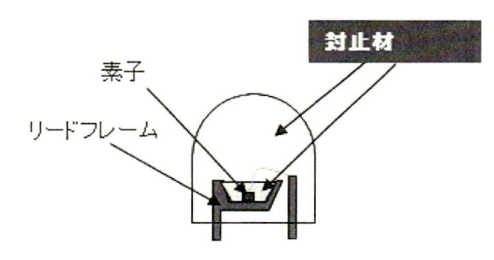

図1　砲弾型 LED パッケージ

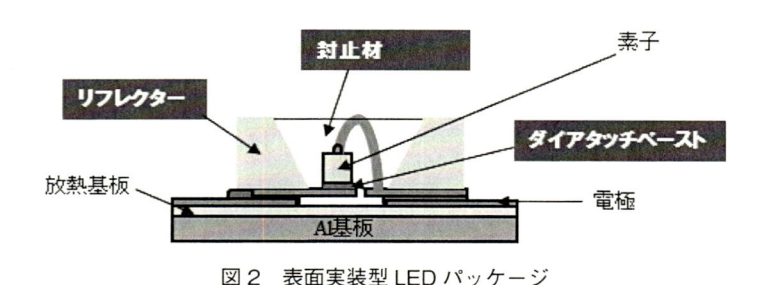

図2　表面実装型 LED パッケージ

---

＊　Hirose Suzuki　㈱ダイセル　有機合成カンパニー研究開発センター
　　　　エポキシ技術リーダー

て発光素子近傍の発熱も大きくなり，LED 封止材に今まで以上の耐熱性が要求されている。

　エポキシ樹脂封止材はガスバリア性には優れているが，熱や光（紫外線）による劣化への対策が必要な材料である。本節では，エポキシ樹脂を用いた LED 封止材の変遷および㈱ダイセルのエポキシ樹脂封止材の高機能化の取り組みと性能評価について述べる。

### 3.2　LED 封止材の要求特性

　LED デバイスにおいて，発光素子を外的な劣化要因（光，熱，水分，ガス，埃など）から保護し，LED の高寿命化を支える部材のひとつが LED 封止材である。一般的に LED 封止材には表1に示す特性が要求される。この様な特性は，LED の消費電力，発光効率，発光色，使用環境，製造環境，デバイスの構造，その他の要因によって左右される。一例として，表2に屋内用途，屋外用途，照明用途，車載用途に適用された場合の LED の劣化要因を挙げた。

### 3.3　LED 封止材の変遷

　半導体用封止材には，エポキシ樹脂がよく利用されている。LED 封止材としても例外ではな

表 1　LED 封止材の要求特性

| |
| --- |
| ①透明性 |
| ②耐熱性 |
| ③耐光性（耐紫外線性） |
| ④ガスバリア性（透湿性） |
| ⑤熱衝撃性 |
| ⑥リフロー耐性 |
| ⑦外力保護性（強靭性，硬さ） |
| ⑧光の取り出し効率（屈折率の制御） |
| ⑨接着性 |
| ⑩熱伝導性 |
| ⑪蛍光体の分散性 |

表 2　LED の劣化要因

| 用途 | 光（紫外線） | 熱 | 環境ガス |
| --- | --- | --- | --- |
| 屋内 | ○ | ○ | △ |
| 屋外 | ◎ | △ | ◎ |
| 照明 | ◎ | ◎ | ○ |
| 車載 | ◎ | ○ | ◎ |

◎：特に重要な因子
○：重要な因子
△：考慮すべき因子

く，特に透明性が高いエポキシ樹脂が使用されてきた。初期にはそのバリエーションの豊富さや機械強度の高さから，図3に示すようなビスフェノール型エポキシ樹脂と酸無水物硬化剤を組み合わせて，加熱硬化させるものが一般的であった。

このビスフェノール型エポキシ樹脂封止材は，優れた機械強度を有するものの，分子内に紫外線を吸収するベンゼン環骨格を有する。LEDの発する光，屋外使用時の太陽光などによって樹脂は黄変し，透明性の低下が促進される[1]。LEDの屋外用途が広がるにつれて，LED封止材は，光や熱によって黄変しにくく，硬化後のガラス転移温度が高くガスバリア性に優れた分子内に不飽和結合を持たない「脂環式エポキシ樹脂」[2]が使用されるようになっていった。1990年代に急激に広まったLED信号機やフルカラーディスプレイに代表される屋外用途でのLEDの普及を支えたLED封止材は，これら脂環式エポキシ樹脂封止材であった。

1990年代後半から2000年代前半にかけて，携帯電話の急速な普及やモバイル型液晶の用途拡大に伴い，液晶バックライト向けのLEDの開発が進められた。冷陰極管に匹敵する輝度を出すためにLEDへの通電量が増し，LED封止材への耐熱要求が一気に高まった。ここで登場したのがエポキシよりも耐熱黄変性の高い「シリコーン樹脂」を使用した封止材である[3]。シリコーン樹脂封止材は150℃付近までの耐熱黄変性を有し，現在では液晶バックライトや照明に使用されるLEDの封止材の主流となっている。

### 3.4 脂環式エポキシ樹脂の取り組み

㈱ダイセルは，1978年の上市以降，種々の脂環式エポキシ樹脂の製造・販売を行っている。最も多く使用されている脂環式エポキシ樹脂は，3',4'-エポキシシクロヘキシルメチル3,4-エポキシシクロヘキサンカルボキシレートである。合成するためには，環状の不飽和結合を酸化しエポキシ化合物を合成するのが一般的である[4]。脂環式エポキシ樹脂の合成方法を図4に示す。

エポキシ化の反応は，実験室レベルで行う場合，m-クロロ過安息香酸が用いられることが多いが，工業的には，過酢酸を用い，無触媒もしくは微量の金属触媒の存在下で行われる。また，最近では，過酸化水素水を用いた方法も，課題であった四級アンモニウム塩除去の問題を解決

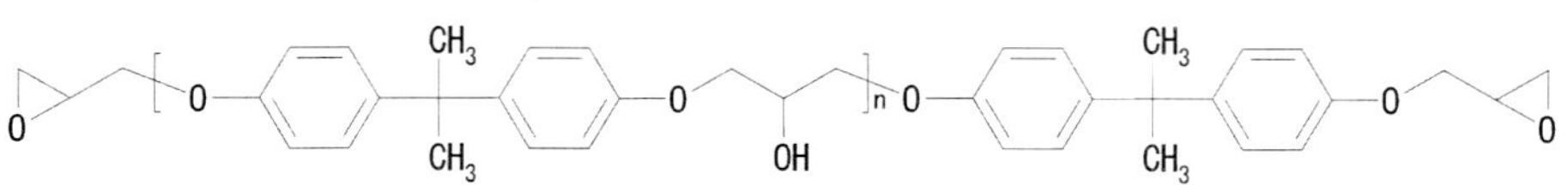

ビスフェノールA型エポキシ樹脂

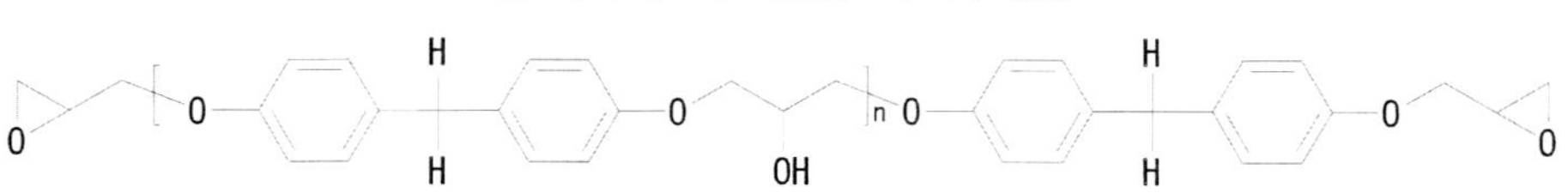

ビスフェノールF型エポキシ樹脂

図3 ビスフェノール型エポキシ樹脂

し，工業化されている。過酢酸や過酸化水素水を用いるエポキシ樹脂は，原料にエピクロルヒドリンを用いないため，グリシジルエーテルタイプのエポキシに含まれるような原料由来の塩素分はほとんど含まれない。

㈱ダイセルが取り扱っている代表的な脂環式エポキシ樹脂[2] を図5に示す。CELLOXIDE 2021P，CELLOXIDE 2000，CYCLOMER M100 の化合物は，数十から数百 mPa・s（25℃）と低粘度であり，注型用の材料として使用しやすい特徴がある。また，脂環式エポキシ樹脂は，高 Tg の硬化物が得られるなどの長所を有する反面，硬化物が脆くなるという短所がある。これを改善するためのオリゴマー材料として，EHPE3150，CELLOXIDE 2081，EPOLEAD PB，EPOLEAD

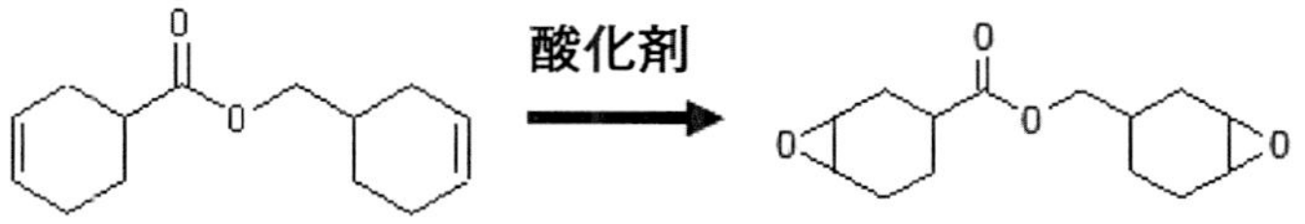

図4　脂環式エポキシ樹脂の合成法

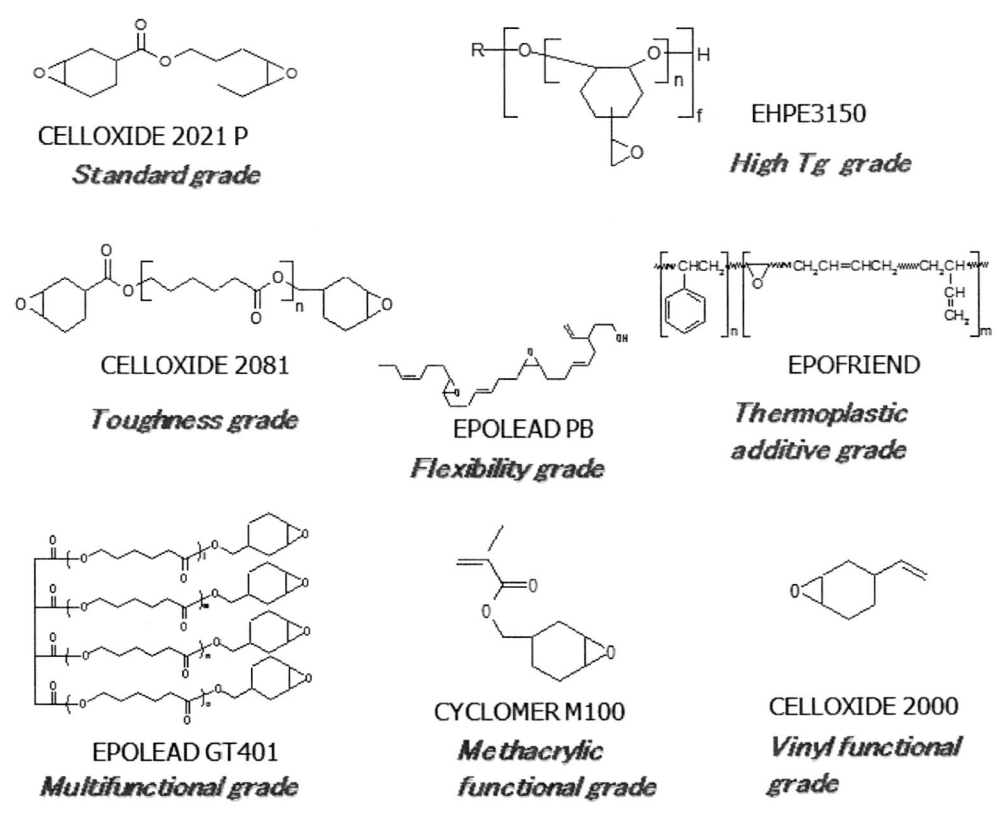

図5　脂環式エポキシ樹脂

GT-401，EPOFRIEND がある。エポキシ基間の鎖長が長くなると，硬化物の可とう性は向上するが，Tg が低くなるため，用途に応じて適切な材料選定が必要となる。ノボラック型エポキシ樹脂と類似した構造を有する EHPE3150 は，軟化点が 70〜80℃ の固形エポキシ樹脂であり，その硬化物は高い Tg を有する。過酢酸を用いて合成される内部エポキシの比率が高い EPOLEAD PB は，ビスフェノール A 型エポキシ樹脂やノボラック型フェノール樹脂とも相溶する。そのため，プリント基板などの靭性改良剤としても使用可能である。

## 3.5　エポキシ樹脂封止材の高機能化の取り組みと性能評価

㈱ダイセルでは，脂環式エポキシ樹脂の製品開発や改良で得た知見を活かし，従来のエポキシ樹脂封止材の耐熱黄変性を向上した『セルビーナス W シリーズ』を 2009 年から本格的に市場投入した。現在，当社が開発している LED 封止材を表 3 に示す。

当社は，従来のエポキシ樹脂封止材で顕著な問題となっている耐熱黄変性に着目し，脂環式エポキシ樹脂の材料設計から機能設計までを行い，従来のエポキシ樹脂封止材の耐熱黄変性のレベルを上げると同時に，シリコーン樹脂封止材で問題となっているガスバリア性も解決させ，市場成長が著しい高輝度 LED に適した封止材の技術開発を進めてきた。

その結果，脂環式エポキシ樹脂封止材の熱による黄変は，図 6 に示すような脂環式エポキシ中に残存する不純物量，および硬化後の残存エポキシ量の 2 つに起因していることを見出し，原材料にまで遡って，これらを低減させたり除去したりすることによって，耐熱黄変性が向上すると結論付けた[5]。

前者については脂環式エポキシ樹脂中に残存する不純物を除去する精製工程を取り入れ，従来製品よりも高純度化した脂環式エポキシ樹脂を製造し，それを封止材の原料として使用した。脂環式エポキシ樹脂（3′,4′- エポキシシクロヘキシルメチル 3,4- エポキシシクロヘキサンカルボキシレート）の当社製品と他社製品の光線透過率の比較を図 7 に示す。図 7 より，当社製品において，精製工程を取り入れることで，他社製品に比べて透明性が向上していることが確認でき

表 3　ダイセルの LED デバイス用材料（封止材）

| 用途 | パッケージ | 樹脂 | 品番 | 硬度 | 特徴 |
|---|---|---|---|---|---|
| ディスプレイ | 砲弾型LED用 | エポキシ樹脂 | セルビーナス W0715 | ショア D 88 | スタンダードグレード |
| | | | セルビーナス W0915 | ショア D 86 | 耐熱性 / 耐光性 |
| | 表面実装型LED用 | | セルビーナス W0970 シリーズ | ショア D 85-87 | スタンダードグレード |
| | | | セルビーナス W0925 シリーズ | ショア D 85-87 | 耐熱性 / 耐光性 |
| 車載 | | | セルビーナス W0930 シリーズ | ショア D 85 | リフロー耐性 |
| バックライト / 照明 | | シリコーン樹脂 | セルビーナス T2000 シリーズ | ショア D 25-45 | 耐硫化性 / 高硬度 |
| | | | セルビーナス T5000 シリーズ | ショア A 45-64 | ゴムタイプ / 耐硫化性 / 耐熱性 / 耐光性 |

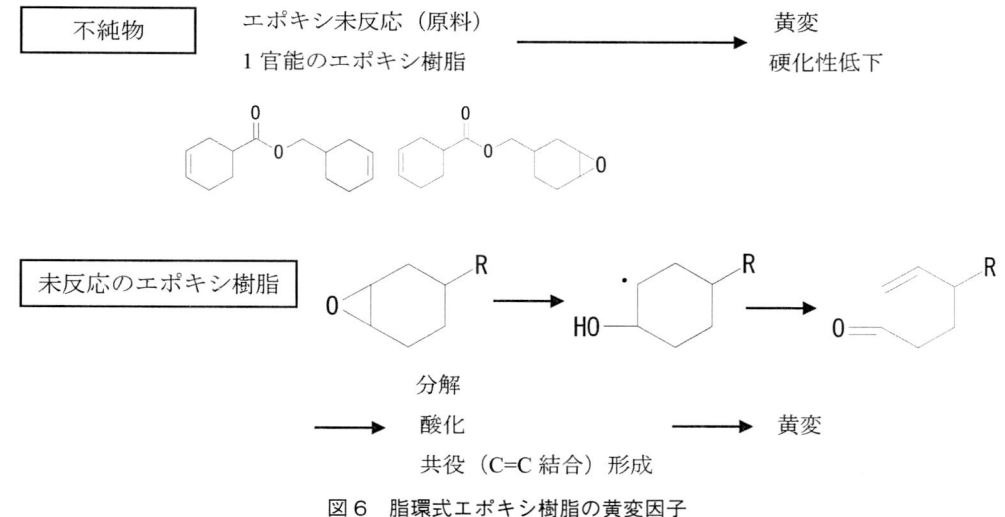

図6　脂環式エポキシ樹脂の黄変因子

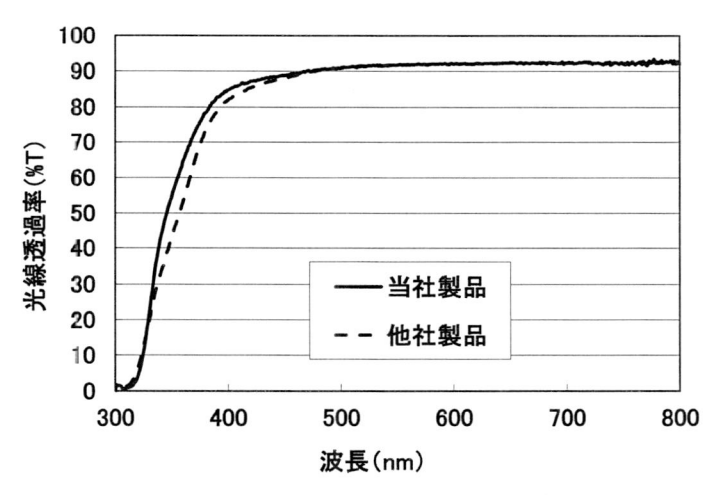

図7　脂環式エポキシ樹脂の光線透過率の比較（3 mm 厚）

た。また，後者については，エポキシ基の反応挙動を解析し，硬化剤である酸無水物との混合比や硬化温度，硬化触媒を精査し，エポキシ基の反応率が最大となる最適な硬化条件を見出した。

　上記に基づき開発した新たな脂環式エポキシ樹脂封止材（セルビーナス W0970）について，その機能をメチルシリコーン樹脂封止材ならびに汎用エポキシ樹脂封止材と比較した[4]。青色を発する InGaN 系の素子を配した 3.5 mm×2.8 mm の PLCC（Plastic Leaded Chip Carrier）を用いて高温通電試験（85℃/10 mA 通電）を実施した結果を図8に示す。セルビーナス W0970 は汎用エポキシ樹脂封止材を上回り，メチルシリコーン樹脂封止材に匹敵する光度維持率を示した。

　さらに，従来の脂環式エポキシ樹脂封止材は，その耐熱黄変性の限界から，使用電流が

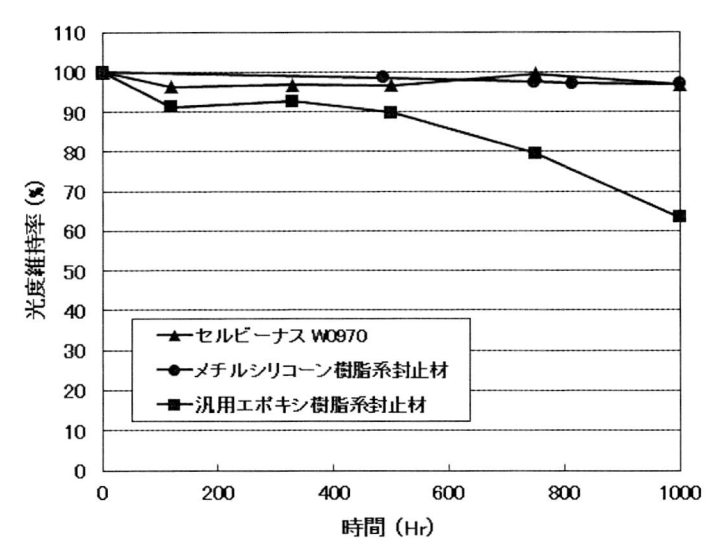

図8　高温通電試験の結果（通電条件：85℃/10 mA）

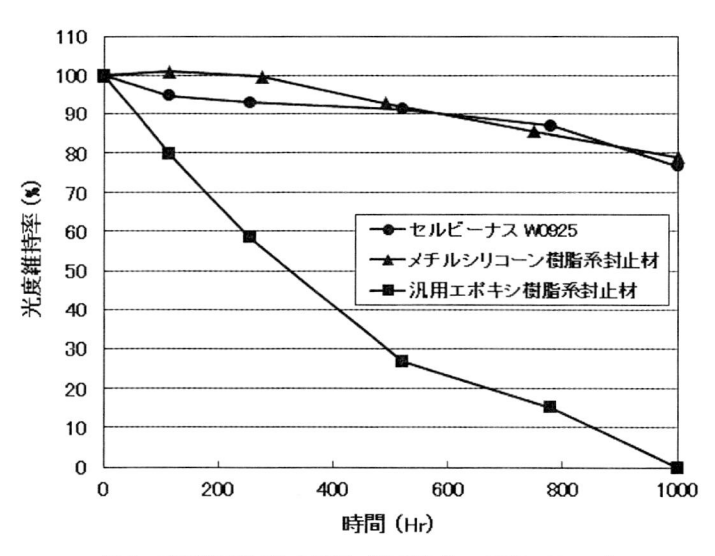

図9　高温通電試験の結果（通電条件：85℃/60 mA）

40 mA 以下の LED に限定されて用いられていたが，最近の研究結果から，40 mA 以上の通電試験においても，光度がほとんど低下しない脂環式エポキシ樹脂封止材（セルビーナス W0925）を開発した[4]。青色を発する InGaN 系の素子を配した 3.5 mm×2.8 mm の PLCC を用いて高温通電試験（85℃/60 mA 通電），高温高湿通電試験（85℃/85％RH/20 mA 通電）を実施した結果を図9，図10 に示す。本封止材の耐熱黄変性は，従来の汎用エポキシ樹脂封止材を大幅に上回

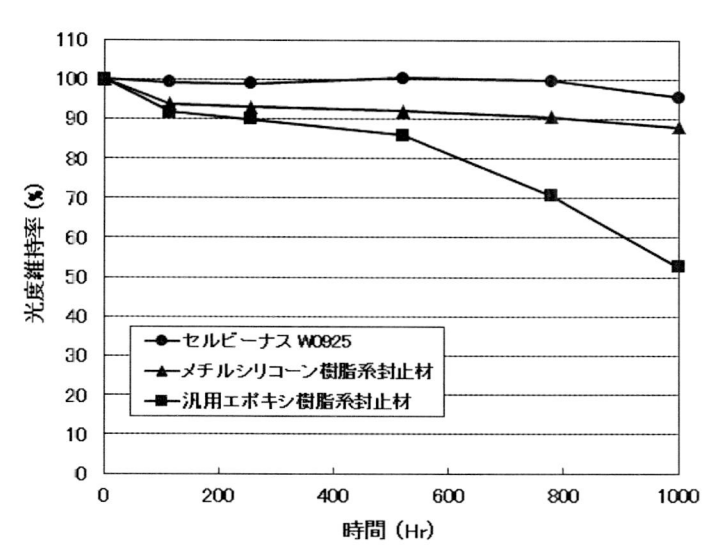

図 10　高温高湿通電試験の結果（通電条件：85℃/85%RH/20 mA）

り，メチルシリコーン樹脂封止材と同等のレベルであった。そのため，メチルシリコーン樹脂封止材では問題となっていた用途における新たな封止材として使用されることが期待できる。現在，『セルビーナス W シリーズ』を国内外で販売している。

### 3.6　その他の LED デバイス材料

　現在では，LED 封止材に限らず，ダイアタッチペースト，白色リフレクター材料，レンズ材料，PSS（Patterned Sapphire Substrate）レジスト材料といった LED デバイスに使用できる材料開発も行っており，LED 封止材を軸に LED デバイス材料へのトータルソリューションの提案を進めている。現在，当社が開発している LED デバイス材料を表 4 に示す。

表 4　ダイセルの LED デバイス用材料（その他）

| 用途 | 品番 | 特徴 |
|---|---|---|
| ダイアタッチペースト | セルビーナス<br>B0512 / B0540 | エポキシ樹脂透明ペースト / 高密着性 |
| リフレクター | （開発品） | エポキシモールディングコンパウンド / 高反射率 |
| レンズ材料 | セルビーナス　OUHシリーズ | リフロー耐性 / UV及び熱高速硬化 |
| PSSレジスト材料 | セルビーナス　PURシリーズ | UV高速硬化 / 耐エッチング性 |

## 3.7 おわりに

　LED の一構成部材に過ぎない封止材であるが，そこに求められる要求性能は多岐にわたり，LED の用途展開に伴い，様々な検討が行われ，多種多様の LED が生み出されてきた。LED は，低消費電力という点から，地球上の二酸化炭素の排出量削減に寄与する新たな光源として今後も様々な用途拡大が続くものと思われる。特に室内照明用途への適用は現在急速に進められおり，大きな期待が持たれている。LED 封止材は，LED の寿命に最も大きな影響を与える材料の一つであり，今後より一層の高機能化が求められる。エポキシ樹脂封止材ならびにシリコーン樹脂封止材にはそれぞれ一長一短があり，完璧と呼べる LED 封止材はまだ存在しないと言える。

　当社は，単に原材料の供給に留まらず，材料設計から機能設計，さらには問題解決のための評価・解析といった，市場へのトータルソリューションの提案を行い，ますます伸張する LED 市場の発展に貢献し続けたいと考えている。

## 文　　献

1) 垣内弘，エポキシ樹脂，303，昭晃堂（1970）
2) ㈱ダイセル機能性モノマー，オリゴマー樹脂総合カタログ
3) 廻谷典行，付加硬化型シリコーン樹脂組成物，特開平 11-001619（2002）
4) 越智光一，電子部品エポキシ樹脂の最新技術Ⅱ，23，㈱シーエムシー出版（2011）
5) 鈴木弘世，第 27 回エレクトロニクス実装学会講演大会要旨集，509（2012）

# 4 液晶性エポキシ樹脂

原田美由紀*

## 4.1 はじめに

代表的なネットワークポリマーの一種であるエポキシ樹脂は，接着剤や塗料，また電子部品材料や複合材料マトリックスなどの幅広い分野で使用されている。エポキシ樹脂の大きな特徴として優れた接着性が挙げられるが，この特性を維持しながら様々な物性の改善を達成するための手法が求められている[1]。従来から，エポキシ樹脂材料に対する耐熱性の向上に関する研究は行われてきたが，用途拡大に伴って要求性能は一層高くなっており，種々の特性改善が必須となっている。

一方で近年，低環境負荷および省エネルギーの観点からパワーエレクトロニクスが注目されている。この分野において用いられる樹脂材料には，高耐熱性は欠かすことのできない重要な要求特性である。これら以外の用途においても長期信頼性の観点から，樹脂材料の高耐熱化への取り組みは必須となっている。ここでは剛直構造であるメソゲン基を導入した液晶性エポキシ樹脂による高耐熱化を検討した研究成果を紹介する。

## 4.2 メソゲン骨格を有する液晶性エポキシ樹脂の耐熱性

剛直骨格であるメソゲン基の導入は耐熱性の向上に非常に有効であり，筆者らはこれまで複数の芳香環構造を含むメソゲン基を導入した液晶性エポキシ樹脂を開発している。例えば，シッフ塩型メソゲン基を導入したテレフタリリデンエポキシ（DGETAM）をジアミノジフェニルメタン（DDM）で硬化すると，図1に示されるような動的粘弾性挙動を示す。比較系として同一硬

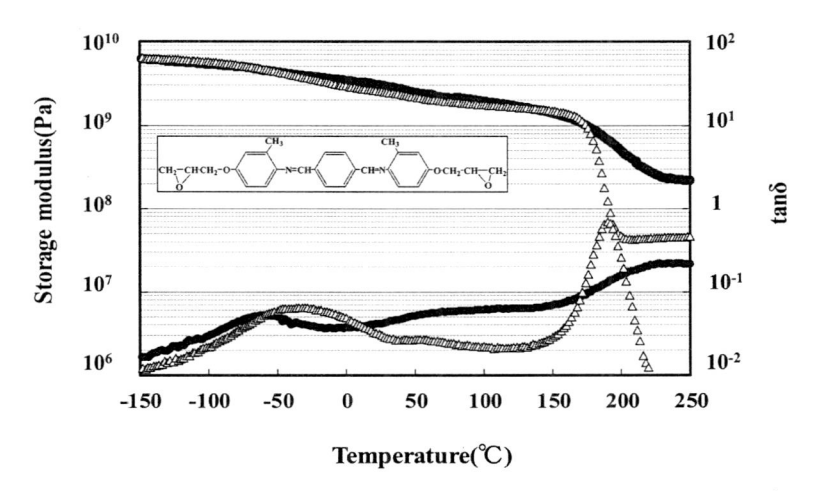

図1 ジアミノジフェニルメタンで硬化した（△）ビスフェノールAおよび
（●）メソゲン骨格エポキシ樹脂の動的粘弾性曲線

＊ Miyuki Harada 関西大学 化学生命工学部 教授

化剤で硬化した汎用ビスフェノール A 型エポキシ樹脂は，180℃付近で明瞭な tanδ ピークを示し，典型的なガラス－ゴム転移挙動を示す。これに対して，DGETAM 硬化系は tanδ ピークが高温側へシフトし，貯蔵弾性率の低下も緩やかになった。このように，剛直で分子運動性の低いメソゲン基を導入することによって，ガラス転移温度の向上が達成される。このような効果は，網目鎖構造中のメソゲン基の構造やその含有量によっても大きく影響される。

エポキシモノマー構造中のメソゲン基と同一骨格を有する硬化剤を新たに合成し，硬化系全体のメソゲン基の含有量が耐熱性に及ぼす影響を検討した。ジアミノジフェニルエタン（DDE）へのメソゲン硬化剤の混合割合を変化させ硬化物調製を行った。その結果，硬化物の網目鎖中のメソゲン基濃度の増加に伴って，ガラス転移温度の明瞭な上昇が確認された（図2）。このように，硬化剤構造側にもメソゲン基を導入することによって系全体のメソゲン基の含有率を増加させると，硬化物中の網目鎖の分子運動性を効果的に抑制できることが示された[2]。一般に，ネットワークポリマーでは架橋密度の増加によって達成される高 $T_g$ 化は，力学的にはその性能を低下させる傾向がある。しかしながらメソゲン骨格の導入では，ガラス転移温度を上昇させるだけではなく，同時に力学特性の改善も達成することが可能である。この高 $T_g$ 化と強靭性の両立は，メソゲン骨格エポキシの非常に大きな特徴であると言える。また，硬化条件の最適化によって，架橋構造中への液晶配向構造の固定化が可能である。このような配向性の導入は，硬化物の強靭性や熱伝導特性を大きく改善する傾向がある[3]。

しかしながら，剛直メソゲン基の導入はエポキシモノマーの結晶性を増加させ，高融点化を引き起こす傾向がある。これによって，結晶化させないために硬化温度が高温に制限されたり，こ

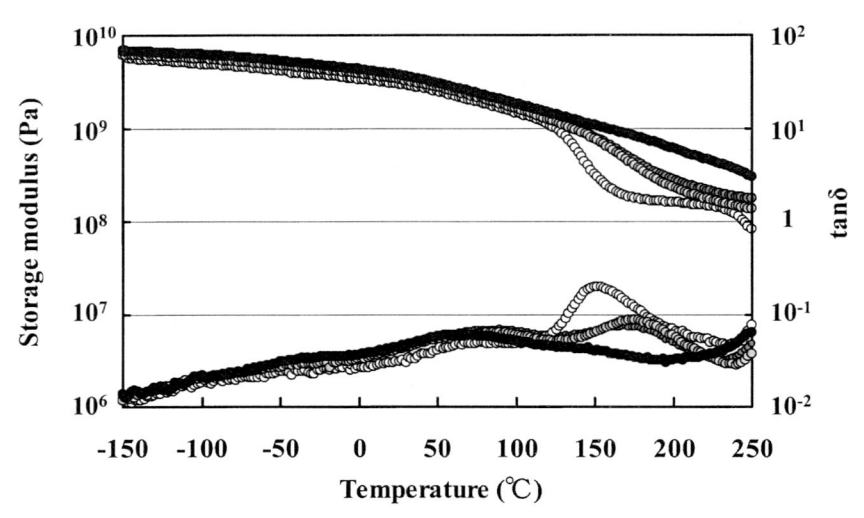

図2　ジアミノジフェニルエタンとメソゲン骨格アミンの混合硬化剤で硬化した
メソゲン骨格エポキシ樹脂の動的粘弾性曲線
硬化物中のメソゲン基濃度：（○）55.2％，（◐）61.7％，（◖）67.8％，（●）73.5％。

れによるゲル化の速さがハンドリング性の低下を招く恐れがある。そこで，メソゲン基構造の最適化を目的として，ターフェニル構造の一部をシクロヘキセン環に替えたジフェニルシクロヘキセン型エポキシ樹脂（DGEDPC）を合成した[4, 5]。DGEDPCは，DGETAM（融点169℃）やメチル分岐を有するターフェニル型エポキシ（融点176℃）に比べ，80℃以上もの大幅な融点の低下を示す。これによって，比較的低い硬化温度を設定できるため，従来の問題点であった硬化温度の制限や高温硬化によるゲル化の速さが抑えられ，ハンドリング性の改善にも効果的であることが示された。

　著者らはまた，多官能エポキシ中にメソゲン基骨格構造を導入した系の合成についても報告している（図3）。例えば，分子構造の中心部にペンタエリトリチル基を導入した四官能性テトラメソゲン骨格エポキシ樹脂（TGEPTA）を合成した。得られたエポキシモノマーは4つの剛直メソゲン構造を含むため結晶性であり，その融点は172℃であった。芳香族アミンやフェノールノボラックによって硬化したところ，配向構造を持たない無定形ネットワーク構造を有する硬化物が得られた。硬化物の動的粘弾性測定を行ったところ，250℃まで $T_g$ に起因する明瞭な $\tan\delta$ ピークや貯蔵弾性率の急激な低下はほとんど観察されなかった[6, 7]（図4）。汎用ビスフェノールA型エポキシ樹脂硬化物（DGEBA/DDM）や，剛直メソゲン基濃度が同程度（約50％）であるターフェニル骨格のDGEMTP/DDM硬化物と比較しても，特に150℃以上の高温領域において高い貯蔵弾性率が維持された。分岐構造の導入や架橋点の増加だけでなく，剛直構造であるメソゲン基を共存させることにより，網目鎖全体の分子運動性が抑制されたため，$T_g$ レス挙動を示したものと考えられる。また，線膨張係数測定を行ったところ（図5），－100℃から150℃における CTE は他の二系とほぼ同様であったが，150℃以上では汎用系に見られるガラス－ゴム転移に伴う急激な線膨張係数の増加は観察されず，熱膨張は大きく抑制された。また，多官能化による熱伝導性への影響を検討したところ，汎用のビスフェノールA型エポキシ樹脂系の熱伝導率は室温において 0.21 W/m·K であったのに対し，TGEPTA は 0.33 W/m·K と約 1.5 倍高い値を示した。これはネットワーク鎖の架橋密度が非常に高いことやメソゲン骨格による網目鎖の

・ペンタエリトリチル基型

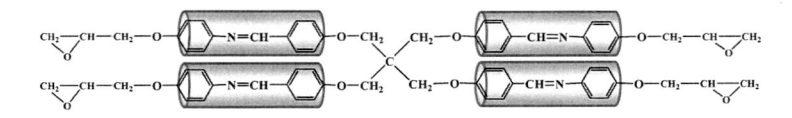

・環状シロキサン型

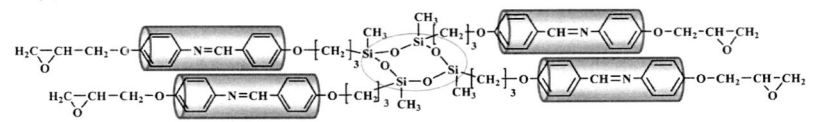

図3　四官能型テトラメソゲン骨格エポキシの化学構造

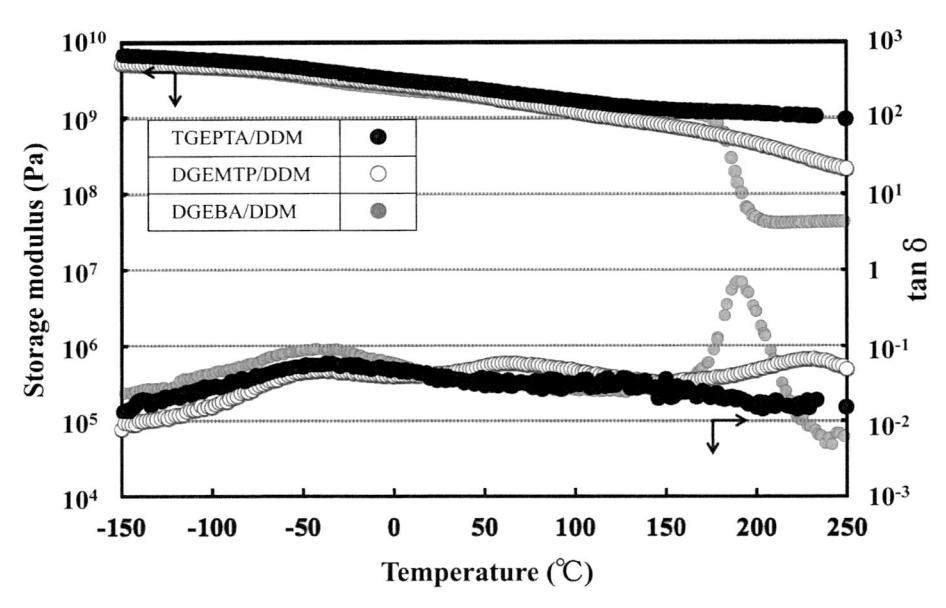

図4　4官能メソゲン骨格エポキシ樹脂の DMA 曲線

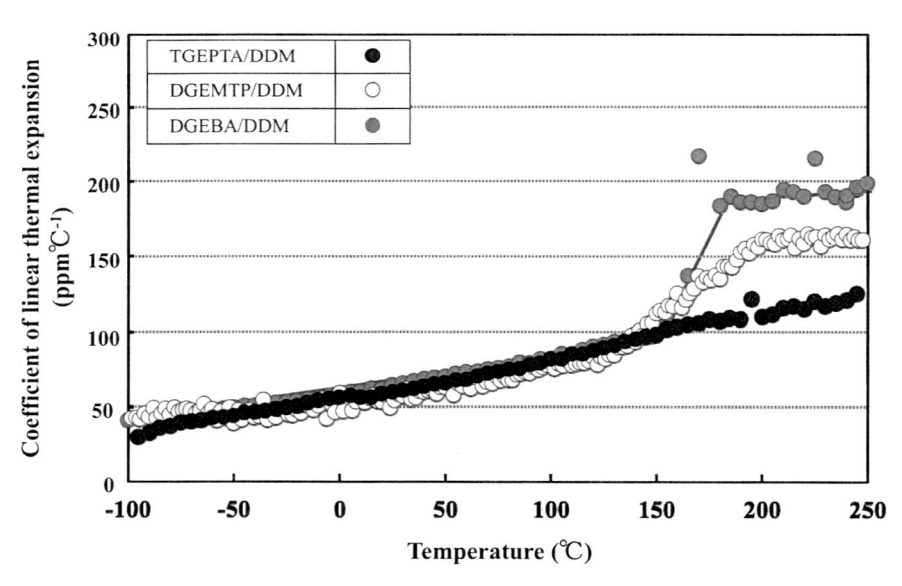

図5　4官能メソゲン骨格エポキシ樹脂の線膨張係数変化

　パッキング性の向上による効果であると考えられる。加熱に伴う熱伝導率変化を検討したところ，220℃での熱伝導率が 0.37 W/m・K と高い値を維持し，汎用のビスフェノール A 型エポキシ樹脂のような高温領域における急激な熱伝導性の低下は観察されなかった。さらに，剛直構造と

多官能化による力学特性への影響を調べるため，25℃と 220℃において引っ張り試験を行った。その結果，図 6 に示すように応力−歪み曲線から得られた 25℃における破壊エネルギーは 2 官能ビスフェノール A 型エポキシ樹脂硬化物と同程度の値となり，多官能化による著しい脆化は観察されなかった。さらに，高温 220℃の測定においてはガラス状態を維持する TGEPTA の高い弾性率により，破壊エネルギーの大幅な低下が抑制された。

　しかしながら，多官能エポキシ樹脂 TGEPTA は完全硬化させるための硬化条件の設定が難しい傾向にある。そこでこの $T_g$ レス特性を示す 4 官能テトラメソゲンエポキシ樹脂を汎用ビスフェノール A 型エポキシ樹脂に混合し，ジアミノジフェニルスルホン（DDS）で硬化した[8]。その結果，図 7 に示すように TGEPTA 50 mol％以上の配合で TGEPTA 単独硬化系とほぼ同等の動的粘弾性曲線を示した。汎用エポキシに混合することで，完全硬化が比較的容易になり硬化不良による諸物性の低下を妨げられる。また，この TGEPTA のエポキシ基をチイラン化した 4 官能テトラメソゲン骨格エピスルフィドの合成についても検討した。その結果，得られたエピスルフィド樹脂の融点は，チイラン化前に比べ約 40℃低下し，低融点化が達成された。このエピスルフィド樹脂を TGEPTA に配合して混合硬化物を調製したところ，20 mol％のエピスルフィド添加により耐熱性の維持と硬化初期の反応性の向上が達成された[9]。しかしながら，比較的熱分解しやすいシッフ塩基タイプのメソゲン基を導入しているため，更なる耐熱化には化学構造の最適化が必要であると考えられる。

　また，筆者らはメソゲン骨格と環状シロキサンを組み合わせた低融点型エポキシモノマーの合成とその硬化物の耐熱性についても報告している[10]。合成された環状シロキサン含有メソゲン骨格エポキシモノマーの DSC 測定の結果（図 8），融点は 95℃を示し，144℃までの約 50℃の温度範囲でネマチック相と思われる液晶相を発現した。芳香族アミン系硬化剤を用いて硬化物の調

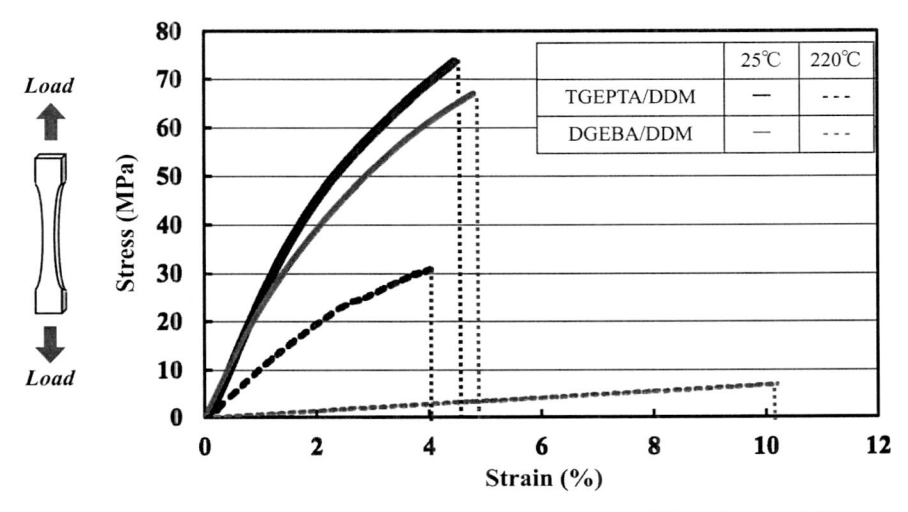

図 6　4 官能メソゲンおよびビスフェノール A 骨格エポキシ樹脂の引っ張り特性

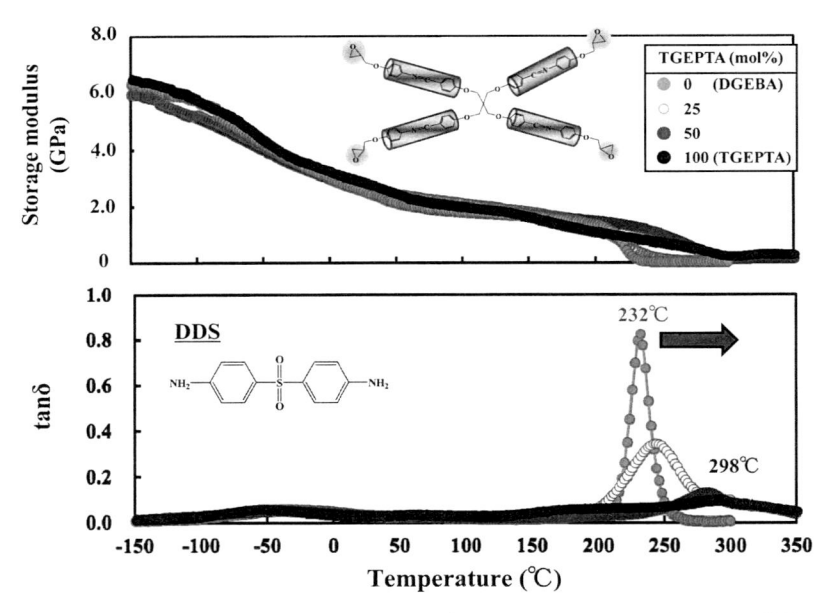

図 7　ビスフェノール A/4 官能メソゲン骨格混合エポキシ /DDS 系の DMA 曲線

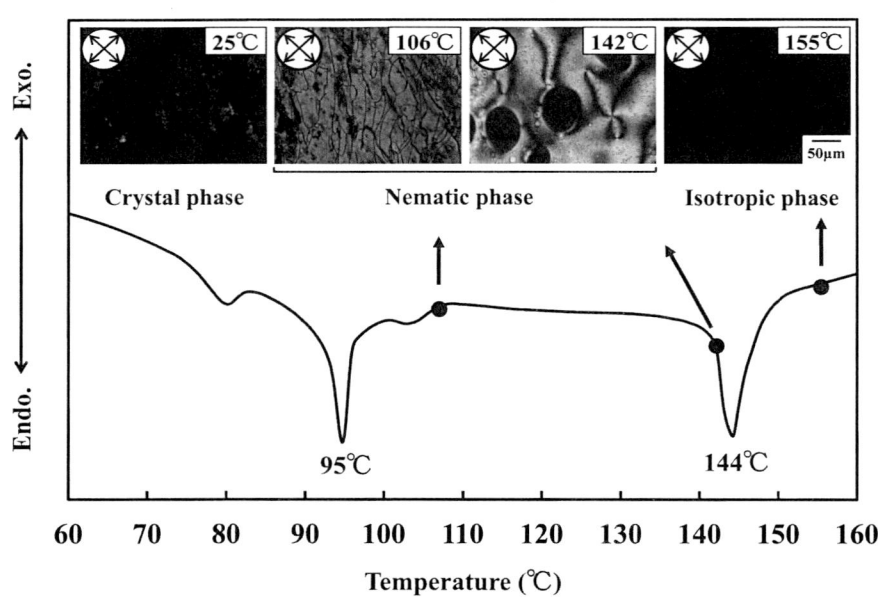

図 8　環状シロキサン型テトラメソゲン骨格エポキシの融点

製を行ったところ，硬化温度の最適化によって等方（ISO）相・液晶（LC）相の両硬化物が調製可能であることが明らかとなった。鎖状構造のシロキサンを含有するメソゲン骨格エポキシ樹脂

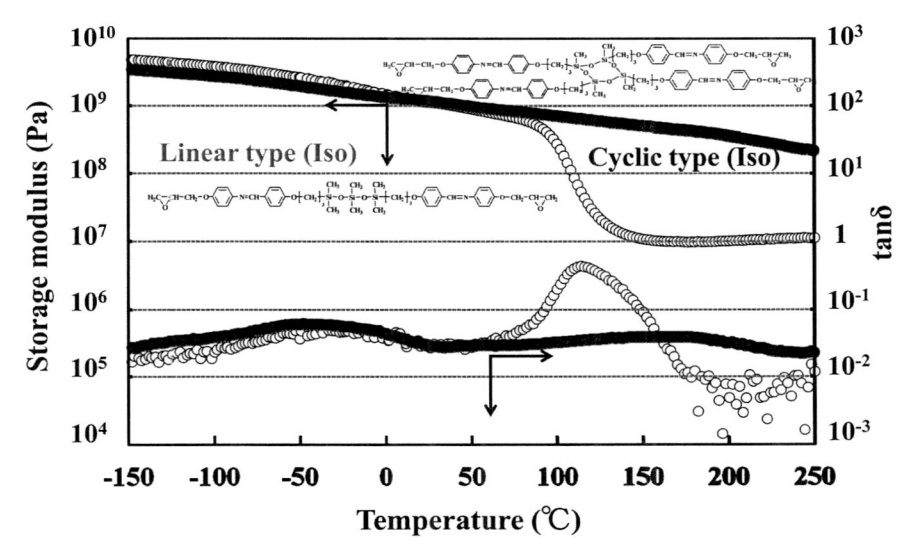

図9　環状及び鎖状シロキサン型メソゲン骨格エポキシ樹脂の DMA 曲線

の等方相硬化物は，104℃の $T_g$ を示したのに対し，環状シロキサン構造を導入した等方相硬化物では明瞭な $\tan\delta$ ピークが観察されなかった（図9）。これは，鎖状構造よりも運動性の低い環状シロキサンの導入による網目鎖の分子運動性の低下や，架橋点の増加に起因するものと考えられる。モノマー状態においては，シロキサン構造の運動性によって $T_m$：95℃という低融点化が達成される一方で，硬化後は環状構造が架橋点のような役割を果たしたものと推測され，これが低融点化と高 $T_g$ の両立を達成した要因であると考えられる。また硬化物の引張試験を行ったところ，鎖状シロキサン系（破壊エネルギー：128 kJ/m$^2$）と比較して，弾性率・破断強度の向上と破断歪みの低下が観察されたが，破壊エネルギーは 101 kJ/m$^2$ となり同程度の値を維持した。これらのことから，高 $T_g$ と高強靱性の両立が達成された高性能エポキシ樹脂が得られたものと考えられる。また，$p-$ フェニレンジアミンを用いて得られた液晶相硬化物では，TEM 観察から液晶相の体積分率が高いポリドメイン構造を形成していることが明らかとなった。一般に，メソゲン骨格エポキシ樹脂硬化物においては，等方相硬化物よりも液晶相硬化物で強靱性や熱伝導性が大幅に向上することが知られている。本硬化系においても，液晶硬化物とすることで高 $T_g$ だけでなく，強靱性や熱伝導性が向上することも示された。

### 4.3　おわりに

　樹脂材料の高耐熱化は用途拡大に伴って急務となっているが，従来から注目されている安定的な接着性などの諸物性とのバランスを確保することも重要であると考えられる。用途展開に応じた幅広い要求性能を満足するためには，引き続き多様な分子構造設計が重要であると考えられる。

# 文　　　献

1) エポキシ樹脂技術協会，総説エポキシ樹脂　基礎編 I・II（2003）

2) M. Harada, Y. Watanabe, Y. Tanaka, M. Ochi, *J. Polym. Sci., PartB; Polym. Phys.*, **44**(17), 2486-2494（2006）

3) M. Harada, K. Sumitomo, Y. Nishimoto, M. Ochi, *J. Polym. Sci., PartB; Polym. Phys.*, **47**, 156-165（2009）

4) 原田美由紀，池尾康宏，服部聖也，越智光一，第 22 回マイクロエレクトロニクスシンポジウム論文集，105-106（2012）

5) 原田美由紀，川崎裕介，越智光一，第 65 回高分子学会年次大会予稿集，1Pc049（2016）

6) 原田美由紀，森岡大智，越智光一，第 24 回マイクロエレクトロニクスシンポジウム論文集，159-162（2014）

7) M. Harada, D. Morioka, M. Ochi, *J. Appl. Polym. Sci.*, **135**, 46181（2017）

8) 藤原優香，原田美由紀，第 67 回高分子学会年次大会予稿集，2Pa063

9) 永塚諒，越智光一，原田美由紀，精密ネットワークポリマー研究会 第 10 回若手シンポジウム，29（2017）

10) 原田美由紀，横山宥吾，越智光一，第 64 回高分子学会年次大会予稿集，1Pe047（2015）

# 5 ケイ素系骨格からなる高温耐久性樹脂と高架橋密度エポキシ樹脂

西田裕文*

## 5.1 はじめに

　近年，ハイブリッドカーや電気自動車の需要が牽引するパワーエレクトロニクス分野で使用される樹脂材料や，エンジンなどの高温発熱体の近傍で使用される材料，更には航空宇宙分野で使用される材料において，長期に渡って高温に曝されても初期特性を維持できる樹脂材料の開発要求が益々強くなってきた。この課題に対し，一般に従来のエポキシ樹脂の $T_g$ を向上させることなどの方法により対策が試みられているが，硬化後形成されるネットワークが有機物である以上，高温耐久性の向上はすぐに限界に達しそうである。

　一方，筆者らはカルボン酸のアルカリ金属塩が一般的なビスフェノール型エポキシ樹脂をアニオン重合させることを見出した。重合機構を図1に示す。先ず，カルボン酸カリウム塩のカルボキシドアニオンがエポキシ基に求核的に付加し，$O^-K^+$ のイオン対を生成する。次いで，アルコキシドアニオンが順次エポキシ基をアニオン的に開環させて，エーテル連鎖を生成しながら重合が進行する。この重合方法の特徴は，成長末端が常に $O^-K^+$ イオン対であり，このカリウムカチオンの存在が成長末端を安定化させ，連鎖移動や停止反応が非常に起こりにくくなっている点である。すなわち，この重合はリビング重合に近しい挙動を示すことが確認された。この時，エポキシ化合物が1官能であれば，重合度がほぼ ¦モノマーのモル数÷重合触媒のモル数¦ である直鎖状ポリマーとなるが，エポキシ化合物が2官能の場合は，'途切れのない'高度に架橋した三次元ネットワークとなっているものと考えられる。更に我々は，この特殊な重合触媒を用いて一

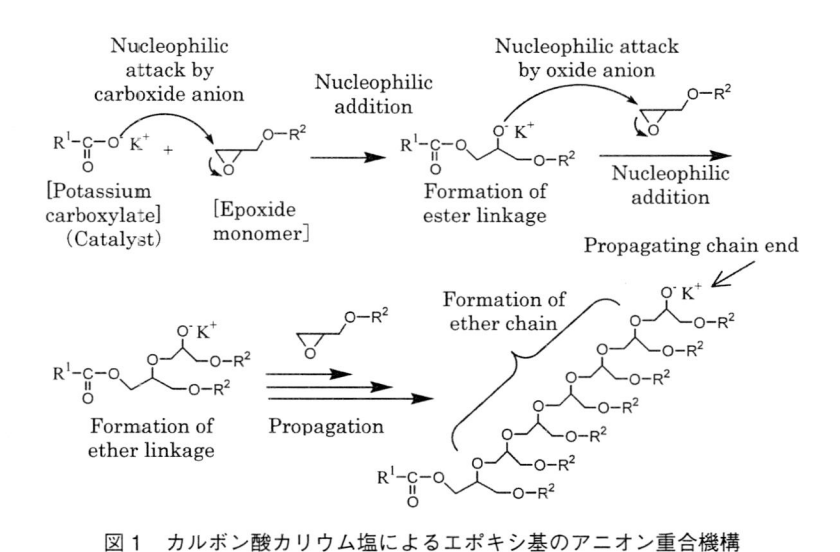

図1　カルボン酸カリウム塩によるエポキシ基のアニオン重合機構

---

　＊　Hirofumi Nishida　金沢工業大学　革新複合材料研究開発センター　研究員

般的なビスフェノール型エポキシ樹脂を硬化させることにより，高温でも弾性率がほとんど低下しない，いわゆる 'Tg レス' となることを発見した（図2）。この樹脂硬化物は一様に架橋密度が高く，主鎖のセグメント単位での熱運動が完全に拘束されているために Tg が消失しているものと考えられ，言わば究極的に Tg が高められた状態と言えるかもしれない。従って，この材料は一見高耐熱材料と言えそうであるが，実は高温エージングで化学構造の一部に熱分解が起こり，架橋密度が減少してしまうことが分かっている。すなわち，高温耐久性の追求は，主鎖の熱運動の拘束では達成されないとの結論に至った。

　そこで筆者らは，長期に渡って高温下で使用されても熱分解せず，初期特性を低下させない，革新的に優れた高温耐久性を有する樹脂材料の開発を目指し，図3に示すようなシルセスキオキサン（以下，SQ と略することもある）をベースとする樹脂の環状シロキサン部分を開環重合さ

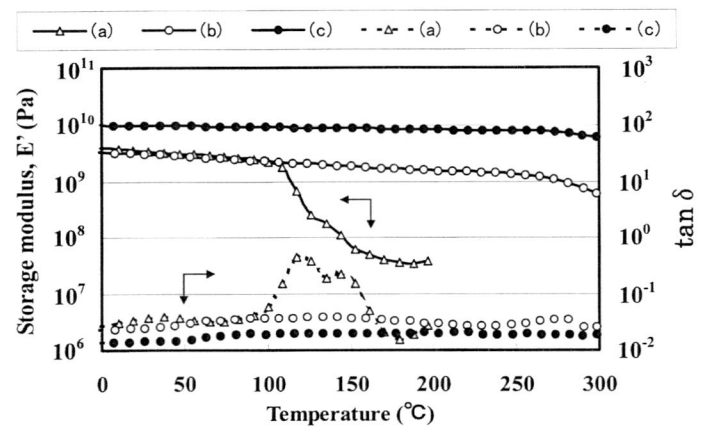

**図2　エポキシ樹脂硬化物および GFRP の動的粘弾性挙動**
(a)従来のエポキシ樹脂硬化物（イミダゾール硬化），(b)Tg レスエポキシ樹脂，
(c)Tg レスエポキシ樹脂をマトリックスとする GFRP

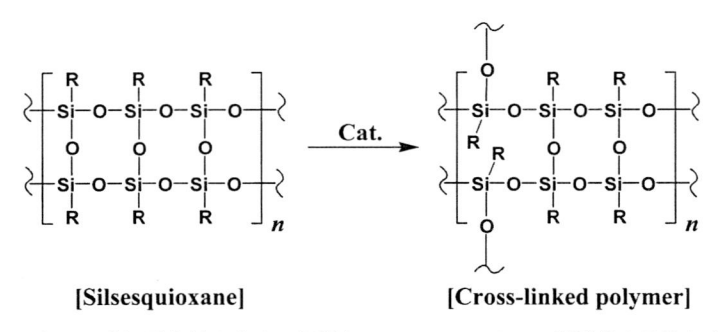

**図3　優れた高温耐久性を有する新規なシルセスキオキサン誘導体を骨格とする
　　　　熱硬化性樹脂の硬化機構**

せることにより，主鎖および架橋点の両方が結合エネルギーの高いシロキサン結合のみで構成されたネットワークポリマーを形成させる新規な熱硬化性樹脂の開発に着手した。本稿では，従来技術の延長線上にある高 $T_g$ 樹脂材料とは一線を画する，革新的に高温耐久性に優れた熱硬化性樹脂の開発を目指した筆者らの取り組みを紹介する。

## 5.2　分子設計

### 5.2.1　主骨格の設計

そもそも熱分解に対して非常に高い耐性を発揮させるためには，表1に示すとおり，C-C 結合よりも結合エネルギーの高い化学結合である Si-O 結合（シロキサン結合）に着目すべきであると考えられる。少なくとも主骨格は Si-O 結合かそれに匹敵する結合エネルギーを有する化学結合のみで形成されていることが望ましいとの考えから，骨格をシルセスキオキサンに設定した。シルセスキオキサンとは，図4に示

表1　種々の結合のエネルギー

| bond energy （kcal/mol） | |
|---|---|
| C-H | 99.8 |
| C-C | 85.3 |
| C-O | 78.6 |
| Si-O | 108 |

すとおり，ケイ素原子1個に対し酸素原子が1.5個結合した分子の総称であり，通常トリアルコキシシランの加水分解縮合により合成される。無論トリアルコキシシランは3官能であるため，高濃度で加水分解縮合させると架橋を引き起し，不溶・不融となることから，樹脂の中間体の合成手法としては利用できない。しかしながら，ある程度低濃度で反応させることにより，有限サイズのオリゴマーが得られることが分かっており，溶剤に可溶で且つ適当な有機基を選択することにより再溶融も可能なシルセスキオキサンを合成することができる。

### 5.2.2　架橋点の設計

主骨格がシルセスキオキサンに決まったとしても，それを架橋させる何らかの手段が必要である。例えば，図5に示すように，シルセスキオキサン（SQ）オリゴマーをビルディングブロックとし，その末端にそれぞれ，(a)エポキシ基，(b)メタクリル基，(c)ビニル基を導入することができる。(a)の場合，エポキシ基と反応する通常の硬化剤，例えば酸無水物やアミンなどを添加することにより架橋させることができるし，(b)の場合では，メタクリル基をラジカル重合させることのできるラジカル開始剤を添加することにより，架橋させることができる。また，(c)の場合は，

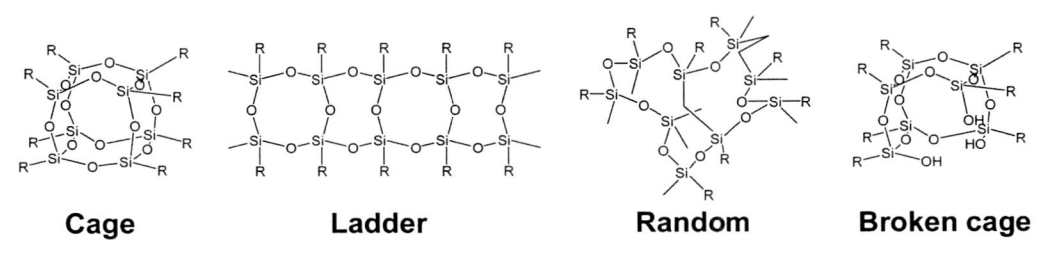

**Cage**　　　**Ladder**　　　**Random**　　　**Broken cage**

図4　シルセスキオキサンの構造

**(a)** エポキシ基を導入した場合

**(b)** メタクリル基を導入した場合

**(c)** ビニル基を導入した場合

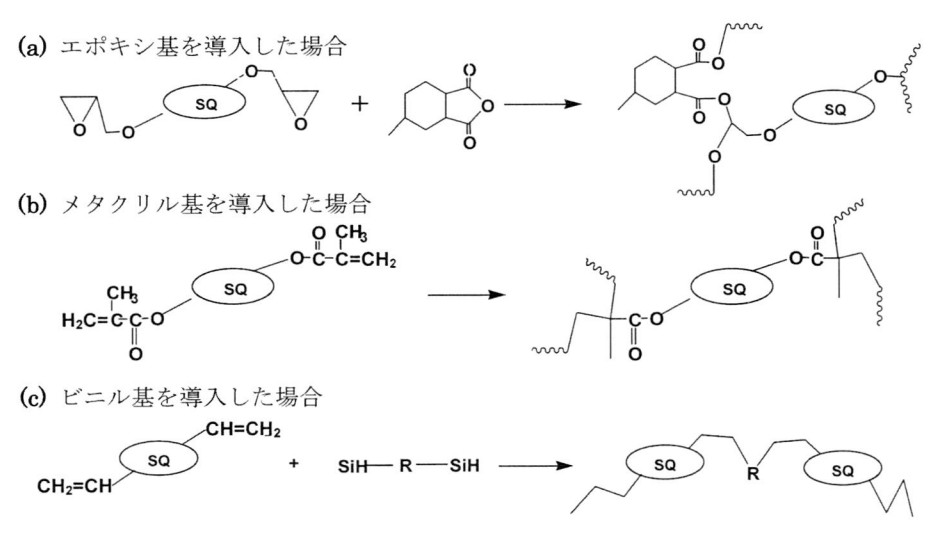

図5　シルセスキオキサンに各種有機官能基を導入した場合の硬化方法

1分子中に Si-H 基を2個以上有する化合物と組み合せて白金触媒下にヒドロシリル化させることにより架橋させることができる。

　では，主骨格がシルセスキオキサンのような高耐熱性でありさえすれば，架橋点は何であってもよいであろうか？図5(a)では架橋点がポリエステルとなるし，(b)ではビニル重合体となり，いずれも有機系連鎖である。(c)においても，ケイ素（無機）含有率が(a)や(b)よりも高くなるものの，連結基自体はエチレン鎖（有機）である。高温でポリマーが使用され続ける間，主骨格が熱分解しなくても架橋点が熱分解すれば架橋密度の著しい低下を引き起こし，機械的な特性が急激に低下してしまうことが予想される。従って，主骨格のみならず，架橋点，すなわち主骨格どうしを連結している連結基の全てが熱分解しにくい化学結合のみで形成されている必要があると考えた。

　以上の理由から，架橋点においても主骨格と同様，Si-O 結合を選択することとした。

### 5.2.3　架橋反応の選択

　架橋点を Si-O 結合のみで形成させるためには，一般的な手法として図6に示すように，1分子中にシラノール基（Si-OH）を複数有するシルセスキオキサンオリゴマーを高温で加熱するこ

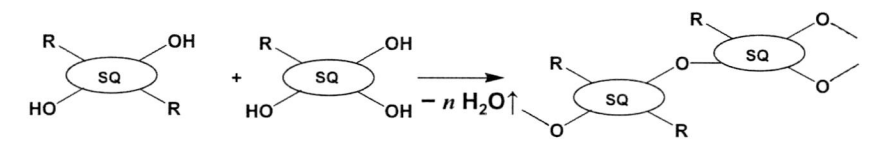

図6　脱水縮合型熱硬化性シルセスキオキサンの硬化機構

とにより脱水縮合させ，架橋させる手法が考えられる。市販品では米 Techneglas 社の Glass resins などが挙げられる。しかしながら，このタイプの樹脂は硬化中に脱離する水によって硬化物内部に多数のボイドが残るため，コーティングなどの薄膜用途でしか使用できないのが実状である。検証のため以下の実験を行った。

　フェニル基やメチル基を有するトリメトキシシランを弱酸性条件下で加水分解縮合させるとシラノール基を多数有するシルセスキオキサンオリゴマーを得ることができる。それを有機溶剤に溶解させ，ガラスクロス（ガラス繊維織物）中に含浸させた後，溶剤を乾燥蒸発させてプリプレグを作製した。それを数枚積層して加熱プレスし，樹脂を硬化させて GFRP（ガラス繊維強化プラスチック）を作製した。この GFRP のマトリックス部分は主骨格および架橋点が Si–O 結合のみで形成されており，非常に優れた高温耐久性を有していることが期待される。しかしながら，成形物の断面には図7に示すとおり，多数のボイドが存在することが確認された。これは脱水縮合型の熱硬化性樹脂が，電気・電子部品などの封止材や，FRP などの構造材料のような，薄膜ではない用途への適用が極めて困難であり，限られた分野にのみ適用が可能であることを示している。

　以上の理由から，SiC 半導体を封止できるような高温耐久性に優れた樹脂材料を開発するためには，脱離反応を伴わずに架橋点を Si–O 結合のみで形成させる反応様式を見出す必要があることが分かった。そこで，図8に示すような「環状シロキサンオリゴマーの開環重合」の反応機構に着目した。この方法は，水酸化4級アンモニウムなどの塩基を触媒とした環状シロキサン類のアニオン開環重合であり，長鎖オルガノポリシロキサンの製造工程として一般に使用されている。この方法によれば，脱離基を伴うことなく新たなシロキサン結合を形成できるため，本目的にうまく利用できるのではないかと考えた。上述のとおり，本研究では樹脂の主骨格をシルセス

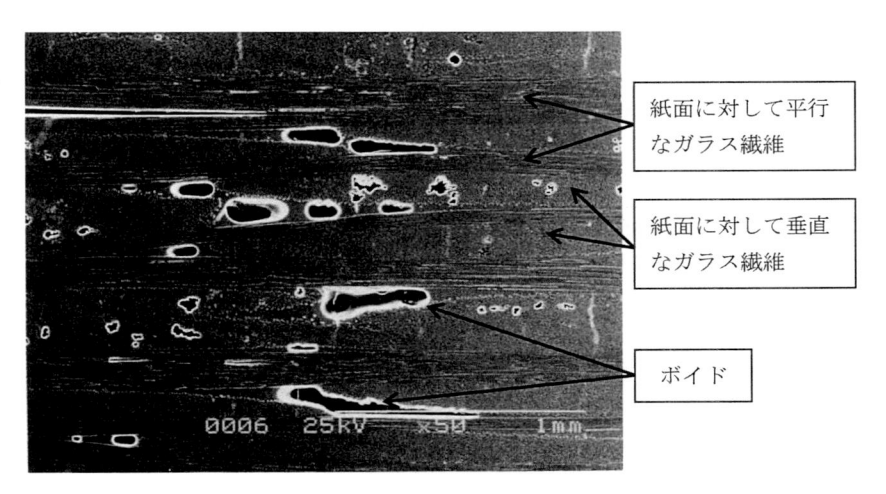

図7　脱水縮合型熱硬化性シルセスキオキサンをマトリックスとする GFRP
（ガラス繊維強化プラスチック）の断面 SEM 写真

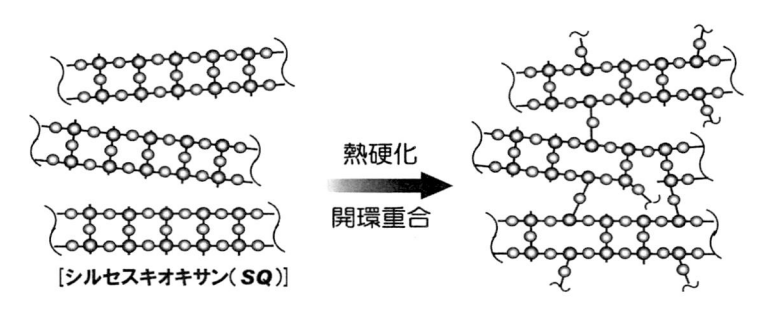

図8　環状シロキサンの開環重合

[シルセスキオキサン（**SQ**）]

熱硬化
開環重合

図9　開環重合型熱硬化性シルセスキオキサン樹脂の概念図

キオキサンオリゴマーと設定したため，トリアルコキシシランを原料として形成されるシルセス
キオキサンの環状部分を環状シロキサンに見立て，それをアルカリ触媒により開環重合させるこ
とにより架橋が進行する，図9に示すような新規な熱硬化性樹脂をデザインした。

### 5.3　実験

　高温耐久性の指標として，熱分解耐性を評価することとした。すなわち，表2に示す4種類の
樹脂系に関し，TG-DTA を用いて加熱減量を測定することにより，熱分解耐性を比較検討した。
昇温は 550℃ まで行い，昇温速度は 10℃/min とした。以下に各樹脂系のサンプル調製法の概略
を示す。

①　開環重合型 SQ…置換基としてフェニル基とアルキル基とを有する SQ の残存シラノール
　　基をトリメチルシリル基でキャッピングしたものを THF に溶解させ，開環重合触媒として
　　水酸化4級アンモニウムを1phr 添加し，キャスト法によりガラス板上に製膜した。それを
　　130℃/1h＋200℃/8h 加熱することにより，完全硬化させた。

表2　本研究で検討した熱硬化性樹脂

| 番号 | 樹脂系 | 化学構造と硬化機構 | 脱離基 | 架橋点 |
|---|---|---|---|---|
| ① | 開環重合型 SQ | Base Ring opening | 無し | -Si-O- |
| ② | 脱水縮合型 SQ | HO OH HO OH -H₂O | 水 | -Si-O- |
| ③ | ヒドロシリル化硬化型 SQ | H-Si-R-Si-H Pt SiRSi | 無し | -(CH$_2$)$_2$- |
| ④ | 高 $T_g$ エポキシ樹脂・ $T_g$ =170℃ | → 架橋高分子 | 無し | -C-O- ‖ O |

②　脱水縮合型 SQ…樹脂として①と同様の SQ を，シラノール基をトリメチルシリル基でキャッピングさせずに用いた。水酸化4級アンモニウムを添加しないで，①と同様の操作を行うことにより，加熱のみで脱水縮合を進行させ，架橋物を得た。

③　ヒドロシリル化硬化型 SQ…①の置換基に加え，ビニル基も有する SQ と 1,4-Bis（dimethylsilyl benzene）とを THF に溶解させ，白金触媒を添加し，キャストした。硬化条件は 100℃/1 h ＋150℃/3 h とした。

④　高 $T_g$ エポキシ樹脂…ビスフェノール A 型エポキシ樹脂，脂環式エポキシ樹脂および無水メチル－テトラヒドロフタル酸を混合し，硬化促進剤として3級アミンを1 phr 添加した後，アルミカップに注ぎ，100℃/1 h ＋150℃/3 h 加熱して硬化物を得た。

## 5.4　結果と考察

100～400℃までの TG-DTA の結果を図10に示した。この図は，重量減少開始温度を詳しく比較するために，重量減少率5%までを拡大表示したものである。

高 $T_g$ エポキシ樹脂は 150℃付近からにわかに重量減少を開始し，250℃付近から重量減少の勾配が急になり，300℃では3%の減少率に達した。硬化促進剤である3級アミンの含有量が樹脂中 0.5%であることを考慮すると，硬化後樹脂骨格中に組込まれない3級アミンの揮散だけではこの重量減少が説明できないため，樹脂骨格の熱分解が生じているものと考えられる。

一方，有機置換基は有するものの骨格が全てシロキサン結合から成る SQ 樹脂を用いた場合，重量減少開始温度が約 100℃上昇し，耐熱性の大幅な向上が見られた。樹脂骨格が SQ であって

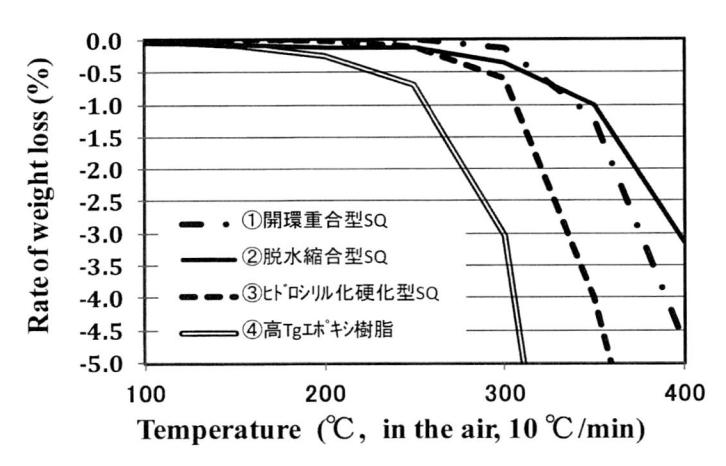

図 10　種々の樹脂硬化物の昇温過程での重量減少率

　も，架橋点が有機基であるエチレン基によって構成されているヒドロシリル化硬化型 SQ の場合は，250℃以上でエチレン基が分解し始め，300℃以上で積極的に分解が起るものと推察される。

　これに対して，硬化後架橋点もシロキサン結合のみによって構成されている脱水縮合型 SQ および開環重合型 SQ においては，積極的な重量減少は 350℃以上にならないと起らないことが分った。250～300℃の温度域では，脱水縮合型 SQ の方が開環重合型 SQ よりも重量減少が大きい傾向が観察されたが，これは硬化温度の 200℃では反応しきれなかった残存シラノール基が，更に高い温度に曝されたために脱水縮合が進行し，水が脱離することによるものではないかと推察される。一方，開環重合型 SQ は，脱水縮合の進行による影響を除外する目的で，予め SQ 樹脂中のシラノール基をトリメチルシリル基でキャッピングしているため，250～300℃の温度域でむしろ重量減少が小さくなったのではないかと考えられる。

　開環重合型 SQ に関し，300℃あるいは 400℃にて樹脂硬化物を保持し，その時に発生したガスを GC-MS によって成分分析した結果，保持温度 300℃で捕集したガスからは，用いた触媒である水酸化 4 級アンモニウムの分解物が検出され，保持温度 400℃のガスからは置換基であるアルキル基とフェニル基が検出されたが，いずれもケイ素由来の成分は検出されず，従って樹脂骨格，架橋点共に少なくとも 400℃以下では分解しないことが確認できた。

　図 11 に，ヒドロシリル化硬化型 SQ，脱水縮合型 SQ および開環重合型 SQ の熱重量分析に関し，昇温測定と等温測定で比較した結果を示す。開環重合型 SQ の挙動は明らかにヒドロシリル化硬化型 SQ よりは脱水縮合型 SQ のそれに酷似していることが分る。また，本研究では高温下で長期に渡って使用されることを前提とした素材開発を目的としていたが，図 11 (b)の 300℃で熱エージングしている過程での重量減少率測定の結果が示すとおり，開環重合型 SQ は 10 時間を超えても 6％以下の重量減少率を維持しており，それ以上時間が経過しても減少率が増加しないものと推定できる。実際の封止材の用途では，例えば 80％以上の無機フィラーを充填する場合，

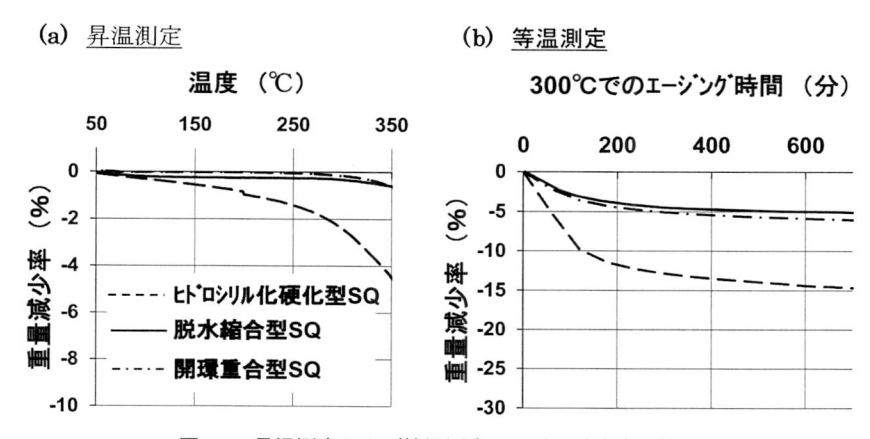

(a) 昇温測定

温度 （℃）

ヒドロシル化硬化型SQ
脱水縮合型SQ
開環重合型SQ

(b) 等温測定

300℃でのエージング時間 （分）

図11　昇温測定および等温測定での重量減少率の比較

300℃で使用され続けたとしても，材料全体の重量減少率は1.2％程度で飽和すると考えられる。

## 5.5　今後の課題

　今回，あくまでも基礎的な実験により，開環重合型SQ系熱硬化性樹脂の高温耐久性を実証することができたが，実際にはSiC半導体デバイス用の封止材として使用するためには，本樹脂をマトリックスとする無機フィラー充填コンポジットを製造できなければならない。その製造工程を図12に示す。SQを骨格とする樹脂は，熱的に脆弱な可撓性有機基を可能な限り排除して設計されるため，通例室温で固形である。そのため，樹脂に硬化触媒を添加する工程では先ずミキサー内で固形樹脂を，溶剤を加えることなく加熱により溶融させ，その後硬化触媒やその他の添加剤を加え，溶融混練しなければならない。成形用材料の最終形態は，ペレットや粉体，あるいはそれを押し固めたタブレットであり，トランスファー成形により成形物を製造することを想定している。すなわち，成形用材料は1液性組成物であることから長期保存安定性が要求される

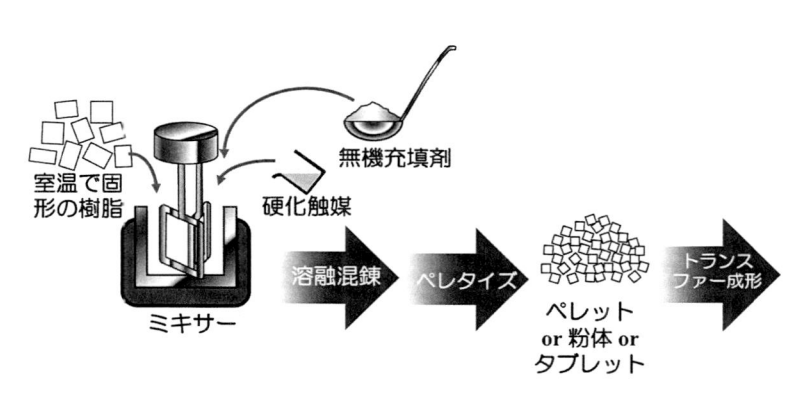

室温で固形の樹脂　無機充填剤　硬化触媒　ミキサー　溶融混練　ペレタイズ　ペレット or 粉体 or タブレット　トランスファー成形

図12　高温耐久性樹脂の成形までの工程

上，溶融混練時の温度でも硬化触媒が完全に不活性である必要がある。言い換えると，硬化触媒の潜在化技術の確立が必要不可欠である。更には，可撓性有機基を可能な限り排除した構成の本樹脂系で，硬化後如何にして靭性をも兼備させるかということも大きな課題である。これらの課題に対しても既に幾つかのアプローチで研究が開始されており，近い将来工業レベルでの製造も可能になっているものと考えられる。

## 5.6 おわりに

長期に渡って高温下で使用されても熱分解せず，封止材料として使用できる素材開発の一環として，開環重合型熱硬化性シルセスキオキサン樹脂をデザインし，特性評価した結果，次の結論を得た。

① 開環重合型 SQ は，脱離基を伴わずに硬化することが確認できた。

② 開環重合型 SQ は，非常に高い熱分解耐性を有していることが分った。

③ 開環重合型 SQ は，分厚く硬化させることができるため，封止材などへの適用が可能であると考えられる。

本研究はまだ緒に就いたばかりであり，このデザインがコンセプト通りの高温耐久性を有していることを証明したに過ぎない。封止材として実用化されるためには，あらゆる機械的特性や耐薬品性，熱膨張挙動などを含む硬化物特性，硬化速度や貯蔵安定性のバランス，更には既存の成形装置とのマッチング，樹脂自体の量産性などをひとつずつ詳らかにしていく必要がある。しかしながら，従来の単なるエポキシ樹脂の高 $T_g$ 化とは異なった将来性を秘めているものと筆者は考えている。

## 6 高熱伝導性高分子材料

上利泰幸*

### 6.1 高熱伝導性高分子材料への期待

　高分子の熱伝導率は金属やセラミックに比べ，一般的に非常に低い（図1；0.15〜0.3 W/m·K）。そのため元来，高分子は気体を複合し，断熱材として種々の分野で利用されてきたが，20年ぐらい前から，エレクトロニクス分野を中心に放熱性を向上させるため，成形性に優れる高分子材料の高熱伝導化が望まれるようになった[1,2]。そのため，高熱伝導性フィラーを複合することによって，高分子材料を高熱伝導化することが行われている。最近ではノート型パソコンやスマートフォンのように，さらに高集積化し高出力になっている基板を，ますます小型化する機器に搭載され，放熱性の問題がさらにクローズアップされるようになってきた。特に，環境・エネルギー問題が深刻化する中，電気・ハイブリッド車など自動車の普及などの再生可能エネルギーの利用をはじめ，家電・産業機器の効率化によって，2050年には全世界の二酸化排出量の70％の削減が目指されている。その約50％の分野でパワーデバイスが活躍することが期待されている。さらに，地球温暖化の原因である二酸化炭素削減をめざし，COP21が昨年の12月に採択された。そのため，2030年に2013年よりも26％の二酸化炭素の削減が望まれ，「エネルギー・環境イノベーション戦略」が2016年の3月に策定された。そこで，SiC基板のパワーデバイスが利用され始めているが，それを推進するために用いる高分子材料の高放熱化が望まれている。さらに，次世代自動車では，ガソリンエンジン車と異なり，余分な熱エネルギーがないことで，冬場の燃費が非常に悪くなるため，熱の効率的な利用が望まれている。またスマートシティなどを目指す建築材料分野では，窓や壁，屋根の遮熱や断熱，壁の蓄熱など，屋内でも魔法瓶風呂などで，省エネルギーの深化のために，熱効率化のための熱制御（サーマルマネージメント）をさらに進めようとしている。その中でも，高熱伝導性コンポジットが，強く期待されるようになっ

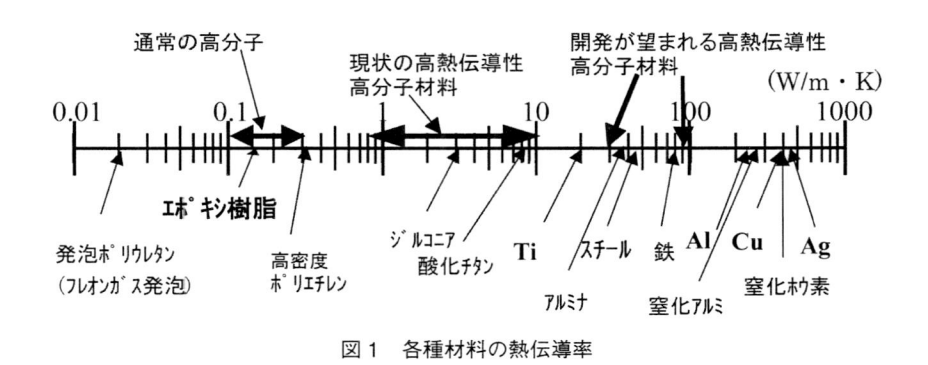

図1　各種材料の熱伝導率

＊　Yasuyuki Agari　（地独）大阪産業技術研究所　森之宮センター　物質・材料研究部　研究フェロー

てきた。しかし，古くは高熱伝導化が難しかったので[3~11]，近年多くの工夫がなされてきた。

　そこで，ここでは高熱伝導性高分子材料の設計を行うための高分子自身の熱伝導率の向上と，複合化の工夫による方法の一般的方法及び注意点を示した後，最近，検討されている高熱伝導化方法の例などを示す。さらに，将来的展望について述べる。

## 6.2　高分子自身の高熱伝導化

　高分子中の熱伝導には，電子伝導とフォノン伝導がある。電子を伝播体として移動することを利用する電子伝導では，電気伝導性の大きな銅や銀などが熱伝導率も非常に大きい。そのため，電気伝導性高分子の高熱伝導性が期待され，ポリアセチレンも高い熱伝導率（7.5 W/m·K）をもつと報告されているが，研究はあまり進んでいない。しかしフォノン伝導では，熱が流れるとき移動するフォノンがあまり散乱しにくい，電気絶縁性の液晶性高分子の開発が進んできた[12~22]。そこで高熱伝導な液晶性高分子の開発の現状について説明する。

　種々の分子構造を持つ液晶高分子に磁場をかけて配向して測定した熱伝導率を図2に示す[13]。化学構造によって，多少異なるが，ほぼ同じような値となり，それよりも配向度の影響が非常に

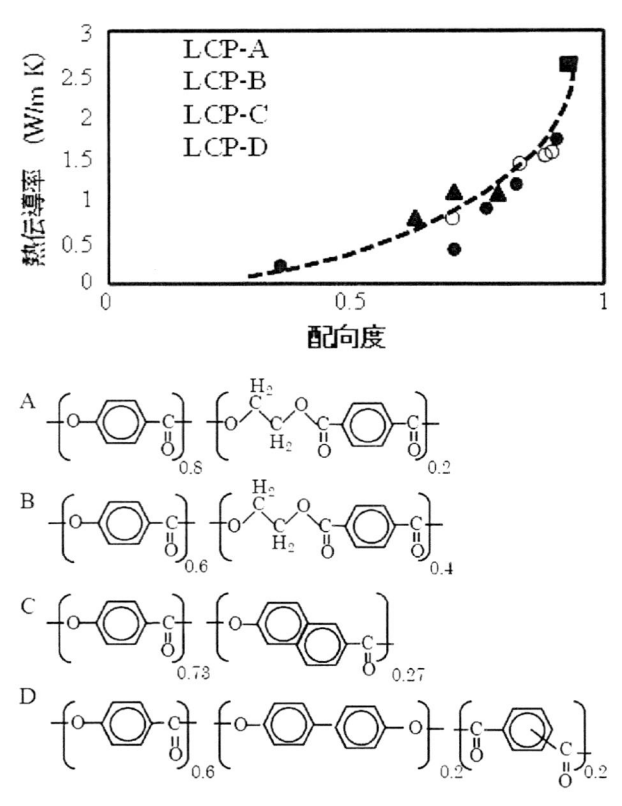

図2　種々の配向時の各種液晶性高分子の熱伝導率

大きく，配向度1では，2.5 W/m·K までの熱伝導率を示す。また，吉原らは，スメクチック構造を持つが，流動方向と垂直な方向に配向する液晶生高分子を開発し，射出成形時に製品の厚み方向に大きな熱伝導率を得ることに成功している [20]。

　竹澤らは，ビフェニル型及びツインメソゲン型エポキシ樹脂を硬化剤で硬化，熱伝導率を作製し，異方性がなく高熱伝導であることを報告して注目を浴びた [22]。

## 6.3　高分子材料の複合化による熱伝導率の向上

### 6.3.1　影響因子を踏まえた高熱伝導化方法

　複合材料の熱伝導率に与える影響因子について表1（左欄）に示す。古くから考えられてきた影響因子は1～4までであり，複合状態が均一であれば同一であると仮定されていた。そこで高熱伝導化に向けて研究し，5～8の影響因子も重要であることを見出した。

　また，これらの因子を加味して種々の予測モデルが提案されている。それを加味された影響因子の種類で分類し，表2に示す [4~11]。

　複合高分子材料の熱伝導率の予測式は，Maxwell によって早くも1873年に提示されている [7]。ここでは加味された影響因子によって，種々の予測式を分類した（表2）。初期では充填粒子と高分子の熱伝導率，充填粒子の容量分率だけで熱伝導率を予測していた（Maxwell の式 [4] など）が，充填粒子の形状の因子も採り入れられるようになった（Frick の式 [5]，山田の式 [9]，Johnson の式 [7] など）。また，充填粒子と高分子の熱伝導率の比が大きくなるにつれて比較的高充填領域（20 vol%以上）で実験値と一致しない場合もあった。

　そのため，近接粒子間の温度分布を考慮して種々の式（Bruggeman の式 [5]）も考案された。しかし，それらの式で説明できる分散系もあるが，特に充填粒子と高分子の熱伝導率の比が大きかったり，より高充填量である場合，同様な充填粒子や高分子を用いても熱伝導率が異なる場合

表1　各種の影響因子とそれに対応した高熱伝導化の方法

| | 影響因子 | 高熱伝導化の方法 |
|---|---|---|
| (1) | 高分子と充填材の熱伝導率 | (a)充填材の熱伝導率の増大 |
| (2) | 複合高分子材料中に占める充填材の容積率 | |
| (3) | 充填材の形状及びサイズの効果 | (b)ファイバー状及び板状の充填材の使用<br>(c)充填材の粒度分布の工夫 |
| (4) | 近接充填材間の温度分布の影響 | |
| (5) | 充填材の分散状態 | (d)充填材の連続体形成量の増大<br>(e)充填材を連続相に |
| (6) | 高分子と充填材の界面の効果 | |
| (7) | 充填材の配向度 | (b)ファイバー状及び板状の充填材の使用 |
| (8) | 充填材間の界面の効果 | (f)充填材の接触面を増大し，完全な連続相に<br>(g)充填材間に，他の高熱伝導性材料でつなぐ。 |

表2　粒子分散複合材料の熱伝導率の予測モデル

| 考慮した影響因子 | モデルの種類 | 仮定した粒子形状 | 予測モデル名 |
|---|---|---|---|
| (1), (2), (3), (4) | 熱流法則 | 球 | Maxwell, Meridith, Bruggeman, Kerner |
| (1), (2), (3), (4) | 合成抵抗 | 球 | Jefferson, Cheng, Chlew |
| (1), (2), (3), (4) | 熱流法則 | 楕円体，円柱 | Fricke, Brehens, Jhonson |
| (1), (2), (3), (4) | 熱流法則 | 直方体，他 | Yamada, Hamilton |
| (1), (2), (3), (4) | 合成抵抗 | 直方体，他 | Russel, Tsao |
| (1), (2), (3), (4), (6) | 熱流法則 | 球 | Hasselman |
| (1), (2), (3), (5), (6) | 合成抵抗 | − − − | Agari |
| (1), (2), (3), (5) | 熱流法則 | − − − | Ota |
| (1), (2), (3), (7) | 熱流法則 | 楕円体 | Choy |

がある。すなわちこれは，測定上の問題もあるが(1)〜(4)の因子だけでは複合高分子材料の熱伝導率を説明できないためと考えられる。そこで(6)の因子まで考慮した Hasselman の式や(7)の因子まで考慮した Choy の式[8]，(5)の因子を画像解析の結果から取込んだ太田の式がある。我々も(1)〜(7)まで因子を電気伝導率におけるパーコレーション濃度と関連させ，考慮した式を提案している[11]。

　しかし，(5)〜(8)の因子を組み込んだ予測式の研究はまだまだ少なく，今後，より一層発展することが望まれる。

　次に，この8つの影響因子に対応した高熱伝導化の方法を表1（右欄）に示す。7通りの方法が検討されてきたが，従来から行われた工夫と最近の工夫に分けて説明する。

### 6.3.2　従来から行われている工夫

### (1)　充填材の粒度分布の工夫による高充填化[11]

　高熱伝導性充填材を用いても超高充填しないとその効果が発現しない。そのため，実用的に利用される高熱伝導性高分子材料は，高充填化によって得た場合がほとんどである。複合高分子材料の複合形態は充填量の変化によって3つの領域に分類される（図3）。希薄領域は充填粒子が試料の一端から他端までの連続体を形成し始める濃度（パーコレーション濃度，10〜25 vol％）までの領域，第2領域は，充填粒子が単独で空気中に存在したとき空気に占める割合に相当する濃度（CPVC(臨界粒子容量率)またはΦm(最大充填量)）までの領域であり，近接領域はその濃度以後の領域で，加圧力や配向などによってさらに圧密することができ，充填フィラーのパッキング性と深くかかわる。電気伝導率は第1領域で Maxwell の式に従うが，第2領域になると，予測値より大きく外れることが知られており，熱伝導率は電気伝導率ほど顕著に増大しない。そのため，高充填される場合が多いが，通常の充填材では空隙が大きいので充填量が増大してもある限界値以後になると熱伝導率が向上しない（図3の点線）。そこで，大粒子と小粒子を8対2で混合してシリカ粉やアルミナ粉を用いて圧縮成形することで近接領域に入ることができるため，85 vol％まで高充填できる能力を持ち，さらに高熱伝導率を得ることができた（図3の黒丸と実線）。

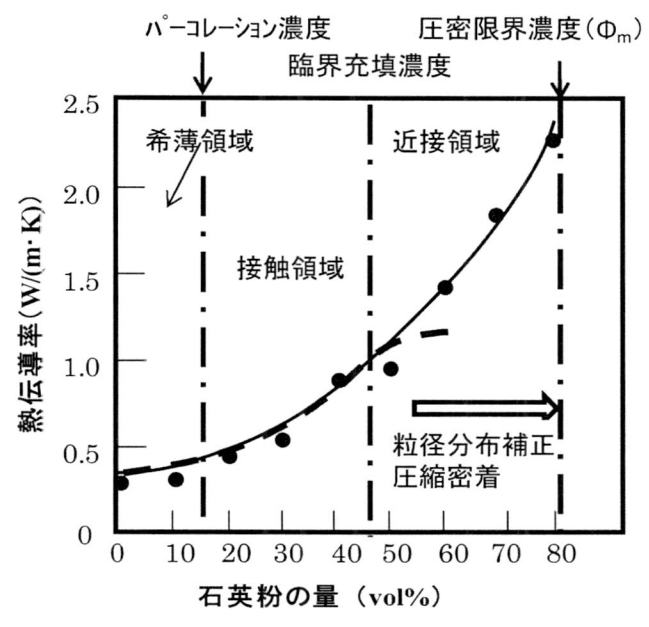

図3　石英粉を複合したポリエチレンの熱伝導率

　実用的なエポキシ樹脂では，電気絶縁性でかつ高熱伝導性である材料が求められ，アルミナ粉（Al$_2$O$_3$），窒化アルミ（AlN），窒化ホウ素などによる高充填化が行われている。最近では潮解しやすい欠点を改良した酸化マグネシウム（MgO）も用いられている（図4）。また高熱伝導率を得るには高充填化が必要なため，球状粒子を用いたり，粒子径の異なる充填材を混合し粒度分布を工夫することが行われている。まず，低熱膨張化の効果も兼ねてシリカ粒子を充填し，高熱伝導化を図っていたが，アルミナ粒子を充填した系が最も一般的である。また，耐水性を高めた酸化マグネシウムや，さらに結晶性を改善し高熱伝導化したアルミナも開発され，5 W/(m·K) 以上の熱伝導率を得ている場合もある。さらに，窒化ホウ素粉や窒化アルミ粉についても複合化方法を工夫している。

　また，ハンドブックに載っているセラミックの熱伝導率は，ブロック状の結晶欠陥が少ない固体の熱伝導率であり，粉体状の場合には製法によって大きく異なることがわかってきた。特に窒化アルミの場合には微量に含まれる酸素によってその熱伝導率は大きく低下することが知られてきた。そこで各セラミックメーカーでは，より高熱伝導な充填材を開発し，上市するようになってきた。その結果，それを用い高充填化することを検討することによって，40〜50 W/(m·K) の熱伝導率を持つ複合エポキシ樹脂が開発され，電気絶縁系として世界最高水準を達成している。また，長さ方向で 800 W/(m·K) 程度あるカーボンファイバーや面方向で 1,700 W/(m·K) 程度ある黒鉛粉が開発され，その複合体の熱伝導率が大きく向上することが知られている。そして，グラフェンの開発とその利用が進み，エポキシ樹脂への 30 vol％の充填で，100 W/(m·K)

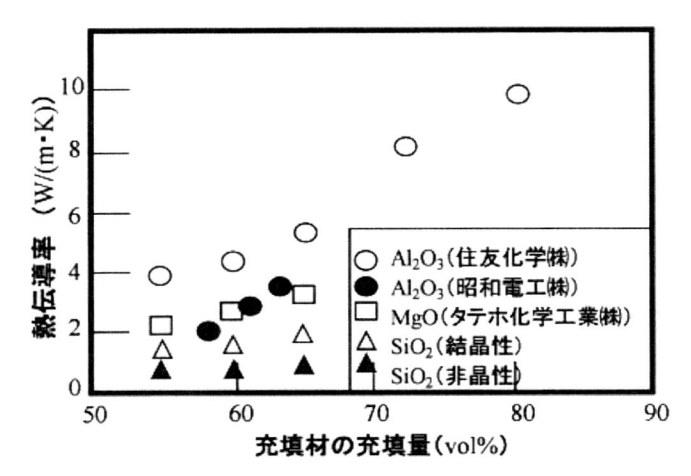

図4　種々の製造会社の充填材を高充填したエポキシ樹脂の熱伝導率

の熱伝導率を得る場合もあった。このように，充填材の高熱伝導化と高充填化によって，複合高分子材料の高熱伝導化は大きく進み，一般の金属やセラミックと変わらない熱伝導率を得ることができるようになった。

### (2)　ファイバー状及び板状の充填材の使用と配向制御

　粒子形状も熱伝導率に大きく影響を与える。特に，ファイバー状の充填粒子を用いた場合（カーボンファイバー複合ポリエチレン），ファイバー径に対するファイバー長の割合（L/D）が大きくなるに従い熱伝導率が大きく増大した[11]。

　また，充填材の熱伝導率に異方性があり，形状の効果と相乗的作用する場合も多い。例えば，黒鉛粉は板状であり，板面と平行方向の熱伝導率は面と垂直な方向に比べて，10倍以上であることが知られている。そのため，配向の影響を強く受け，球状黒鉛粉を用いたときのシート厚み方向の熱伝導率は平板状黒鉛粉の場合よりも2割ほど大きく，異方性の強い影響を受けることがわかる。また，黒鉛粉を充填したPP板の厚み方向の熱伝導率に比べ，面方向の熱伝導率は非常に大きく，その比を調べると，平板状黒鉛粉を用いた場合に大きく異方性が現れ，この異方性を利用することで高熱伝導化を得ることがわかった。そこで，この効果を利用し厚み方向の熱伝導率をさらに高めるため，電場や磁場，せん断力を利用し，導電系では樹脂の中で黒鉛粉を厚み方向に配向し，40～90 W/(m·K) の熱伝導率を，電気絶縁系では，BN 粉を厚み方向に配向し10～20 W/(m·K) の熱伝導率を得ている。

### 6.3.3　最近開発された工夫

### (1)　充填材の連続体形成量をさらに増大するために充填材を連続相に

　分散状態の違いによって粒子の連続体形成（パーコレーション）の状態に差が生まれ，有効熱伝導率を大きく改善できることが知られている。分散状態を改善し，パーコレーション濃度を小さくしても，高熱伝導化に限界があった。そこでBN ナノ粒子／フェノール樹脂系複合高分子材

料について，充填材を含む相における充填量をより大きくできるハニカム構造（図5）を形成させ，高熱伝導化を行った[23]。ハニカム構造が形成されている 50 vol% 以下の高充填領域では，通常分散の2倍の熱伝導率を得ることができた。

### ⑵　充填材の接触面を増大し，完全な連続相に

高熱伝導性充填材を複合した高分子材料では，熱伝導は主に，充填材を通って起こると考えられる。そこで，低融点合金を用い，充填材を繋ぎ高熱伝導化を目指した（図6）。まず，従来の熱伝導性高分子材料の多くで用いられた形態，すなわち種々の高熱伝導フィラーを用い PPS に

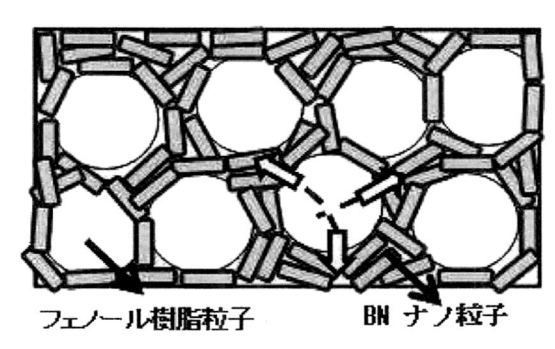

図5　ハニカム構造の概念

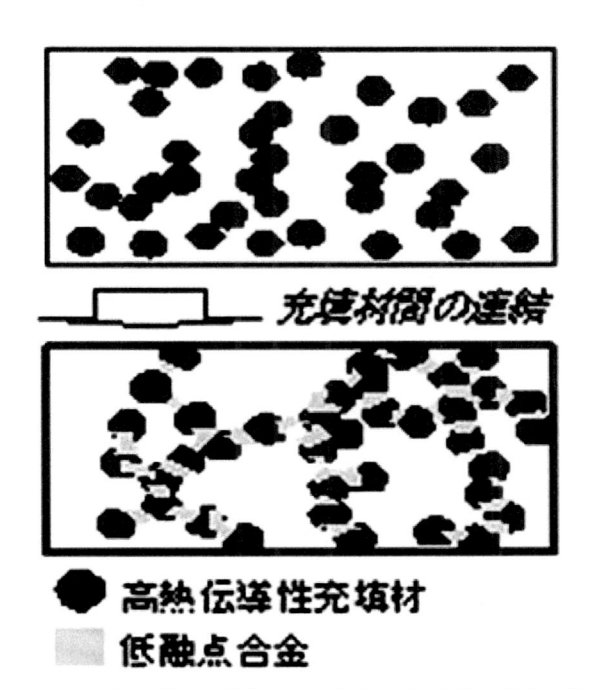

図6　充填材間の繋ぎの強化による複合材料の高熱伝導化の概念

高充填したが，その熱伝導率は，最高でも 2.6 W/m·K であった。また，そのときの充填量は 50 vol％であり，高粘度で射出成形に適さないと考えられる。しかし，1.5 W/(m·K) の組成に低融点合金を複合化すると，熱伝導率が 13.9 W/m·K と高くなり，さらに低融点合金，熱伝導性充填材を増量すると，熱伝導率が 28.5 W/m·K とさらに飛躍的に高くなることがわかった[24]。また，この複合高分子材料では充填材料を少ないため，たやすく射出成形をすることができる。このように，低融点合金がネットワーク構造をとり熱伝導の経路を築き，高熱伝導率を得ることができることがわかった[24]。

　最近では充填材同士の接触を確実にする方法として，銀ナノ粒子の 100～300℃ での融着を利用した開発が数多く行われている。これは金属ナノ粒子表面の低融点化を利用した技術である。すなわち，銀ナノ粒子の融着で共連続構造となり，高熱伝導化が得られ，60 W/(m·K) 以上の熱伝導率となる例もある。

### (3)　ダブルパーコレーションの利用

　2 種類の高分子を用いたブレンドにおいて，どちらかに熱伝導性フィラーを偏析させ，ブレンド系を二重海島構造としたとき，パーコレーションを起こす熱伝導性フィラー量を小さくすることができる。これをダブルパーコレーションと呼ぶが，AlN 粉をポリアミドに偏析させたポリアミド／ポリエチレンブレンド（50／50）系で，その熱伝導率がポリアミド系の熱伝導率 3 割増になったと報告されている。

### (4)　多種の粒子の利用

　最近，多種類の熱伝導性フィラーを用いた高熱伝導性高分子材料の開発が行われている。カーボンファイバーか黒鉛粉を充填した系に，さらに 0.5 wt％のカーボンナノファイバーを用いた場合に，飛躍的に大きな熱伝導率を得る，大きな相乗効果も報告されている。例えば，黒鉛粉充填系に少量のカーボンナノファイバーをうまく配置することによって，35 vol％で 2 倍以上の熱伝導率を得ることができる（図 7）。

### (5)　複合液晶性高分子材料の熱伝導率

　液晶性高分子自身の熱伝導率は 1 W/m·K 以下なので，一般的な応用分野で必要とされる熱伝導率を単独では得ることができない場合が多い。そのため最近では，高熱伝導性フィラーを複合化した液晶性高分子材料の熱伝導率の研究が，徐々に増えてきた。そこで，それらの現状と相乗効果について紹介する。

　竹澤らは，複合樹脂中のアルミナ粒子に液晶性樹脂が配向することで，スメクチック液晶が成長し，複合エポキシ樹脂の熱伝導率が増大することを見出している[22]。そして，その配向現象はアルミナ表面では起こるが，窒化アルミ粒子表面では発現することを偏光顕微鏡観察によって確認している[25]。これらが，相乗効果の最初の報告である。

　一方，30 vol％以上のデータを用いて，Bruggeman モデルを適用したときの液晶性高分子の熱伝導率は，真の熱伝導率の約 2 倍となり，相乗効果があると考えられた。これは，MgO 粉間に存在する液晶相が，繋ぐ役目をして，相乗効果が発現したとしている（図 8）[26]。

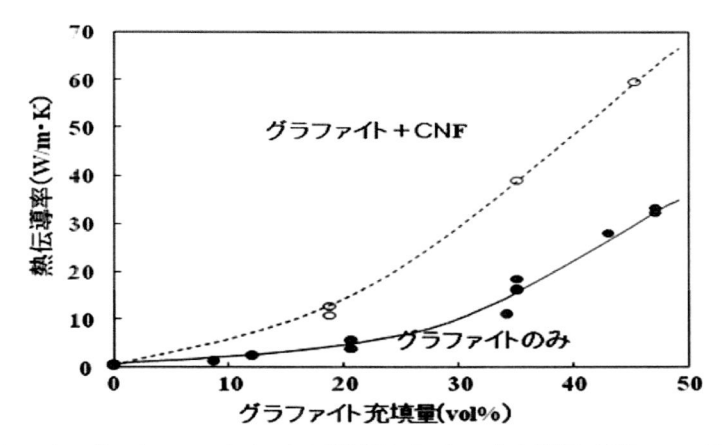

図7　カーボンナノファイバーを少量配置した（CNF）黒鉛粉（グラファイト）
複合フェノール樹脂の熱伝導率

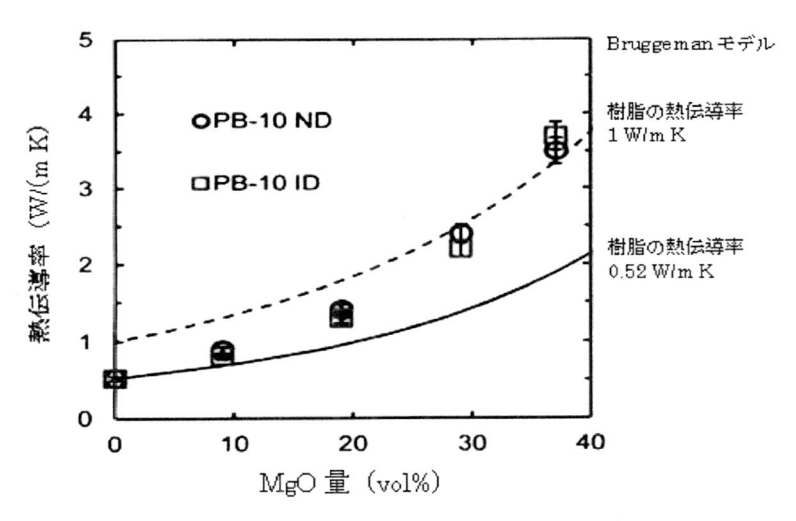

図8　MgO 粉複合液晶性高分子材料の熱伝導率
（○：試料厚み方向，□：試料面方向）

　我々も，h-BN 粒子を複合液晶性エポキシ樹脂について検討した[27]。そして算出した液晶性エポキシ樹脂の"みかけの熱伝導率"が液晶性高分子自身の測定値の3倍となり，大きな相乗効果を示した。

## 6.4　応用分野と将来展望

　急激に発展してきた高熱伝導性高分子材料への期待に，高熱伝導化の技術はある程度，応えてはいるが，最近では，これまでの熱伝導だけでなく遮熱（熱反射，熱吸収）や熱輻射，さらに断

熱や対流も活用し，総合的に熱制御（サーマルマネージメント）を運用することがますます重要になっている。そのため，さらにブレークスルーする技術が求められている。また，これからの開発のキーワードとしては，熱輻射まで含めた総合的な放熱性の向上や断熱・遮熱・蓄熱の利用と熱電素子の開発と総合的評価を含めた評価方法の信頼性を図ることも重要である。さらに，熱制御の発展ともに，他の熱特性（耐熱性や熱膨張性）とともに高分子材料の熱的機能の増大が進んでいくものと考えられる。

**文　　　献**

1) 上利泰幸，高分子，**35**，889（2006）

2) D.E. Kline, D. Hansen, "Thermal Characterization Technique", P.E. Slade, Jr., L.T. Jenkins ed., Mercel Dekker, Inc.（1970）

3) 和田八三久，高分子の固体物性，培風館，p.244（1971）

4) A. Eucken, *Forsch. Gebiete Ingenieur.*, B-3（1932）

5) D.A. Bruggeman, *Ann. Phys.*, **24**, 575（1924）

6) H. Fricke, *Phys. Rev.*, **24**, 575（1924）

7) F.A. Johnson, *Atomic Energy Research Establishment R/R*, **1**, 2578（1958）

8) D.M. Bigg, *Polym. Eng. Sci.*, **19**, 1188（1977）

9) 山田悦郎，熱物性，**3**，78（1989）

10) 金成克彦，小沢丈夫，熱物性，**3**，106（1989）

11) Y. Agari, A. Ueda, S. Nagai, *J. Appl. Polym. Sci.*, **49**, 1625（1993）

12) J.A. Fisher, A.G. Fredrickson, *Mol. Cryst. Liq. Cryst.*, **6**, 255（1969）

13) C.K. Yun, J.J.J.C. Picot, A.G.Fredrickson, *J. Appl. Phys.*, **42**, 4764（1971）

14) W. Urabach, H. Hervet, F. Rondelez, *Mol. Cryst. Liq. Cryst.*, **46**, 209-221（1978）

15) 岡本敏，松見泰夫，斎藤慎太郎，宮越亮，近藤剛司，住友化学技報，**2011-1**，18（2011）

16) M. Harada, M. Ochi, M. Tobita, T. Kimura, T. Ishigaki, N. Shimoyama, H. Aoki, *J. Polym. Sci., Part B : Polym. Phys.*, **41**, 1739（2003）

17) T. Kimura, *J. Net. Polym. Jpn.*, **29**, 51（2008）

18) K. Geibel, A. Hammerschmidt, F. Strohmer, *Adv. Mater.*, **5**, 107（1993）

19) T. Kato, M.Nagahara, Y. Agari, M. Ochi, *J. Polym. Sci., Part B, Polym. Phys.*, **43**, 3591（2005）

20) S. Yoshihara, T. Ezaki, M. Nakamura, J. Watanabe, K. Matsumoto, *Macromol. Chem. Phys.*, **213**, 2213（2011）

21) 永井俊次郎，石井淳一，長谷川匡俊，第65回高分子学会年次大会，2781（2014）

22) M. Akatsuka, Y. Takezawa, *J. Appl. Polym. Sci.*, **89**, 2464（2003）

23) 上利泰幸，平野寛，門多丈治，長谷川喜一，ネットワークポリマー，**32**，10（2011）

24) 上利泰幸，紙屋畑恒雄，日経エレクトロニクス，12月16日号，127（2002）

25)　吉田優香，田中慎吾，竹澤由高，第 61 回高分子学会年会，3406（2012）

26)　S. Yoshihara, M.Tokita, T. Ezaki, M. Nakamura, M. Sakaguchi, K. Matsumoto, J. Watanabe, *J. Appl. Polym. Sci.*, **131**, 39896（2014）

27)　A. Okada, J. Kadota, H. Hirano, T. Fujiwara, J. Inagaki, Y. Yada, Y. Agari, IPC2014, 5P-G5-107a（2014）

# 7 耐熱性ポリアリレート樹脂の開発動向

村上隆俊*

## 7.1 はじめに

ポリアリレート樹脂とは二価フェノールと芳香族ジカルボン酸との重縮合物と定義される全芳香族ポリエステル樹脂である。主要構成単位に p- ヒドロキシ安息香酸を導入した液晶ポリマーも全芳香族ポリエステル樹脂の範疇にあるが，性質が全く異なるため，ここでは液晶ポリマー以外の非晶性の全芳香族ポリエステル樹脂をポリアリレート樹脂として扱う。

ユニチカでは，基本骨格がビスフェノール A と，テレフタル酸およびイソフタル酸の混合フタル酸からなるポリアリレート樹脂を『U ポリマー®』（以下®を省略）という商標にて，射出成形や押出成形などの溶融加工用途を中心に長年展開している。近年では，U ポリマーの化学構造を基本に，二価フェノールなどのモノマーを適切に選択することにより，耐熱性を高め，溶剤溶解性を付与したポリアリレート樹脂として『ユニファイナー®M シリーズ』（以下®を省略）を上市。コーティングやバインダーなどの溶液加工用途での検討を進めている。また，ポリアリレート樹脂の有する芳香族エステル基は触媒存在下においてエポキシ基と反応することが知られており[1]，この特徴を活かし，エポキシ硬化剤に適用可能な低分子量ポリアリレート樹脂として『ユニファイナーV シリーズ，W シリーズ』を開発，上市している。主にプリント配線板用途をターゲットにマーケティング活動中である。

本稿では，ポリアリレート樹脂の特性および開発動向について，『U ポリマー』，『ユニファイナーM シリーズ』，『ユニファイナーV シリーズ，W シリーズ』を中心に紹介をする。

## 7.2 U ポリマーについて

U ポリマーは 1975 年にユニチカが世界に先駆けて工業化したポリアリレート樹脂であり，我が国で開発された数少ないスーパーエンジニアリングプラスチックの一つである。基本骨格がビスフェノール A と，テレフタル酸およびイソフタル酸の混合フタル酸からなる非晶性の全芳香族ポリエステル樹脂である（図1）。

### 7.2.1 特性

U ポリマーは，主骨格に芳香環とエステル結合を高密度で含んでいるため高い耐熱性を有し，耐熱性以外に，耐衝撃性やクリープ特性のような機械特性，耐候性，高い酸素指数など優れた特

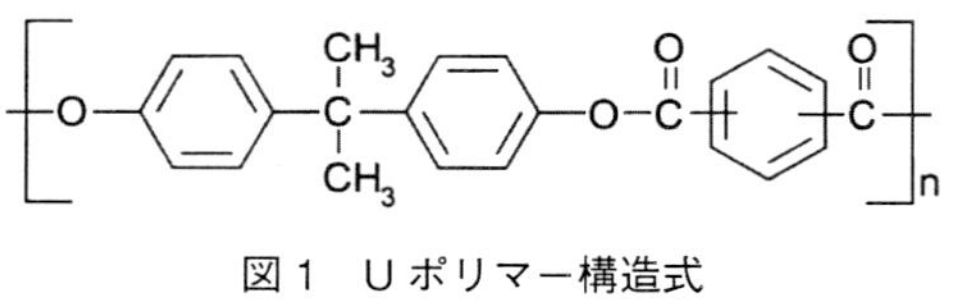

図1　U ポリマー構造式

---

\*　Takatoshi Murakami　ユニチカ㈱　樹脂生産開発部　エンプラ開発グループ　開発部員

徴を有する。また，非晶性樹脂であることから透明性や寸法安定性にも優れる。

　具体的数値として，ニートのＵポリマーである「U-100」は，ガラス転移温度が193℃であり，ポリサルフォンとほぼ同等，ポリカーボネートより50℃近く高い値を示す。全光線透過率は87％とポリカーボネートとほぼ同等の高い透明性を有する。

### 7.2.2　採用実績

　Ｕポリマーは各種ポリマーとのアロイグレードを中心に展開しており，射出成形用途を中心に採用されている。透明性と耐熱性を活かしてターンランプやストップランプのキャップやリフレクターといった自動車部品をはじめ，寸法精度と靭性を活かしてモバイル端末用カメラモジュールといった精密部品，透明性や耐油性を活かしてFAセンサなどの電子部品にも使用されている。

### 7.2.3　高耐熱グレードＴシリーズ

　近年では，前述の「U-100」以上のガラス転移温度を有する射出成形グレードとして，ＵポリマーＴシリーズを上市している（表1）。Ｔシリーズの中でも「T-200」はガラス転移温度265℃を有することから，鉛フリーはんだリフローにも条件により対応可能であり，リフロー後でも透明性を維持することができる。そのため，リフロー耐性が要求されるレンズ用途などへの展開が期待できる。

表1　ＵポリマーＴシリーズ特性

| 項目 | | 単位 | T-200 | T-240AF | U-100 |
|---|---|---|---|---|---|
| 熱特性 | ガラス転移温度 | ℃ | 265 | 218 | 193 |
| | 荷重たわみ温度 1.8 MPa | ℃ | 250 | 210 | 177 |
| 物理特性 | 引張降伏強度 | MPa | 80 | 77 | 69 |
| 光学特性 | 全光線透過率 2 mmt | % | 87 | 88 | 87 |

## 7.3　ユニファイナーＭシリーズについて

　ユニファイナーＭシリーズは，前述のＵポリマーの化学構造を基本に，二価フェノールなどのモノマーを適切に選択することで，Ｕポリマーと同等の透明性を有したまま，ガラス転移温度を向上させ，溶剤溶解性を付与したポリアリレート樹脂である（図2）。一般に，スーパーエンジニアリングプラスチックに類する耐熱性樹脂は，樹脂骨格の剛直性から溶剤への溶解性は極めて

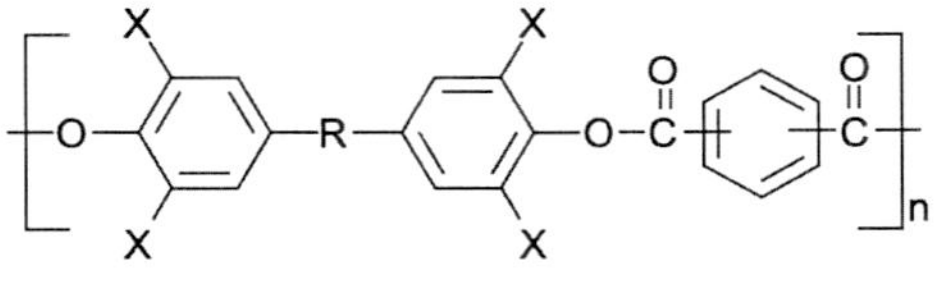

図2　ユニファイナーＭシリーズ構造式

悪いが，ユニファイナーMシリーズは耐熱性と溶剤溶解性を両立していることが特徴的といえる。

### 7.3.1　グレードと特性

　高耐熱グレードとして「M-2000H」，易溶剤溶解グレードとして「M-2040」，「M-2040H」をラインナップしている。なお，「M-2040H」は「M-2040」を高分子量化したグレードである。特性を以下に示す。

#### (1)　耐熱性

　ガラス転移温度は，「M-2000H」が275℃，「M-2040」が220℃，「M-2040H」が235℃であり，従来の透明樹脂を大きく上回る耐熱性を有する（表2）。

表2　ユニファイナーMシリーズ特性

| 項目 | | 測定条件 | 単位 | M-2000H<br>高耐熱 | M-2040<br>易溶剤溶解 | M-2040H<br>易溶剤溶解 | U-100 |
|---|---|---|---|---|---|---|---|
| 熱特性 | ガラス転移温度 | — | ℃ | 275 | 220 | 235 | 193 |
| | 線膨張係数 | — | $10^{-6}$/℃ | 70 | 80 | 80 | 88 |
| 物理特性 | 密度 | — | g/cm$^3$ | 1.12 | 1.17 | 1.17 | 1.21 |
| | 吸水率（水中） | 23℃/24 h | % | 0.3 | 0.4 | 0.4 | 0.5 |
| | 引張降伏強度 | — | MPa | 71 | 72 | 73 | 65 |
| | 引張破断伸び | — | % | 30 | 18 | 66 | 60 |
| | 引張弾性率 | — | MPa | 1900 | 1900 | 1900 | 1840 |
| | 鉛筆硬度 | — | — | HB | 2B | — | HB |
| 光学特性 | 光線透過率 | — | % | 89 | 89 | 89 | 89 |
| | 屈折率 | — | — | 1.58 | 1.60 | 1.60 | 1.61 |
| | 光弾性係数 | — | cm$^2$/dyn | — | — | — | $130 \times 10^{-12}$ |
| 電気特性 | 絶縁破壊強さ | — | kV/mm | 110 | 120 | 126 | 160 |
| | 表面抵抗率 | — | Ω | $10^{14}$ 以上 | $10^{14}$ 以上 | $10^{14}$ 以上 | $10^{14}$ 以上 |
| | 体積抵抗率 | — | Ω·cm | $10^{14}$ 以上 | $10^{14}$ 以上 | $10^{14}$ 以上 | $10^{14}$ 以上 |
| | 誘電率 60 Hz | | — | 2.9 | 3.2 | 3.2 | 3.2 |
| | 1 kHz | | | 2.9 | 3.2 | 3.2 | 3.2 |
| | 1 MHz | | | 2.8 | 3.1 | 3.1 | 3.2 |
| | 1 GHz | | | 2.6 | 2.7 | 2.7 | 2.8 |
| | 5 GHz | | | 2.6 | 2.6 | 2.6 | 2.8 |
| | 10 GHz | | | 2.6 | — | — | — |
| | 誘電正接 60 Hz | | — | 0.002 | 0.003 | 0.003 | 0.002 |
| | 1 kHz | | | 0.003 | 0.003 | 0.003 | 0.003 |
| | 1 MHz | | | 0.02 | 0.02 | 0.02 | 0.02 |
| | 1 GHz | | | 0.008 | 0.007 | 0.007 | 0.007 |
| | 5 GHz | | | 0.006 | 0.005 | 0.005 | 0.006 |
| | 10 GHz | | | 0.006 | — | — | — |

※測定厚み：100 $\mu$m

### ⑵　透明性

全光線透過率89％とポリカーボネート樹脂と同等の高い透明性を示す（表2）。

### ⑶　電気特性

誘電率や誘電正接が幅広い温度域，周波数域で安定している。また，絶縁破壊強さが高い（表2）。

### ⑷　溶剤溶解性

「M-2000H」はシクロヘキサノンやテトラヒドロフランに溶解する。「M-2040」，「M-2040H」はトルエンにも溶解可能である（表3）。

### ⑸　耐候性

紫外線バリア性に優れる。紫外線を吸収することでフリース転位による構造変化が発生し，ベンゾフェノン骨格になることから400 nm 以下の波長はほぼ完全に遮断する。フリース転位に伴い，黄変は発生するが，物性低下はほとんど起こらない。

## 7.3.2　ユニファイナーフィルム

ユニチカでは，ユニファイナーM シリーズが汎用溶剤に可溶であるという特徴を活かし，流涎法によるフィルム化に成功している。ユニファイナーフィルム「TF5（5μmt）」として展開を開始している（表4）。今回は5μmt フィルムのみの紹介となるが，5μmt 以外の厚みのフィルムについても開発を進めており，ラインナップの拡充をしていく予定である。

表3　ユニファイナーM シリーズ溶剤溶解性

| 分類 | 溶剤 | M-2000H 高耐熱 | M-2040 M-2040H 易溶剤溶解 | U-100 |
|---|---|---|---|---|
| アミン類 | N- メチル -2- ピロリドン | △ | ◎ | ○ |
| | N,N- ジメチルホルムアミド | △ | ◎ | △ |
| エーテル類 | 1,4- ジオキサン | ○ | ◎ | △ |
| | テトラヒドロフラン | ◎ | ◎ | △ |
| | ジオキソラン | ○ | ◎ | △ |
| ケトン類 | シクロペンタノン | ○ | ◎ | △ |
| | シクロヘキサノン | ◎ | ◎ | △ |
| | メチルエチルケトン | × | △ | △ |
| | アセトン | × | △ | △ |
| 炭化水素類 | トルエン | △ | ◎ | △ |
| | キシレン | △ | ◎ | △ |
| エステル類 | 酢酸エチル | × | △ | × |

【試験条件】室温23℃
【溶解性判定基準】◎：20 wt％可溶，1 週間以上安定　　○：10 wt％可溶，1 週間以上安定
　　　　　　　　△：一部溶解　×：不溶

表 4 ユニファイナーフィルム TF5 特性

| | 項目 | 測定条件 | 単位 | TF5<br>(厚み：5 $\mu$m) |
|---|---|---|---|---|
| 熱特性 | ガラス転移温度 | — | ℃ | 235 |
| | 線膨張係数 | — | $10^{-6}$/℃ | 80 |
| | 熱収縮率（150℃/30 min） | MD | % | 0.5 |
| | | TD | | 0.5 |
| 物理特性 | 密度 | — | g/cm$^3$ | 1.17 |
| | 吸水率（水中） | 23℃/24 h | % | 0.4 |
| | 引張降伏強度 | MD | MPa | 65 |
| | | TD | | 55 |
| | 引張破断伸び | MD | % | 80 |
| | | TD | | 40 |
| | 鉛筆硬度 | — | — | 2B |
| 光学特性 | 光線透過率 | — | % | 90 |
| | 屈折率 | — | — | 1.60 |
| | ヘーズ | — | % | 1.2 |
| | イエローインデックス | — | — | 0.5 |
| 電気特性 | 絶縁破壊強さ | — | kV/mm | 170 |
| | 体積抵抗率 | — | Ω·cm | $10^{14}$ 以上 |
| | 誘電率 | 60 Hz | — | 3.2 |
| | | 1 kHz | | 3.2 |
| | | 1 MHz | | 3.1 |
| | 誘電正接 | 60 Hz | — | 0.003 |
| | | 1 kHz | | 0.003 |
| | | 1 MHz | | 0.02 |

### 7.3.3 用途

ユニファイナーは下記用途での適用が期待できる。

### (1) 耐熱付与剤

ユニファイナー M シリーズは耐熱性と溶剤溶解性に優れることため，溶剤系における接着剤やコーティング剤に添加することで，耐熱付与剤として機能することが期待できる。

### (2) スピーカー振動板

ポリアリレート樹脂は音響特性と靭性に優れるため，ユニファイナーフィルムはスピーカー振動板フィルムへの適用が期待できる。近年，スピーカーの高出力化に伴うボイスコイル温度の上昇により，耐熱要求が高まっている。ユニファイナーフィルムであれば，高いガラス転移温度を有し，幅広い温度域で損失係数 tan δ が安定していることから，この耐熱要求に応えられると考える（図 3）。

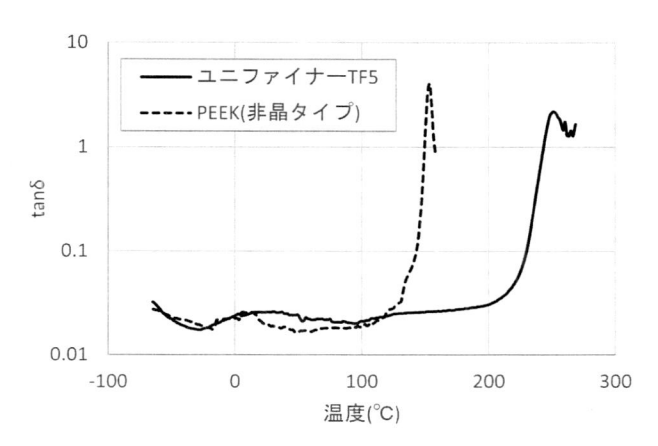

図 3　ユニファイナーフィルムの動的粘弾性（tan δ 温度曲線）

### ⑶　コンデンサ

　ユニファイナーフィルムは絶縁破壊強さに優れることから，コンデンサへの適用が期待できる。特に，ユニファイナーフィルムは耐熱性に優れ，誘電特性の温度依存性が少ないことから，車載用など耐熱要求のあるコンデンサは有望な用途と考える（図 4, 図 5）。

### ⑷　光学フィルム

　ユニファイナーフィルムは耐熱性，透明性に優れることから，光学フィルムへの適用が期待できる。ただし，紫外線吸収することでフリース転移による黄変を起こすため，無色透明を維持するには UV バリア層が必要になると考える。

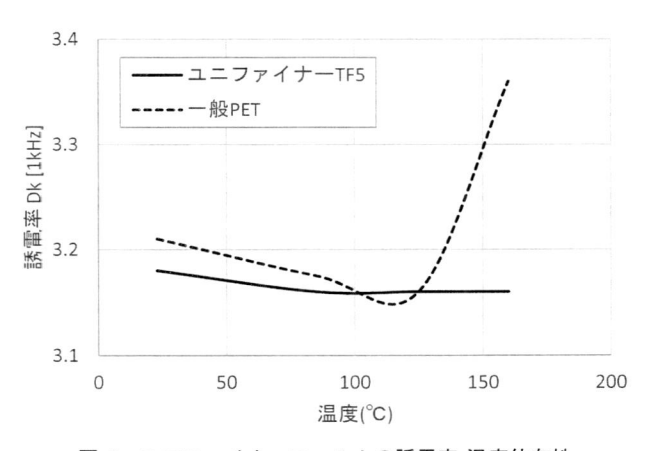

図 4　ユニファイナーフィルムの誘電率 温度依存性

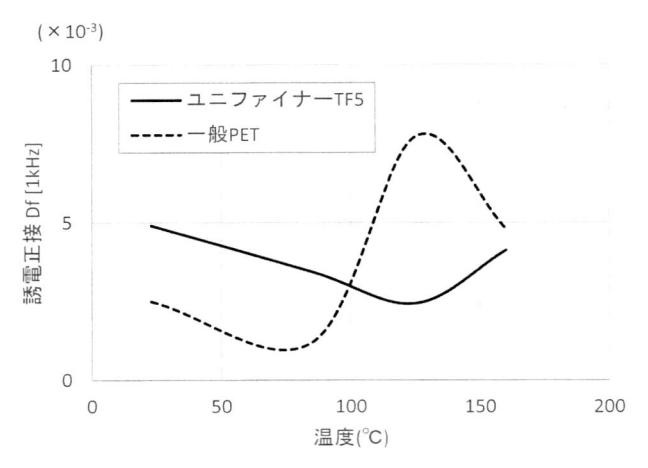

図5 ユニファイナーフィルムの誘電正接 温度依存性

## 7.4 ユニファイナーV シリーズ，W シリーズ

ユニファイナーV シリーズ，W シリーズは，プリント配線板用途をターゲットとしたエポキシ硬化剤向けの低分子量ポリアリレート樹脂である。エポキシ硬化剤として用いることで，エポキシ硬化樹脂の高耐熱化，低誘電率化，低電正接化が可能である。また，ユニファイナーV シリーズ，W シリーズは，従来のポリアリレート樹脂から，低分子量化や二価フェノールなどのモノマー変更により，プリント配線板の製造工程において主流なトルエンやメチルエチルケトンへの溶解が可能となっている。

### 7.4.1 グレードと特性

グレードしては，フェノール性水酸基末端型の「V-575」，末端基封鎖型の「W-575」をラインナップしている。特性を以下に示す。

### (1) 官能基当量

「V-575」はフェノール性水酸基末端を有したポリアリレート樹脂である。官能基としては末端のフェノール性水酸基と主鎖中の芳香族エステル基を有する。官能基当量は 210 g/eq である。「W-575」は末端基を封鎖したポリアリレート樹脂である。官能基としては主鎖中の芳香族エステル基を有する。官能基当量は 220 g/eq である（図6，図7，表5）。

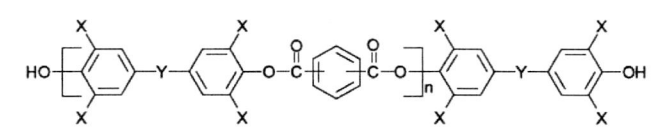

図6 ユニファイナーV-575 構造式

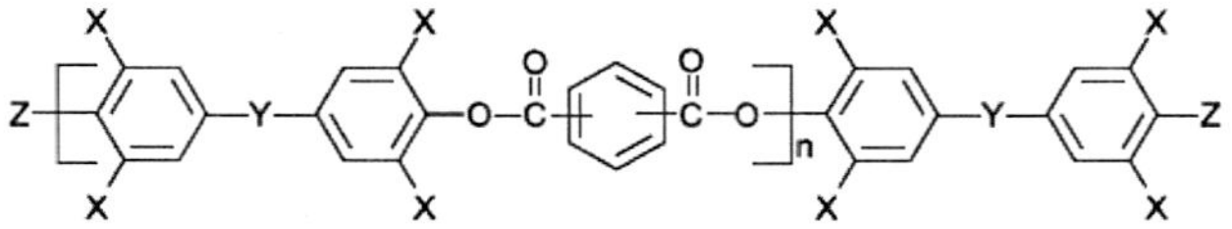

図7　ユニファイナーW-575構造式

表5　ユニファイナーV, Wシリーズ樹脂特性

| 項目 | 単位 | V-575<br>フェノール性水酸基末端型 | W-575<br>末端基封鎖型 |
|---|---|---|---|
| 数平均分子量 | — | 3300 | 3200 |
| ガラス転移温度 | ℃ | 158 | 141 |
| 官能基当量 | g/eq | 210 | 220 |

表6　ユニファイナーV, Wシリーズ溶剤溶解性

| 溶剤 | 樹脂固形分濃度<br>（wt%） | V-575<br>フェノール性水酸基末端型 | W-575<br>末端基封鎖型 | U-100 |
|---|---|---|---|---|
| トルエン | 30 | ◎ | ◎ | × |
| | 40 | ◎ | ◎ | × |
| | 50 | ◎ | ◎ | × |
| | 60 | ○ | ◎ | × |
| | 70 | × | × | × |
| メチルエチルケトン | 30 | ◎ | ◎ | × |
| | 40 | ◎ | ◎ | × |
| | 50 | ○ | ◎ | × |
| | 60 | ○ | ◎ | × |
| | 70 | × | ◎ | × |
| シクロヘキサノン | 30 | ◎ | ◎ | × |
| | 40 | ◎ | ◎ | × |
| | 50 | × | × | × |

【試験条件】室温23℃
【溶解性判定基準】◎：可溶，4週間以上安定　○：可溶，1週間以上安定　×：不溶

(2)　**溶剤溶解性**

「V-575」，「W-575」は，トルエンやMEKなどの汎用溶剤に可溶であり，溶液の安定性に優れる（表6）。

(3)　**硬化反応機構**

フェノール性水酸基末端型の「V-575」は，末端のフェノール性水酸基と主鎖中の芳香族エステル基がエポキシ基と反応する。末端基封鎖型の「W-575」は，末端基を封鎖しているため主鎖

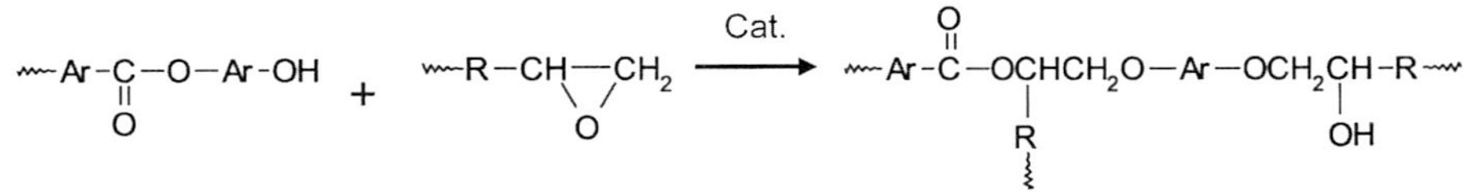

図8　V-575 とエポキシ樹脂の反応

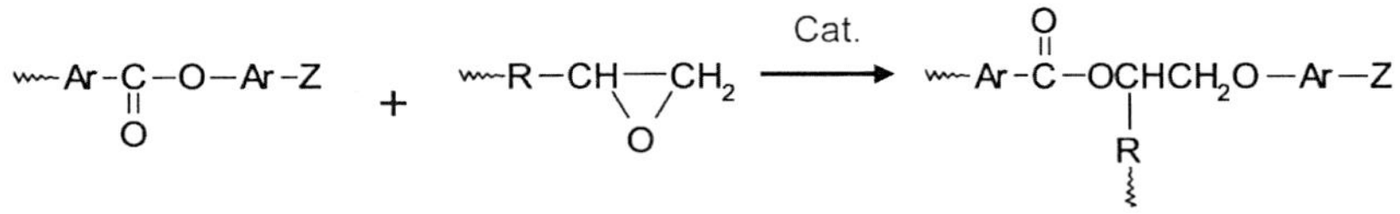

図9　W-575 とエポキシ樹脂の反応

中の芳香族エステル基のみがエポキシ基と反応する。なお，フェノール性水酸基とエポキシ基の反応および芳香族エステル基とエポキシ基の反応は，第3級アミンなどの触媒存在下において進行する（図8，図9）。

### (4)　エポキシ硬化樹脂の高耐熱化，低誘電率化，低電正接化

「V-575」，「W-575」を硬化剤として用いることで，一般的なフェノールノボラック硬化剤を用いるよりも，エポキシ硬化樹脂の高耐熱化，低誘電率化，低誘電正接化が可能である（表7）。エポキシ硬化樹脂の3次元網目構造に，芳香環を高密度に含むポリアリレート樹脂の剛直な骨格が組み込まれることによる影響と考える。「V-575」と「W-575」を比較すると，特にフェノール性水酸基末端型の「V-575」は高耐熱化に優れる。これはフェノール性水酸基とエポキシ基との反応で発生する水酸基の分子間力による影響と考える。一方で，末端基封鎖型の「W-575」は低誘電率化，低誘電正接化に優れる。フェノール性水酸基末端を封鎖することで，モル分極率の

表7　エポキシ硬化物特性

| 項目 | | V-575 フェノール性水酸基末端型 | W-575 末端基封鎖型 | フェノールノボラック |
|---|---|---|---|---|
| 配合成分 | DGEBA/エポキシ主剤 | 1.1 eq | 1.1 eq | 1.1 eq |
| | ユニファイナーV-575/硬化剤 | 1.0 eq | — | — |
| | ユニファイナーW-575/硬化剤 | — | 1.0 eq | — |
| | フェノールノボラック/硬化剤 | — | — | 1.0 eq |
| | 2-エチル-4-メチルイミダゾール/触媒 | 0.2 phr | 0.2 phr | 0.2 phr |
| エポキシ硬化物特性 | ガラス転移温度（℃） | 180 | 161 | 130 |
| | 誘電率［11.4 GHz］ | 2.93 | 2.91 | 3.24 |
| | 誘電正接［11.4 GHz］ | 0.019 | 0.017 | 0.037 |

【硬化条件】V-575，W-575：180℃×2 h → 200℃×2 h
　　　　　　フェノールノボラック：160℃×2 h → 180℃×2 h

大きい 2 級水酸基の発生を抑制できるためと考える。

### 7.4.2　用途

「V-575」，「W-575」はエポキシ樹脂の高耐熱化，低誘電率化，低誘電正接化が可能であることから，リジット基板やビルドアップフィルムといったプリント配線基板用途へ適用ができる。

また，「V-575」，「W-575」は汎用的なエポキシ主剤であるビスフェノール A 型エポキシに熱溶解が可能であることから，無溶剤系のエポキシ硬化剤として用いることができる。そのため，塗料，接着剤，CFRP といった用途における耐熱性の要求に対応できると考える。

### 7.5　おわりに

ポリアリレート樹脂の特性と開発動向について，ユニチカが展開している『U ポリマー』，『ユニファイナー M シリーズ』，『ユニファイナー V シリーズ，W シリーズ』のデータを中心に紹介をした。

ユニチカは，ポリアリレート樹脂メーカーとしての責務を大いに感じており，これまで以上にポリアリレート樹脂の新たな価値を創造し，提供していきたいと考える。今後も，顧客のニーズに対応できるよう，研究・開発に取り組んでいく所存である。

## 文　　　献

1)　西久保忠臣，有機合成化学，**49**(3)，218（1991）

# 8 溶液加工性を有する高寸法安定性透明ポリイミド

長谷川匡俊*

## 8.1 透明耐熱樹脂の必要性

透明樹脂は，光学・電子産業分野の様々な用途で用いられており，その重要性が益々高まっている。透明樹脂の適用範囲の更なる拡大を見据え，透明樹脂の耐熱性を改善する動きが近年活発化している。例えば各種画像表示デバイスに用いられている無機ガラス基板に代わる透明プラスチック基板は，軽量で衝撃に強い次世代のフレキシブルディスプレイを開発する上で不可欠な部材であり，国内外の企業・公的研究機関において広く素材開発研究がなされている。プラスチック基板材料には優れた光学的透明性に加え，非常に高度な耐熱性が必要であり，そのガラス転移温度（$T_g$）は，表示デバイス製造工程時（例えば薄膜トランジスタ形成時）の最高到達温度よりも高い（できれば $50\text{℃}$ 以上高い）ことが，プラスチック基板の熱変形を避けるために必須である。しかしながら，現在市販されている透明スーパーエンジニアリングプラスチックは，物理的耐熱性または短期耐熱性（しばしば，$T_g$ を指標として表される）の点で十分ではなく，そのまま使用するのは難しい。画像表示デバイスの種類にもよるが，プラスチック基板材料には少なくとも $300\text{℃}$ 以上，好ましくは $350\text{℃}$ 以上，可能であれば $400\text{℃}$ 以上の $T_g$ が求められる。このレベルの $T_g$ を持つ実用的な樹脂は，今のところポリイミド（PI）に限られる。しかしながら，従来型の全芳香族 PI フィルムは分子内および分子間電荷移動（Charge-Transfer：CT）相互作用により強く着色している[1]。このため，画像表示デバイスにおいて光源からの光が基板を通過する配置をとる方式即ち，液晶ディスプレイやボトムエミッション型有機発光ダイオード（OLED）ディスプレイ等では，従来の全芳香族 PI フィルムをそのままプラスチック基板として使用できない。

更に近年問題視されているのが，デバイス製造時の温度サイクル（温度上昇－室温への冷却の繰り返し）による，プラスチック基板のフィルム面（XY）方向の寸法変化である。例えプラスチック基板の $T_g$ 以下の温度域内での温度サイクルであっても，プラスチック基板が熱膨張－収縮を繰り返すことにより残留応力が蓄積され，その結果，例えば金属層等異種接合界面における接着不良，剥離，透明電極の破断，素子・電子部品の位置ずれ等の不具合が起こるおそれがある。プラスチック基板が大面積の場合，寸法変化の絶対値が大きくなるため，上記のリスクが更に高まる。このような寸法変化を抑制する直接的な方法は，前述のように，温度サイクルの最大到達温度がプラスチック基板の $T_g$ よりもずっと低い温度に設定されていること（即ち $T_g$ をできるだけ高くすること）はもとより，$T_g$ 以下のガラス状態温度域における XY 方向の線熱膨張係数（Linear Coefficient of Thermal Expansion：CTE）をできるだけ下げることである。以下，XY 方向 CTE を単に CTE と記すことにする。上記の事情から，プラスチック基板材料として，極めて高い $T_g$ および非常に低い CTE を有し，且つ無色透明で可撓性のある PI フィルム材料が

---

＊　Masatoshi Hasegawa　東邦大学　理学部　化学科　教授

求められている。無機ナノ粒子を樹脂中に分散させてナノコンポジットとすることで，透明性と低 CTE を両立する検討も広く行われているが，本稿では割愛し，樹脂材料のみで上記の要求特性を実現するための分子設計上の方策について簡潔に述べる。

## 8.2　ポリイミドフィルムの透明性

### 8.2.1　透明性に及ぼす諸因子

　フィルムの透明性・着色性は通常，全光線透過率，ヘイズ（濁度），黄色度指数（Yellowness Index：YI）より評価されるが，より簡便な方法として，紫外－可視分光光度計による波長 400 nm における光透過率（$T_{400}$）より透明性の良し悪しを知ることもできる。ちなみに 400 nm よりも長波長域での光透過率例えば $T_{500}$ はあまりよい指標ではない。これは $T_{500}$ 値が 80％以上でも実際には強く着色している系が少なからず存在することからもわかる。PI フィルムの着色は以下に示す様々な因子に影響を受ける。

- (a)　PI の化学構造
  - 電荷移動 CT 相互作用，$\pi$ 電子共役
  - 重合度（末端アミノ基の熱分解）
  - 脂肪族基等の熱分解
- (b)　物理的構造（凝集構造）
  - イミド化温度，熱処理温度上昇に伴う分子間 CT 相互作用の増強
  - 結晶化によるヘイズの増加
- (c)　製造工程上の影響
  - モノマー購入時点で，モノマー中にすでに含まれている着色性不純物
  - 製膜プロセス（イミド化方法，キャスト・熱処理温度条件，雰囲気）
  - 溶媒の種類（残存溶媒の熱分解）

　製造工程上の影響(c)は決して小さくはなく，上記(c)の因子に細心の注意を払わなければ，原理的に無色透明になるはずの PI 系であっても，しばしば期待したとおりの結果が得られない。例えば，モノマー特にジアミンは製造元によって初期着色度が大きく異なることがある。また，使用する溶媒によっては，得られたフィルムが予期せぬ着色をこうむる場合もある。例えばアミド系溶媒は沸点が高いものほど，熱イミド化の際に長くフィルム中に滞在することになるため，溶媒由来の着色性熱分解生成物の影響を受けやすい。以下に化学構造上の因子(a)と，製造工程上の因子(c)のうち，イミド化方法の影響について述べる。

### 8.2.2　ポリイミドの化学構造と透明性の関係

　全芳香族 PI の連鎖は，テトラカルボン酸二無水物由来の電子受容（吸引）性ジイミド部位（Electron Acceptor：A）と，ジアミン由来の電子供与性芳香環部位（Electron Donor：D）が交互に連結したもの（…－D－A－D－A－…）と見なすことができ，これに基づく分子内および分子間 CT 相互により可視光波長域（380～800 nm）に弱い CT 吸収帯が生じ，PI フィルムを

着色させる[1]。従って CT 相互作用を完全に妨害するかあるいは CT 吸収帯を紫外域まで短波長シフトさせてしまえば PI フィルムの着色を抑制することができる。

　図 1 に無色または着色の弱い全芳香族 PI 系の例を示す。これらは基本的に電子親和力の低い芳香族テトラカルボン酸二無水物とイオン化電位の高い芳香族ジアミンの組み合わせであり，しばしばジアミン側には $-SO_2-$ 基，$-CF_3$ 基およびクロロ基のような電子吸引基，テトラカルボン酸二無水物側には $-O-$ 基のような電子供与基が導入されている[1,2]。図 1 に示した PI 系の中では，4,4'-(hexafluoroisopropylidene)diphthalic anhydride（6FDA）系 PI が最も着色が弱い。6FDA が電子吸引基（$-CF_3$ 基）を含んでいることからすると，この結果は意外に思えるが，6FDA 由来のフタルイミド環同士が，ヒンジ部（中央の 4 級炭素）で大きく捻じれていること[3,4] と相まって，嵩高いトリフルオロイソプロピリデン基の存在により，PI 鎖のスタッキングが相当妨害されて分子間 CT 相互作用が劇的に弱められた効果をおそらく反映している。図 1 の中で比較すると，PI フィルムの透明性の序列は次のようになる：6FDA 系 PI ＞ a-ODPA 系 PI ≧ s-ODPA 系 PI ＞ a-BPDA 系 PI ＞ s-BPDA 系 PI。

　s-BPDA におけるビフェニル基の π 電子共役は，ビフェニル基が捻じれるほど（二面角が 90° に近いほど）共役の立体禁止効果により，吸収帯の吸収強度低下と短波長シフトが起こり，フィルムの着色が弱くなる。対称構造の s-BPDA よりも非対称構造の a-BPDA を用いた方が PI フィルムの着色が弱くなるのはこの効果による[5]。

### 8.2.3　ポリイミドフィルムの透明性に及ぼす重合プロセスの影響

　PI フィルムの着色をできるだけ抑制するという観点から，PI フィルムの製造経路も重要である。図 2 に通常の二段階法（ポリイミド前駆体：ポリアミド酸(PAA)の重合＋キャスト製膜・

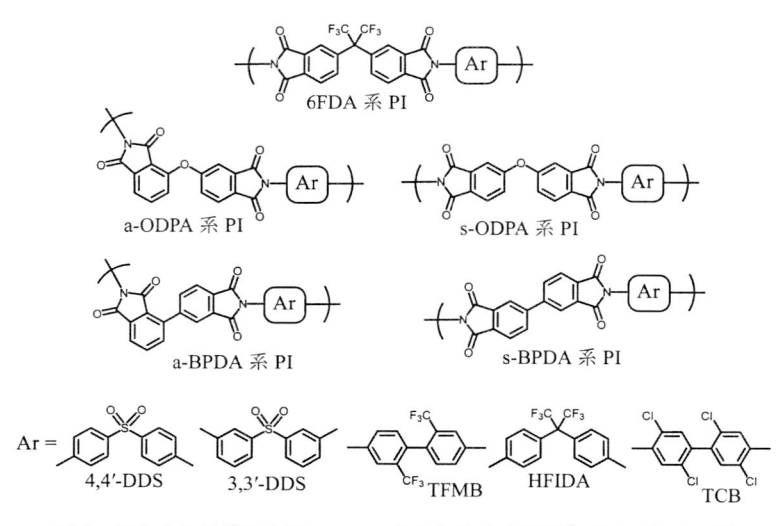

図 1　無色または着色の弱いフィルムを与える全芳香族ポリイミドの例

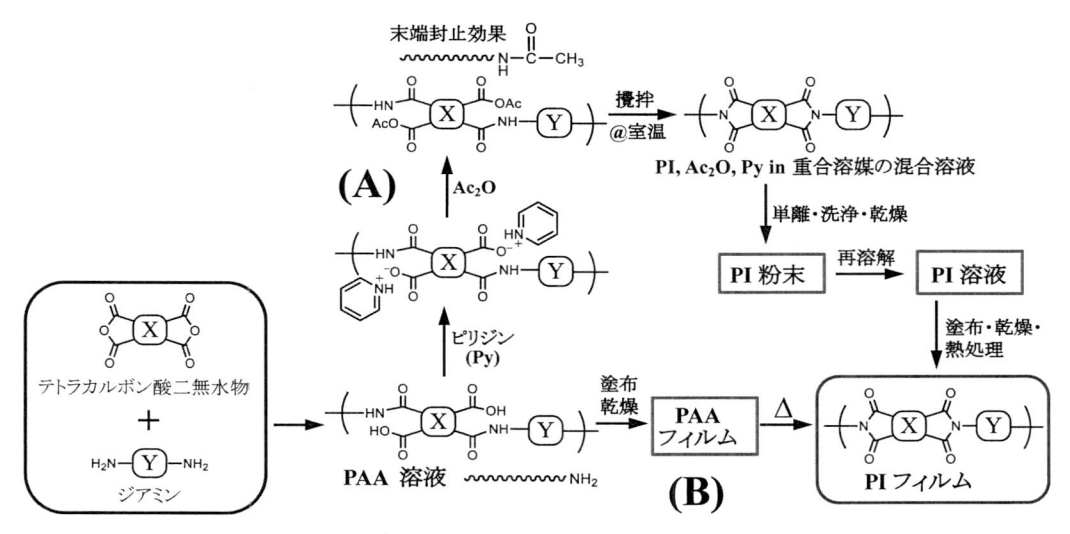

**図2　ポリイミド前駆体の重合，イミド化および製膜方法**
(A)化学イミド化法および(B)二段階法（熱イミド化法）

熱イミド化）による製膜工程と化学イミド化を経由した製膜工程を示す。二段階法では，熱イミド化を完結させるのに，300〜350℃以上で加熱する必要があり，本来無色透明になるはずのPI系であっても，着色性熱分解副生成物の生成によりフィルムが着色してしまう場合がある。一方，化学イミド化法では一般に，二段階法よりも透明性の高いフィルムが得られる。化学イミド化法は次のような工程を経由する。まずPAAを重合後，適度に希釈してから化学イミド化剤（通常，無水酢酸($Ac_2O$)／ピリジン($Py$)混合物）を滴下し，室温で12〜24時間撹拌することでイミド化を完結することができ，得られた均一な反応溶液を適度に希釈してから大量の貧溶媒（水やメタノール等）に滴下することでPIを繊維状粉末として析出させ，次いで洗浄・乾燥する。得られたPI粉末を所望する純溶媒に再溶解してPIワニスとし，イミド化温度よりもずっと低い温度（200〜250℃）でキャスト製膜（基板上に塗布・乾燥）することで，PIフィルムが得られる。この製膜工程から推測されるように，化学イミド化法が従来の二段階法よりPIフィルムの透明性確保の点で有利となる結果の要因として，キャスト製膜時の最高熱処理温度が熱イミド化よりずっと低くてすむことや，熱安定性の低い末端アミノ基が化学イミド化時に無水酢酸によって封止される効果（図2）が挙げられる。

　上記のように，透明PIフィルムを得るためには，化学イミド化法が断然有利であるが，制約もある。PI系の溶媒溶解性があまり高くない場合，化学イミド化剤を滴下した際，反応溶液のゲル化や沈殿の析出等が起こり，しばしばイミド化が完結せず，析出物を純溶媒に再溶解して均一なワニスを得ることがそもそも困難であるため，製膜不可となる。このように，化学イミド化法の適用は優れた溶媒溶解性を有するPI系に限られる。

### 8.3　ポリイミドフィルムの低熱膨張特性

### 8.3.1　低熱膨張性ポリイミドの分子構造的特徴

　図3に低熱膨張特性を有するPI系の例を示す。一般に低CTEを発現させるためには，基板上での熱イミド化反応をトリガーとして，PI主鎖のXY方向への劇的な分子配向（面内配向）が起こらなければならない[6, 7]。顕著な "熱イミド化誘起面内配向" を引き出すためには，図3に示すようにPI主鎖骨格が直線的で剛直であることが必須である[8~14]。これらの系では "伸びきり鎖" を描いてみると，PI主鎖は大きく蛇行しないことがわかる[12]。一方，テトラカルボン酸二無水物側かジアミン側（または両方）にビフェニルエーテル基のような屈曲構造単位を含むモノマーを用いると，得られたPIの伸びきり鎖は大きく蛇行することになり，ほぼ例外なく低CTE特性を示さない。また，図3に示すようなPI系では，主鎖の剛直性ゆえPI自身は溶媒に不溶である。そのため，上記の化学イミド化法は適用できず，二段階法でのみ製膜可である。また，これらの低熱膨張性PI系ではフィルムの強い着色は避けられない。

### 8.3.2　線熱膨張係数（CTE）の評価

　ここでCTE測定上の留意点について触れておく。フィルム試料のCTEは熱機械分析（TMA，引張モード）によって求めることができるが，フィルムの残留歪には特に注意が必要である。とりわけ基板上で加熱処理して作製したばかりのフィルムには，基板から剥離後も歪が残っており，極端な場合はTMAの昇温過程でフィルムの歪が解放されて収縮が起こることがあり，気づかぬうちにCTE値を実際より低めに見積もってしまうことがしばしばある。そのため，TMA測定前にフィルムの残留歪を十分に除いておく必要がある。屈曲性の高い主鎖構造の熱可塑性フィルムの場合は，残留歪の影響は小さいことが多いが，剛直で分子運動性に乏しいフィルムでは残留歪の影響がしばしば大きい。正常なTMA曲線は，2つの直線即ち$T_g$以下で傾きの小さな直線と$T_g$以上で傾きの大きな直線からなる。CTEは前者の勾配から求められる。TMA曲線

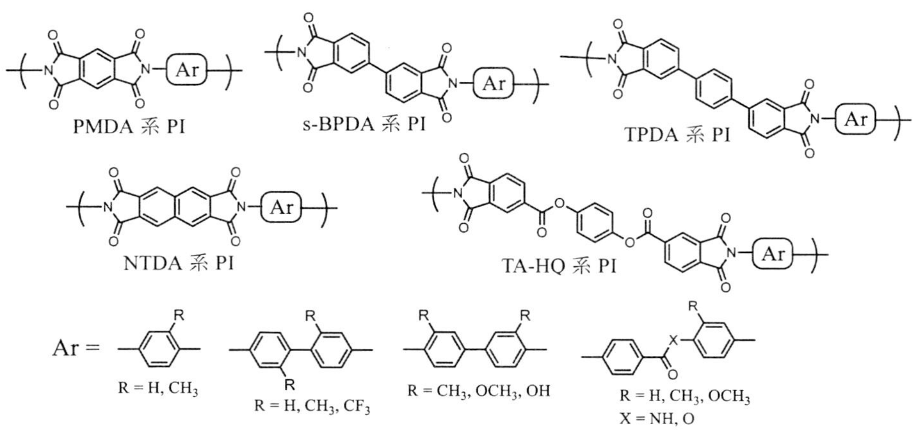

図3　低熱膨張性を示す全芳香族ポリイミドの例

がそのように単純な 2 つの直線にならず，湾曲している場合は，残留歪の解放かまたは別の原因（結晶化，熱分解反応，架橋反応，あるいはイミド化が完結していなかったため，TMA の昇温過程でイミド化が起こる等）が疑われる。TMA の昇温過程で吸着水が脱着する場合も，フィルムが大きく収縮することがあるので，TMA チャンバー内に乾燥窒素を流しながら 1st-run で 120℃ くらいまで昇温して吸着水を飛ばした後，室温まで下げてリセットし，2nd-run のデータから CTE を求めた方がよい。残留歪および吸着水が十分に除去されたフィルム試料では，$T_g$ 以下の温度領域において昇温時の熱膨張曲線と降温時の収縮曲線がほぼ重なるはずである。そのような可逆性が確認できない場合は，フィルムに歪が残っていた可能性が高い。TMA 装置のセンサー部の材質（石英製かステンレス製か）も選択を間違うと正しい CTE 値が得られないことがある。このように，他の評価項目と異なり，CTE を適正に評価するために様々な注意を払う必要がある。

### 8.4　透明ポリイミドフィルムの靭性

　脂環構造を含む透明 PI に関してこれまで多くの学術的研究がなされてきたが，その多くがフィルムの光学的透明性と耐熱性両立のための有機化学的アプローチや，透明性－分子構造相関を議論するものであった。しかしながら，透明 PI を実際に新規プラスチック基板等へ適用することを念頭に置くと，機械的特性特にフィルム靭性（ここでは単純に破断伸び）は不可欠な要求特性であるにも関わらず，これまでそれほど重要視されてこなかった[15]。実際のところ，脂環構造を含む PI 系は脆弱なフィルムを与えることがしばしばあり，フィルム靭性の改善はそう簡単ではないことも，“脆弱問題”が見過ごされてきた 1 つの理由であるかもしれない。

　汎用樹脂材料の破壊現象については各種実験結果を基に理論的考察がなされている[16, 17]。一方 PI 系の場合，分子構造上の因子だけではなく，フィルムの作製条件（例えば，一段階で高温熱処理してイミド化するか，多段階でゆっくり昇温してイミド化するか等）によってもフィルムの靭性が大きく変化することがしばしばあり，極めて複雑な様相を呈している。今のところ透明 PI 系では，フィルムの靭性を改善するための経験則でさえ確立されていない。

　一般に材料を室温で破断点まで引張試験を行った際の破断エネルギーは，絡み合ったポリマー鎖集団の中から 1 本を引き抜く際のエネルギーと密接な関係があると考えられ，通常の弾性率の範囲にあるガラス状ポリマーであれば，破断エネルギーと破断伸びは大雑把にパラレルな関係があると見なせる。従ってフィルムの靭性（ここでは破断伸びを指す）を改善するには，この引き抜きのエネルギーが高くなるような方策をとれば良いということになる。この観点から，剛直な PI 系のように主鎖同士が元々あまり絡み合っていなければ，ポリマー鎖 1 本を引き抜く際に“素抜け”の状態となり，引き抜くのにエネルギーをあまり必要としなくてよい。即ち，引張試験においてより早期に破断すると解釈できる。このことは，「PI フィルムの靭性を改善するには，PI 主鎖中にエーテル結合のような内部回転障壁の低い結合基を導入することが有効である」というよく知られた経験則と合致する。しかしながらこれは，引き抜きが完了するまで，何らか

の原因によって引き抜きが妨害されないことが前提となっている。即ち引き抜きの途中で応力集中が起こると，これが引き金となりクレーズが拡大して引き抜きが完了する前に材料が破断してしまうことを意味する。フィルム靭性に影響を及ぼす因子と対策方針をまとめると以下のようになる。

(a)　ポリマー鎖どうしの十分な絡み合い（Entanglement）
- 主鎖中に内部回転障壁の低い結合基の導入
- ポリマー鎖の延長（重合度の増加）

(b)　引き抜きの妨害要因の排除（応力集中の低減）
- 3次元架橋体では引き抜き困難
- 結晶相からの引き抜きは困難
- ポリマー鎖の滑りやすさ

　　　分子間力の低減，ポリマー鎖間で引っ掛かりにくい局所構造

　困ったことに，靭性を改善すべく PI 主鎖中にエーテル結合を導入すると，今度は別の問題即ち，CTE が大きく増加してしまうという問題が出てくる。筆者らはこのジレンマを解決するために，まずフィルムの脆弱化のメカニズムを探ることから検討を始めた。図 4(a)は剛直なテトラカルボン酸二無水物と屈曲性ジアミン（4,4'-ODA）からなる PI 系の破断伸び（最大値）比較

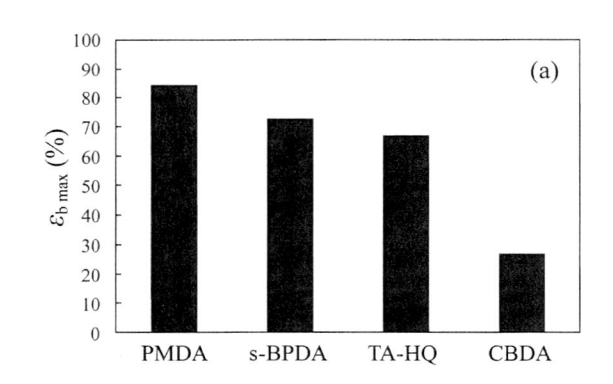

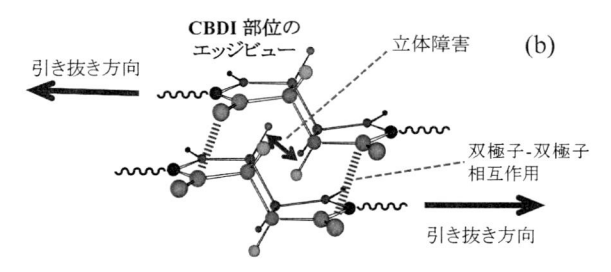

図 4　剛直なテトラカルボン酸二無水物と屈曲性ジアミン（4,4'-ODA）から得られた PI の
フィルム靭性の比較(a)と CBDA 系 PI 系で予想されるポリマー鎖間滑りの妨害(b)。

したものである[15]。CBDA（図6，後述）を用いた系では，他の全芳香族PI系に比べて明らかに破断伸びが低いことがわかる。ちなみに，この結果はCBDA/4,4'-ODA系の分子量が低いことによるものではないことはわかっている。CBDAを用いるとフィルムが脆弱になる傾向は，他のジアミンを用いた系でも見られた（例えば，CBDA/TFMB系で$\varepsilon_b$(max)<10%[15]，一方H'-PMDA（図6，後述）とTFMBを組み合わせた系では$\varepsilon_b$(max)>80%[18]）。これを説明するため，筆者らは図4(b)に示すような滑り妨げる立体障害モデルを提案している[15]。即ちPI鎖を引き抜こうとした時，CBDA由来のジイミド部位（CBDI）上の横方向に張り出した水素原子同士が"鍵爪"のように引っ掛かることで，スムーズな滑りが邪魔されて，応力集中が起こりやすくなるというものである。このモデルによれば，PMDA系のように平面状のジイミド構造を有する場合は，CBDA系のような立体障害が生じないため，高い破断伸びを示したと解釈することができる。また，分子間力がより低い方がポリマー鎖がスムーズに滑りやすくなると期待されるが，この仮定と矛盾しない結果も得られている[18]。

## 8.5　低熱膨張性透明ポリイミド
### 8.5.1　透明性と低熱膨張性の両立の困難さ

6FDA/TFMB系PIフィルムは全芳香族PIの中では珍しく，殆ど無色透明である[19,20]。しかしながら，二段階法によって製膜されたPIフィルムは低熱膨張特性を示さない[19,20]。これは前述のように，6FDAを用いるとヒンジ部でフタルイミド環が捻じれるため，TFMB部位に限れば局所的には直線状であっても，主鎖全体で見ると直線性が損なわれるためである。また，6FDA/TFMB系を化学イミド化後，単離したPI粉末を純溶媒に再溶解し，得られたPIワニスをキャスト製膜した場合（熱イミド化なしで）も同様に，低CTEを示さない[20]。これは一般の高分子系に見られるのと同じ現象である。即ち，ポリマー溶液をキャスト製膜して得られたフィルム（無延伸）のCTEは通常60〜120ppm/Kの範囲であり[21]，キャスト製膜工程のみ（溶媒を飛ばすだけ）では，低CTE化に必須な高度な面内配向を誘起するほどの駆動力にはならないことを意味している。図1と図3を見比べると，s-BPDA/TFMB系PIはフィルムの着色とCTEを共に低減可能な条件を唯一満たしているように思える。実際，このPIは6FDA/TFMBほど透明ではないものの，比較的着色の弱いフィルムを与える[9]。しかしながら，通常の熱イミド化条件で実験室的にs-BPDA/TFMB系PIフィルムを作製すると，CTEは34ppm/Kとなり，期待したほど低CTEにはならない[9,11]。また，このPIフィルムは，$T_g$（300℃付近）を超えて分子運動が許されると，結晶化[22]して白濁する傾向も見られる。このような白濁現象は透明プラスチック基板にとっては好ましくない。

### 8.5.2　透明性と低熱膨張性を両立するためのアプローチ

上記のように，従来の芳香族モノマーをどのように組み合わせても透明性と低熱膨張性を両立することは困難である。PIフィルムの着色を防止するには，ジアミン側かテトラカルボン酸二無水物側か少なくとも一方に脂肪族モノマーを用いる方法が有効であり[1]，この概念に基づき，

PIを透明化する多くの検討がなされてきた[15, 18, 23~33]。しかしながら，脂肪族モノマーを用いて低熱膨張性PIを得るためには，モノマーの立体構造を十分に知っておく必要がある。

### 8.5.3 剛直な脂環式ジアミン：*t*-CHDAより得られるポリイミド

ヘキサメチレンジアミンのような鎖状のジアミンを用いると，PIフィルムの$T_g$が大きく低下するため，本用途には不向きである。そのため通常環状の脂肪族ジアミン（脂環式ジアミン）が用いられる。しかしながら，殆どの脂環式ジアミンの立体構造は，折れ曲がっているか非平面状であり，PI主鎖の直線性が大きく損なわれるため，低CTEを得るのに障害となる。低CTE発現に有利な脂環式ジアミンは今のところ，*trans*-1,4-cyclohexanediamine（*t*-CHDA）に限られる。図5に筆者らが以前検討した，*t*-CHDAと剛直な芳香族テトラカルボン酸二無水物より得られる半芳香族PI系を示す。期待したとおり，これらのPIフィルムは全て無色透明であり，且つ主鎖の直線性・剛直性を反映して，二段階法により低CTEおよび極めて高い$T_g$を示す[11, 34]。

しかしながら脂肪族ジアミンを用いると，アミノ基の塩基性の強さに起因してPAAの重合初期段階で塩が形成され[9, 11, 15, 18, 34]，特に*t*-CHDAを用いた場合，特に強固な塩が生じる。例えばPMDA/*t*-CHDA系やCBDA/*t*-CHDA系では，重合初期に生成した塩は，通常のアミド系溶媒（*N,N*-ジメチルアセトアミド(DMAc)や*N*-メチル-2-ピロリドン(NMP)）に全く不溶で，重合が完全に停止する。重合を進めるには，毒性の強い溶媒の使用と部分シリル化を組み合わせる等特殊な条件が必要である[34]。一方，s-BPDA/*t*-CHDA系では，DMAc中，重合初期に生成した塩はやや強固なため，室温で撹拌するだけでは塩が溶解しにくいが，塩を含む反応混合物を100～120℃で短時間（ほんの数分間）加熱してやれば，塩が一部溶解し，その後は加熱をやめても自身が発する反応熱で一気に塩が溶解して重合が進む[11]。このように，s-BPDA/*t*-CHDA系は*t*-CHDAを使用したわりには，大きな困難さを伴わずにPAAを重合することができ，PIフィルムも高$T_g$，高透明性，低CTEを併せ持つことから，このPIは本目的に適合する有望な材料であるように思える。しかしながらこのPIフィルムは可撓性のある自立膜にはなるものの，破断伸び（$\varepsilon_b$）は10%程度とやや脆弱であり，プラスチック基板としての適用を考えると，膜靭性は必ずしも十分ではない。

### 8.5.4 剛直な脂環式テトラカルボン酸二無水物：CBDAと芳香族ジアミンより得られるポリイミド

脂環式テトラカルボン酸二無水物と芳香族ジアミンの重付加反応では，塩形成の心配がないた

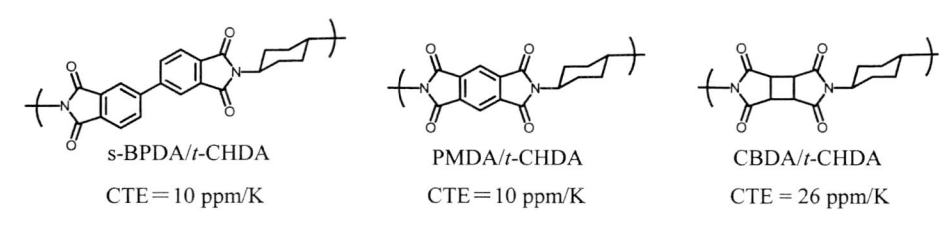

s-BPDA/*t*-CHDA  
CTE＝10 ppm/K

PMDA/*t*-CHDA  
CTE＝10 ppm/K

CBDA/*t*-CHDA  
CTE＝26 ppm/K

図5　*Trans*-1,4-cyclohexanediamine（*t*-CHDA）より得られる低熱膨張性透明ポリイミドの例

め，脂環式ジアミンを使用する系に比べると，はるかに PAA 重合反応の再現性がよい（分子量のばらつきが小さい)。

　実験室スケールでは様々な脂環式テトラカルボン酸二無水物が合成されている[35〜42]。大規模生産されている脂環式テトラカルボン酸二無水物はそれほど多くはないが，例えば図 6 に示すようなものが入手可能である。PMDA のような芳香族テトラカルボン酸二無水物と遜色ない程度に，一般的な芳香族ジアミンと十分に高い重付加反応性を示し，且つ低 CTE 発現に有利な剛直・直線状の立体構造を有するものは，図 6 の中では CBDA と H′-PMDA に限られ，更にこれらを比較すると，CBDA の方が CTE を下げるのにより有利である。一方，CBDA 上に 4 つのメチル置換基を導入した TM-CBDA（図 6）では，芳香族ジアミンとの重付加反応性が急激に低下して PAA の分子量が上がらず，製膜が困難になる[31]。

　CBDA にも欠点がある。CBDA より得られた PAA フィルムを熱イミド化する際，イミド化を完結するのに，他の系よりも若干高い温度で加熱する必要があり，イミド化しにくい傾向がある。これは PI フィルムの透明性改善の立場からは好ましくない因子であるので，可能であれば，室温で安定な PI ワニスとしておき，熱イミド化よりずっと低い温度でキャスト製膜する方法で製膜したいところである。しかしながら CBDA を用いると，多くの場合，PI 自体の溶媒溶解性が失われるため，高温での熱イミド化工程を経る通常の二段階法により製膜せざるを得ない。CBDA/TFMB 系 PI では，真空中 330℃で熱イミド化することにより，透明で比較的低 CTE（21 ppm/K）のフィルムが得られるが[11]，通常の溶媒には不溶であり，膜靭性は必ずしも十分ではない（$\varepsilon_b$＜10%）[15, 32]。

　CBDA を用いても，PI の溶液加工性を悪化させない方法があるとよいがそう簡単ではない。

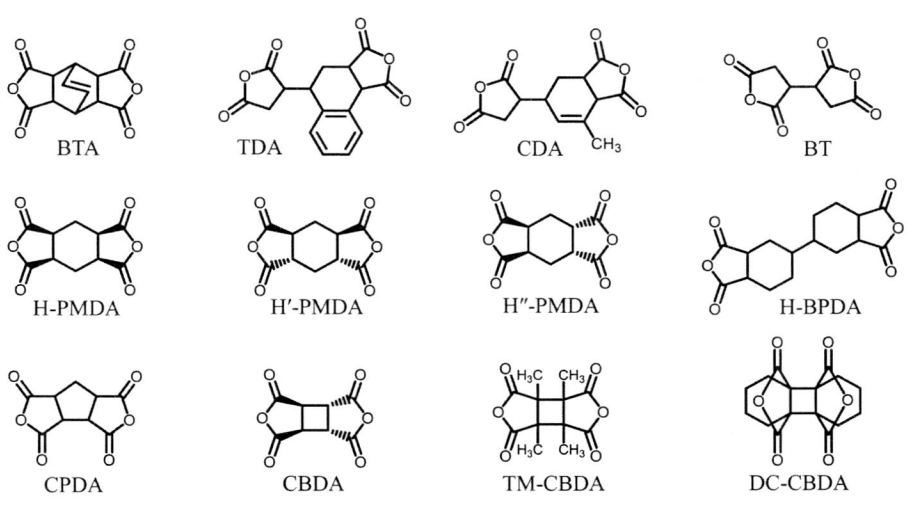

図 6　入手可能な脂環式テトラカルボン酸二無水物の例（現在，一部入手不可）

筆者らは一分子中に 4,4′-diaminobenzanilide（DABA）と TFMB の構造的特徴を有する新規ジアミン AB-TFMB を合成し，これを CBDA と組み合わせた系を検討した。まず CBDA/AB-TFMB ホモ PI 系を検討したところ，化学イミド化の際，脱水環化試薬を PAA 溶液に滴下するとゲル化が起こった。これは，CBDA/AB-TFMB 系 PI の溶媒溶解性が不十分であるためである。そこで更に最適化検討を進め，この系に 6FDA を 30 mol％共重合した結果（図7），均一状態を保持したまま化学イミド化が可能となり，十分フレキシブル（$\varepsilon_b^{max} > 30\%$）で目視上濁りのない無色のキャストフィルム（$T_{400} = 80.6\%$，YI = 2.5）が得られた。更にこの共重合 PI 系は極めて低い CTE 値（7.3 ppm/K）を発現した[32]。AB-TFMB を用いるまでもなく，DABA と TFMB を共重合すれば同等の効果が得られるのではないかと一見思われるが，DABA の共重合組成を少し増加しただけで，化学イミド化時にゲル化が起こった。そのため，単に既存の DABA と TFMB を用いて共重合する方法ではうまくいかない。AB-TFMB の化学イミド化時ゲル化抑制効果についての仮説が提案されている[32]。

### 8.6 脂環構造を有する透明ポリイミドにおける耐久性の懸念と対策

CBDA を用いて得られた上記の PI 共重合体は，本要求特性を万遍なくほぼ満足している[32]。しかしながら，ここに示したものはあくまでも初期特性であり，各特性の長期経時劣化（即ち耐久性，例えば黄変耐性等）についてはまだ十分に検討されていない。透明耐熱材料の実用化に向け，初期特性だけでなく耐久性の評価が今後重要になるであろう[43]。脂環式モノマーを使用すると，耐久性の問題がいずれ顕在化するのではないかという懸念もある。この観点から，原理的

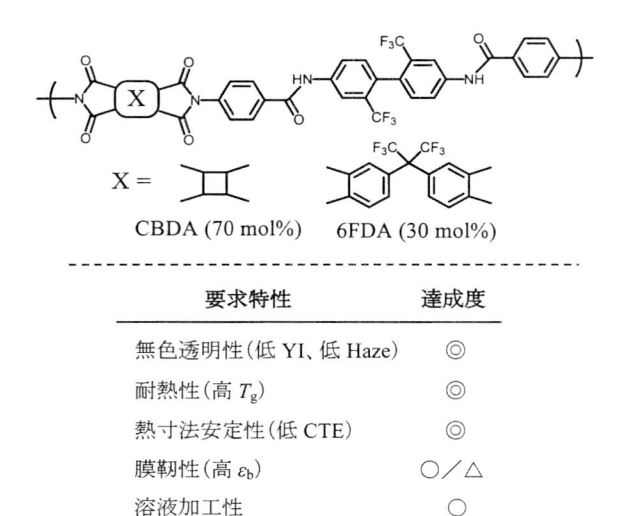

図7 高透明性，耐熱性，低熱膨張性，可撓性および溶液加工性を併せ持つポリイミドと要求特性の達成度
（◎：十分に達成，○：ほぼ達成，○／△：それほど悪くはないが，改善の余地あり）

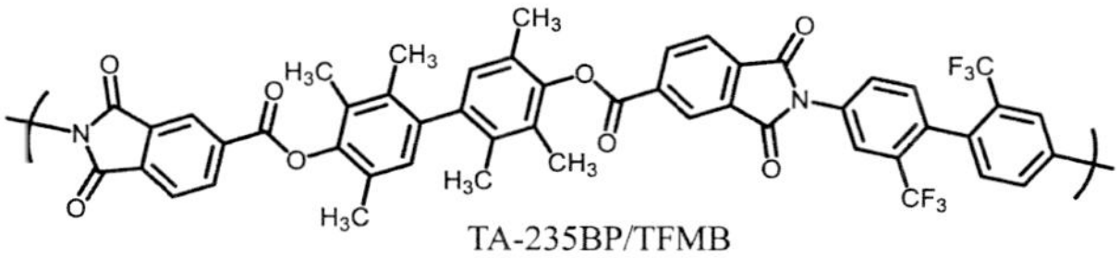

TA-235BP/TFMB

$T_{400} = 71.5\%$, YI = 3.2, Haze = 1.15%, $T_g = 294\ ^\circ\text{C}$

CTE = 21.7 ppm/K, $\varepsilon_b(\text{max}) = 20\%$, $W_A = 0.04\%$

図8 脂環式モノマーを使用せずに高透明性，耐熱性，低熱膨張性，可撓性および溶液加工性を同時に実現するための分子設計
全芳香族ポリエステルイミド

な困難さはあるけれども，脂環式モノマーを使用せずに透明性，耐熱性，低熱膨張性および膜靭性を併せ持つ材料を得る検討がなされている[20, 44, 45]。例えば，図8に示すポリエステルイミドは，透明性，耐熱性，低熱膨張性，膜靭性，低吸水率（$W_A$）および溶液加工性をバランスよく有している[45]。

# 文　　　献

1) M. Hasegawa, K. Horie, *Prog. Polym. Sci.*, **26**, 259-335 (2001)

2) A.K. St. Clair, W.S. Slemp, *SAMPE J.*, **21**, 28-33 (1985)

3) S. Ando, T. Matsuura, S. Sasaki, *Polym. J.*, **29**, 69-76 (1997)

4) M. Fukuda, Y. Takao, Y. Tamai, *J. Mol. Struct.*, **739**, 105-115 (2005)

5) M. Hasegawa, N. Sensui, Y. Shindo, R. Yokota, *Macromolecules*, **32**, 387-396 (1999)

6) M. Hasegawa, T. Matano, Y. Shindo, T. Sugimura, *Macromolecules*, **29**, 7897-7909 (1996)

7) J.C. Coburn, M.T. Pottiger, Polyimides: Fundamentals and Applications, M.K. Ghosh, K.L. Mittal, Eds., pp. 207-247, Marcel Dekker, New York (1996)

8) S. Numata, S. Oohara, K. Fujisaki, J. Imaizumi, N. Kinjyo, *J. Appl. Polym. Sci.*, **31**, 101-110 (1986)

9) M. Hasegawa, S. Horii, *Polym. J.*, **39**, 610-621 (2007)

10) T. Kikuchi, K. Uejima, H. Sato, *Polym. Prepr. Jpn.*, **40**, 3748-3750 (1991)

11) M. Hasegawa, M. Koyanaka, *High Perform. Polym.*, **15**, 47-64 (2003)

12) M. Hasegawa, K. Koseki, *High Perform. Polym.*, **18**, 697-717 (2006)

13) M. Hasegawa, Y. Tsujimura, K. Koseki, T. Miyazaki, *Polym. J.*, **40**, 56-67 (2008)

14) M. Hasegawa, Y. Sakamoto, Y. Tanaka, Y. Kobayashi, *Eur. Polym. J.*, **46**, 1510-1524 (2010)

15) M. Hasegawa, M. Fujii, Y. Wada, *Polym. Adv. Technol.*, **29**, 921-933 (2018)

16) L.E. Nielsen, 高分子と複合材料の力学的性質，小野木重治訳，化学同人 (1976)

17) 新田晃平，高分子論文集，**73**, 281-293 (2016)

18) M. Hasegawa, M. Fujii, J. Ishii, S. Yamaguchi, E. Takezawa, T. Kagayama, A. Ishikawa, *Polymer*, **55**, 4693-4708（2014）

19) T. Matsuura, Y. Hasuda, S. Nishi, N. Yamada, *Macromolecules*, **24**, 5001-5005（1991）

20) M. Hasegawa, T. Ishigami, J. Ishii, K. Sugiura, M. Fujii, *Eur. Polym. J.*, **49**, 3657-3672（2013）

21) J. Brandrup, E.H. Immergut, E.A. Grulke, Eds., Polymer Handbook, 4th edition., John Wiley, New York（1999）

22) S.Z.D. Cheng, F.E. Arnold, Jr., A. Zhang, S.L. Hsu, F. W. Harris, *Macromolecules*, **24**, 5856-5862（1991）

23) H. Suzuki, T. Abe, K. Takaishi, M. Narita, F. Hamada, *J. Polym. Sci. Part A*, **38**, 108-116（2000）

24) W. Volksen, H.J. Cha, M.I. Sanchez, D.Y. Yoon, *React. Funct. Polym.*, **30**, 61-69（1996）

25) T. Matsumoto, *Macromolecules*, **32**, 4933-4939（1999）

26) H. Seino, T. Sasaki, A. Mochizuki, M. Ueda, *High Perform. Polym.*, **11**, 255-262（1999）

27) J. Li, J. Kato, K. Kudo, S. Shiraishi, *Macromol. Chem. Phys.*, **201**, 2289-2297（2000）

28) A.S. Mathews, I. Kim, C.S. Ha, *Macromol. Res.*, **15**, 114-128（2007）

29) M. Hasegawa, K. Kasamatsu, K. Koseki, *Eur. Polym. J.*, **48**, 483-498（2012）

30) M. Hasegawa, D. Hirano, M. Fujii, M. Haga, E. Takezawa, S. Yamaguchi, A. Ishikawa, T. Kagayama, *J. Polym. Sci. Part A*, **51**, 575-592（2013）

31) M. Hasegawa, M. Horiuchi, K. Kumakura, J. Koyama, *Polym. Int.*, **63**, 486-500（2014）

32) M. Hasegawa, Y. Watanabe, S. Tsukuda, J. Ishii, *Polym. Int.*, **65**, 1063-1073（2016）

33) M. Hasegawa, *Polymer*s（MDPI）, **9**, 520（2017）

34) M. Hasegawa, M. Horiuchi, Y. Wada, *High Perform. Polym.*, **19**, 175-193（2007）

35) 松本利彦, 最新ポリイミド〜基礎と応用〜, 日本ポリイミド・芳香族系高分子研究会編, p.231-246, NTS（2010）

36) T. Matsumoto, T. Kurosaki, *Macromolecules*, **30**, 993-1000（1997）

37) A. Shiotani, H. Shimazaki, M. Matsuo, *Macromol. Mater. Eng.*, **286**, 434-441（2001）

38) Y. Tsuda, K. Etou, N. Hiyoshi, M. Nishikawa, Y. Matsuki, N. Bessho, *Polym. J.*, **30**, 222-228（1998）

39) Y. Guo, H. Song, L. Zhai, J. Liu, S. Yang, *Polym. J.*, **44**, 718-723（2012）

40) X. Fang, Z. Yang, S. Zhang, L. Gao, M. Ding, *Polymer*, **45**, 2539-2549（2004）

41) T. Matsumoto, H. Ozawa, E. Ishiguro, S. Komatsu, *J. Photopolym. Sci. Technol.*, **29**, 237-242（2016）

42) X. Hu, J. Yan, Y. Wang, H. Mu, Z. Wang, H. Cheng, F. Zhao, Z. Wang, *Polym. Chem.*, **8**, 6165-6172（2017）

43) 石井淳一, 牧村莉沙, 新藤奈穂美, 長谷川匡俊, 高分子討論会予稿集, **65**, 3M09（2016）

44) M. Hasegawa, T. Ishigami, J. Ishii, *Polymer*, **74**, 1-15（2015）

45) M. Hasegawa, T. Hirai, T. Ishigami, S. Takahashi, J. Ishii, *Polym. Int.*, **67**, 431-444（2018）

# 9 フレキシブルディスプレイ基板の研究開発動向

後藤幸平*

## 9.1 はじめに

　有機 EL（OLED）が実用化されてから，フレキシブルディスプレイは現実味を帯びてきた。試作〜開発品は，2013 年の半導体エネルギー研究所，2015 年の NHK 技研，2016 年の LG，2017 年の半導体研究所，ジャパンディスプレイ，JOLED，サムソン，AUO，BOE から発表された。報道をみると，2016 年の"有機 EL 商機再び"の記事にスマホ向けのフレキシブル基板樹脂フィルムは販売中という記述[1]があり，掲載時期にはフレキシブル化が進行しつつあることがわかる。さらに最近の報道には，「従来のガラス基板の"リジッド"型から，2017 年には自由度の高い"フレキシブル"ディスプレイ品の生産を増やした。新規参入メーカーもフレキシブル品を中心に展開する」[2]との記載がある。

　フレキシブルディスプレイ基板は軽量で，湾曲させるなど曲げたり，折りたたんだり，巻いたりできる透明材料になるが，どのような高分子材料かの詳細な情報は開示されていない。フレキシブルディスプレイに必要な①透明性や②耐屈曲性の基本的な特性の他にも，OLED 製造工程での③耐熱性や④寸法安定性（低熱線膨張係数）などの特性が挙げられる。耐熱・透明という切り口から多くの耐熱透明性の高分子材料が候補にあるが，材料設計の多様性からポリイミドが活発に研究されている。しかしながら，（図 1(a)）に示す代表的なポリイミド Kapton®（Du Pont）に見られるように，ポリイミドは固有の黄褐色に着色している。これをいかに無色透明化できるかになる。この考え方の解説は本稿では省略するので，筆者の総説など[3]を参照していただきたい。

　本稿では，先に筆者が解説した「透明ポリイミド」[4]や「耐熱性透明ポリイミドの開発動向と今後の展開への期待」[5]に掲載後の国内企業の開発動向を特許の切り口からまとめてみた。

## 9.2 開発動向

### 9.2.1 ポリイミドの透明化技術開発

　透明ポリイミドを理解するために，技術開発の流れを図 1 で俯瞰してみる。

　ポリイミド固有の着色を無色透明化した最初の開示情報は 1964 年の Du Pont 社の含フッ素全芳香族ポリイミド（図 1(b)）の特許[6]といわれている。この当時に Tg 308℃[7]の耐熱透明性材料を見出していたこと，また含フッ素ポリイミドが開発されていたことは，驚くしかない。これ以降も全芳香族ポリイミドの透明性発現に多用される 4,4'-（ヘキサフルオロイソプロピリデン）ジフタル酸無水物（6FDA）を選択している先見性にも感服する。

　その後，透明ポリイミドは宇宙用耐熱材料として注目され，1984 年に NASA の St. Clair ら[8]は 6FDA ベースのポリイミドが透明性発現に有利で，6FDA/3,3'-ジアミノジフェニルスルフォ

---

＊　Kohei Goto　後藤技術事務所　代表

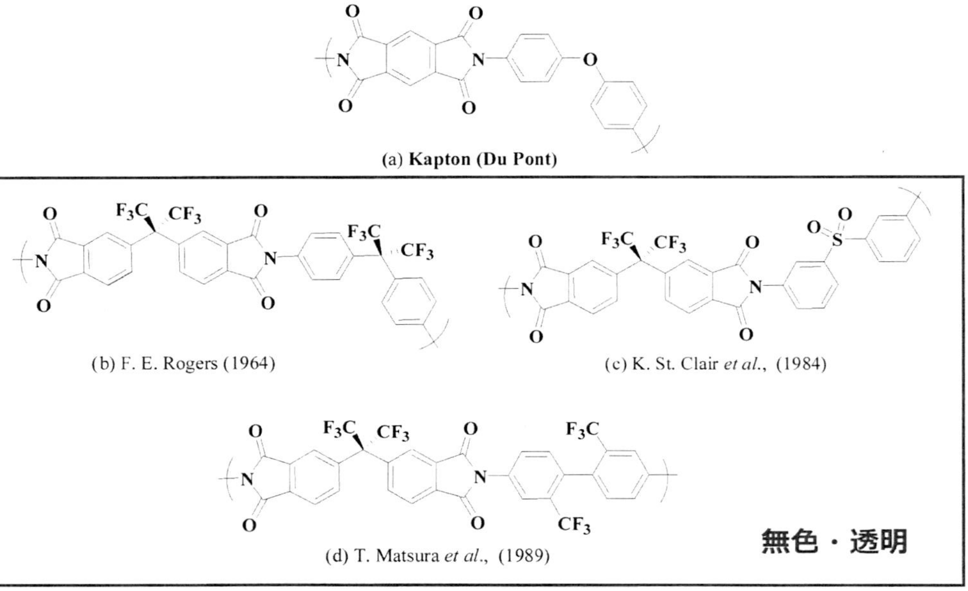

(a) **Kapton (Du Pont)**

(b) F. E. Rogers (1964)　　　(c) K. St. Clair *et al.*, (1984)

(d) T. Matsura *et al.*, (1989)　　　**無色・透明**

**図1　耐熱全芳香族ポリイミドの化学構造**
着色；(a) Kapton[®]（Du Pont 社），透明：(b) Du Pont 社特許[6] に記載の構造，
(c) NASA[8] が報告した構造，(d) NTT[9] が報告した構造

ンから Tg 279℃の透明ポリイミド（図1(c)）を見出した。また，6FDA ベースで剛直鎖であり
ながら嵩高い -CF$_3$ 基による捻じり構造のジアミンを導入した，Tg 335℃の透明ポリイミド，
FLUPI-01，が NTT の松浦ら[9] によって開発された（図1(d)）。ここで嵩高い置換基（＞C(CF$_3$)$_2$，
＞SO$_2$），非直線構造の *m*- 置換位や芳香環の捻じれ構造などが，着色要因の芳香環が関与した電
荷移動（Charge Transfer（CT））錯体形成を阻害した結果，透明化の設計ができたと解釈できる。
　一方，CT 錯体を形成できない非芳香族の脂環族構造を導入した半芳香族（芳香族／脂環族）
透明ポリイミドの研究は 1970 年代に始まっている。嚆矢は Su[10] による 1,2,4,5- シクロヘキサン
テトラカルボン酸 2 無水物（CHDA）と 4,4'- ジアミノジフェニルメタンからの特許という。そ
の後も脂環族系は液晶配向膜などの機能材料の原料としても多くのモノマーが開発されてきた。
図2に透明ポリイミド設計に用いられる市販品，開発品の代表的な脂環族モノマー(a)テトラカル
ボン酸 2 無水物，(b)ジアミンを示した。
　脂環族基の導入により吸収端波長を短波長側に大きくシフトさせるので，全芳香族系に比べ，
全光線透過率が向上する。また，多くの半芳香族透明ポリイミドではテトラカルボン酸 2 無水物
に脂環族を用いる系が多い。これは吸収端波長を比べても，脂環族ジアミン系が ca.320 nm に対
して，脂環族テトラカルボン酸 2 無水物では ca.280 nm と短波長側にシフトするからである。ち
なみに全芳香族系の吸収端波長は〜ca.380 nm である。全脂環族系に至っては ca.230 nm までシ
フトする。また，脂環族ジアミンは強塩基性のため，重合系で生成するポリイミド前駆体ポリア

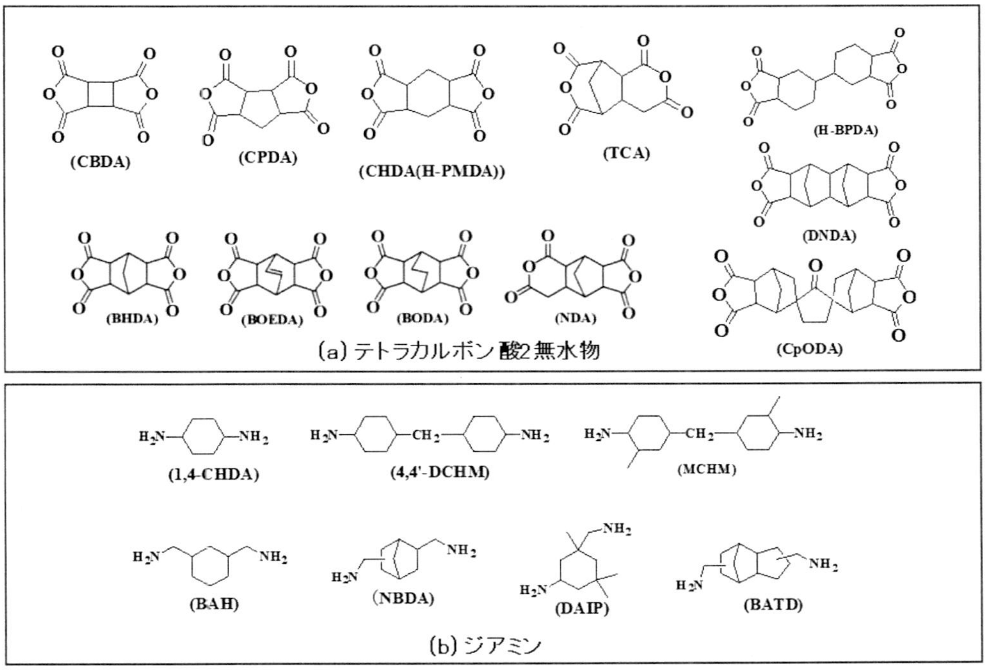

**（a）テトラカルボン酸2無水物**

（CBDA）　（CPDA）　（CHDA(H-PMDA)）　（TCA）　（H-BPDA）

（DNDA）

（BHDA）　（BOEDA）　（BODA）　（NDA）　（CpODA）

**（b）ジアミン**

（1,4-CHDA）　（4,4'-DCHM）　（MCHM）

（BAH）　（NBDA）　（DAIP）　（BATD）

図2　耐熱透明脂環族系ポリイミドに使用される代表的なモノマー
(a)テトラカルボン酸2無水物，(b)ジアミン

ミック酸と塩形成による沈殿が生じやすく，均質なかつ円滑な重合反応を妨げることもその理由になっている。

　今日に至るまでも，脂環族系耐熱透明ポリイミドの研究開発は続いている。この分野の技術展開は新規モノマー開発も含め，松本[11]の解説が参考になる。

　また，全芳香族系ではテトラカルボン酸2無水物とジアミン単位とのCT錯体の抑制の効果（電子的要請によるCT遷移エネルギー差）の違いにより，吸収短波長に違いがみられる。透明性発現に有利な6FDAを用いた全芳香族ポリイミドと脂環族2,3,5-トリカルボキシシクロペンチル酢酸2無水物（TCA）（図2(a)）を用いた半芳香族ポリイミドの透過スペクトルとの比較を図3[12]に示した。

　ここではそれぞれのモノマーと組み合わせる -NH$_2$ 置換のベンゼン環の電子密度を変えた5種のジアミン，電子密度が高くなる順序で記載すれば，2,2'-トリフルオロメチルベンジジン（TFMB）＜ビス[4-(3-アミノフェノキシ)フェニル]スルホン（BAPS-M）＜ビス4-(4-アミノフェノキシ)スルホン（BAPS）＜2,2-ビス[4-(4-アミノフェノキシ)フェニル]プロパン（BAPP）＜4,4'-ジアミノジフェニルエーテル（4,4'-DDE）である。それぞれの透過スペクトルに違いが生じている。"芳香族・脂環族 vs 透明性とCT錯体形成の関係"が理解できる。脂環族TCA系は4,4'-DDE以外は無色透明となるが，6FDA系ではジアミン種によって吸収端波長が反映され，

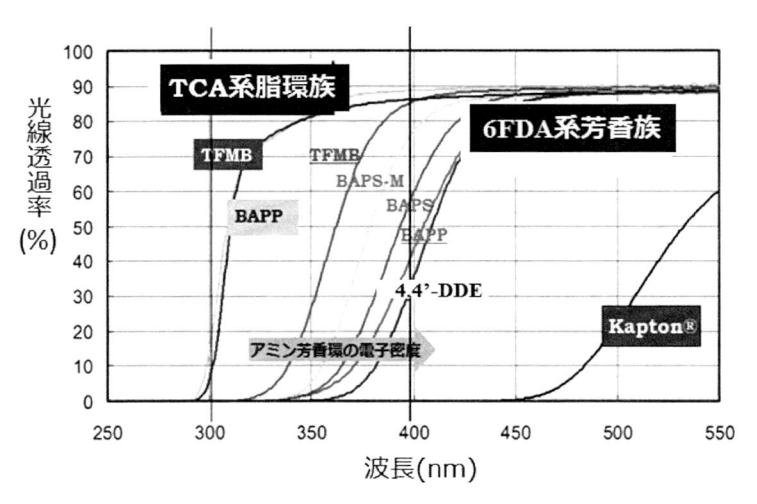

図3　芳香族 6FDA 系と脂環族 TCA 系透明ポリイミドのジアミン種による光線透過挙動

電子密度の低い２種のジアミン，TFMB と BAPS-M，だけが無色透明であった。一方，脂環族系の吸収端波長はジアミン構造の影響は受けず，ほぼ一定の吸収端波長である。これから脂環族系テトラカルボン酸２無水物からのポリイミドは，無色透明化設計のジアミン種の選択肢も拡がり，用途によって要求される多様な機能設計からも有利である。この図に脂環族テトラカルボン酸２無水物を用いたポリイミドの透明化の効果が集約されている。

### 9.2.2　透明ポリイミドの機能化設計

　ここではフレキシブル OLED 製造工程で重要な特性である熱線膨張係数（Coefficient of Thermal Expansion（CTE））の低減化の普遍的な考え方を解説しておく。結晶性分子では分子軸方向（c 軸）は熱収縮し，負の CTE になる。その分，a 軸，b 軸方向が熱膨張変形し，体積は膨張していくことになる。高分子化合物では，$p$- アラミド，Kevlar[R]（Du Pont），のような剛直分子構造が相当し，CTE は -2 ppm/℃ である。自由体積の大きな通常の屈曲性高分子は等方的にランダムに配置分布し，自由体積の膨張によって CTE は正の数字になる。ポリ（メチルメタクリレート）やポリスチレンでは，それぞれ 70 ppm/℃，80 ppm/℃ 程度である。

　低 CTE を発現できる直線状剛直性ポリイミドの例を図4に示す。

　代表的な Kapton[R] フィルム（図4(a)）は主鎖の芳香環の導入により，分子が動き難くなり，Tg も上昇すること，製膜工程での延伸・熱履歴も反映し，CTE は 27 ppm/℃[13] と低い。ポリイミドも剛直構造になると負の CTE を示す。（図4(b)）に示す NTT の FLUPI-10（ピロメリット酸無水物（PMDA）/TFMB）[9] の -5 ppm/℃ の例がある。また，市販の宇部興産の低 CTE グレード UPILEX[R]-S（3,3',4,4'- ビフェニルテトラカルボン酸２無水物（$s$-BPDA）/$p$- フェニレンジアミン（$p$-PDA）（図4(c)）の CTE は，12～22 ppm/℃[14] に制御されている。ただし，これらは無色透明ではない。全芳香族系では $p$- 置換位で連結させていけば，低 CTE 化設計がで

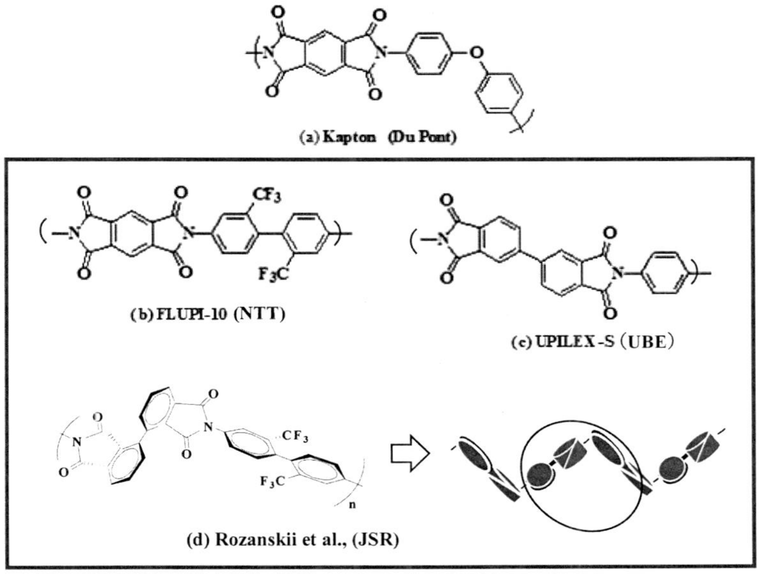

**図 4　低 CTE 全芳香族ポリイミドの化学構造の例**
((b)，(c)着色，(d)透明)

きるが，無色透明化の設計と併せるには一工夫が要る。立体構造と電子的要請から，無色透明化と低 CTE 化を両立した例を挙げておく。単位モノマーの 2 重の捻じれの導入によるジグザグ様のクランクシャフト様の剛直構造で透明・低 CTE 化の両立ができる。実際の合成例（2,2',3,3'-BPDA($i$-BPDA)/TFMB）[15] を図 4(d)に挙げておく。この透明ポリイミドの CTE は 10～15 ppm である。端的に言えば，低 CTE 化には円筒状でも直線様で配向させた 1 次構造の高分子にすることが必要条件である。

　この考え方は脂環族系でも同様である。実際の適応は図 2 のモノマーの立体異性体構造に着目する。単環では $trans$（$t$-）構造，多環では $trans$-$endo$ 構造をテトラカルボン酸 2 無水物，ジアミンモノマーに取り入れていけばよい。単環シクロアルカンでは固定化した環状構造になる 6 員環まで，テトラカルボン酸 2 無水物の例では，$t$-1：2,3：4- シクロブタン [16]，$t$-1：2,3：4- シクロペンタン [17]，$t$-1,2,4,5- シクロヘキサン構造 [18]，ジアミンでは $t$-1,4,- ジアミノシクロヘキサン（$t$-1,4-DACH）[19] などになる。多環構造の例では，ビシクロ環構造の $t$-BHDA，テトラシクロ環構造の $cis$-$cis$-$trans$-$trans$- 体の DNDAxx，$trans$-$endo$-$trans$ シクロペンタノンビススピロノルボルナン構造のテトラカルボン酸 2 無水物（CpODA）[20] がある。組み合わせる剛直ユニットは透明系ではジアミンが多い。TFMB などのベンチジン系や $p$- アラミド [21]，$p$- アリレート [21] の低分子単位の末端ジアミンを用いればよい。ただし，脂環族系ではジグザグ様のクランクシャフト構造となり，単位断面積当たりの分子数が低減するので，靭性など力学的性質に課題を残す。ただ，CTE の要求値との兼ね合いで，応力を緩衝できる屈曲性成分の導入により，平均剛直鎖

長の制御で改善はできる。脂環族モノマーは低 CTE 化を意図した立体構造制御可能な構造に今後は集約化していくだろう。

　CTE のデーターで考慮すべきことを追記しておく。本稿でも CTE の数値を示しているが，測定値を他の研究機関との絶対的な比較はできない。ポリイミド種による Tg の違いはもちろん，膜厚，製膜条件（延伸・配向と温度履歴）に大きく依存しているからである。

### 9.3　製品特性

#### 9.3.1　企業の開発動向

　フレキシブルディスプレイ基板を意識した耐熱透明ポリイミドの研究開発に関与している国内化学企業のニュースリリース，技術報告，展示会の紹介事例などをもとに，公開特許から開発技術を整理し，企業の技術動向を確認してみたい。

　耐熱透明ポリイミドをみると，全芳香族系は，IST 社の TORMED[®22] の製品，東レ・デュポン社の「Kapton[®] 無色透明グレード」[23]，含 F ではセントラル硝子[24] の開発品がある。半芳香族（芳香族／脂環族）系は，製品としては三菱ガス化学の Neoplim[®25]，三井化学の ECRIOS[®26]，ソマールの SPIXAREA[®] TP の開発品[27] がある。自社 HP で過去に紹介していた東洋紡の開発品も特性から半芳香族系と推定される。最近活発な宇部興産やカネカは出願特許内容の傾向から，半芳香族系に注力していると推定される。全脂環族系は丸善石油化学[28] や新日本理化[29] が，過去に製品紹介をしていたが，最近は公開特許もなく，ペンディングと思われる。他に河村産業のポリイミド[30] があるが，詳細技術は不明。また，最近の出願実績のある企業は，旭化成，コニカミノルタ，新日鉄住金化学，住友化学，三菱ケミカル，LG ケミカル，コーロンなどがある。近年の特許の公開はみられないが，過去に検討していた企業に，積水化学，JSR，DIC，JNC，日立化成・デュポンマイクロシステムズなどがある。

　また，透明ポリイミドを意識したモノマー開発事例もある。全てがテトラカルボン酸 2 無水物である。日本精化（p- アリレート型全芳香族テトラカルボン酸 2 無水物（TAHQ)[31]），田岡化学[32]，JXTG エネルギーの展示会などの発表例（CpODA)[33] がある。

　企業動向の解析にあたり，ポリイミド開発に有力な企業の宇部興産，カネカ，三井化学の 3 社の開発年次を確認するために，透明ポリイミドの特許出願の経年次変化を図 5 に示した。宇部興産は比較的古くから，単発的に出願して 2011 年から注力していることがわかる。カネカは 2005 年頃から始まり，2009 年以降に出願件数が大きく伸びている。三井化学は 1999 年から 2001 年，2007 年，2010 年以降の 3 期間，透明ポリイミドの研究を推進している。今回のテーマは 2010 年からの開発と考えてよい。特許件数は前 2 社に比べ比較的少ない。

　以下に，上記の 3 社を含め，現在も活動している各社の出願特許から透明ポリイミドの開発動向を解析する。

#### （1）　宇部興産

2011 年 5 月 27 日の宇部興産発の「次世代ディスプレイの透明ポリイミド基板材料を生産・供

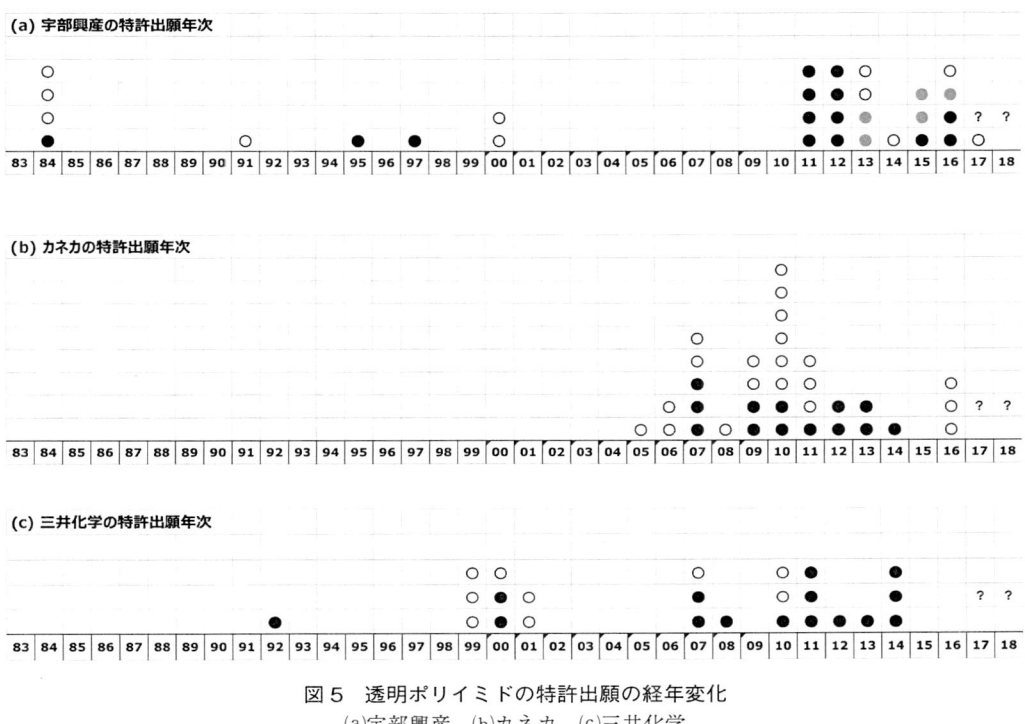

図5　透明ポリイミドの特許出願の経年変化
(a)宇部興産，(b)カネカ，(c)三井化学
（○未審査請求，●審査請求，●登録）

給する合弁会社をサムソンモバイルディスプレイ社と設立の契約締結を行った」，プレスリリース[34]は業界を驚かせた。図5から合弁社設立の契約日以前の主たる特許出願は見当たらないので，2011年以降の出願特許からの展開と考えればよいだろう。

　この合弁会社設立は，"高温下での膨張変形を抑えた技術開発に目途が得られた"とリリース時の報告から，低 CTE 化を伴った技術（重要技術ということにもなる）に着目していけばよい。今回の契機となった低 CTE 化透明ポリイミドは一連の4件の特許[35~38]が，2011年7月21日の同一日に出願されている。

　主要な開発技術は大きく2種のポリイミド構造とみれる。発想の原点は自社の低 CTE グレード UPILEX®-S（$s$-B⊃DA/$p$-PDA）（図4(c)）にあり，これからの無色透明化に展開したと推測できる。該社の注力している低 CTE 化を発現できるポリイミド構造を特許実施例から図6に示した。自社の優位性となる原料の $s$-BPDA を活かし，$p$-PDA の剛直性を担う脂環族として，1,4-DACH のトランス体の採用[35]で，透明性と低 CTE 化が狙える半芳香族系の剛直性ポリイミドができる。脂環族ジアミンの強塩基性からの重合反応条件の制限や CTE 制御を狙い，$s$-BPDA の異性体 2,3,3′,4-BPDA（$a$-BPDA）の共重合（図6(a)）で特性バランスを図って[35]，全光線透過率 ca.80%，CTE は ca.20 ppm/℃の特性に至っている。

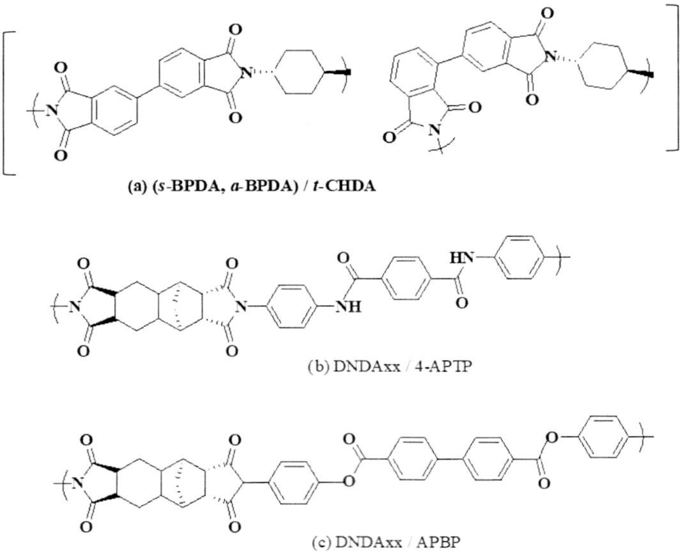

**(a) (s-BPDA, a-BPDA) / t-CHDA**

**(b) DNDAxx / 4-APTP**

**(c) DNDAxx / APBP**

図 6　宇部興産の特許の実施例にみられる透明ポリイミドの代表的な構造の例
(a)[35] s-BPDA・a-BPDA/t-DACH, (b)[39] DNDA xx/4-PTP, (c)[41] DNDA xx/APBP

　2種目が機能設計のためのアミンの選択性や光線透過率を考慮して，立体構造を規定・固定化できる既存の脂環族テトラカルボン酸2無水物[39,40]，例えば，CHDA や DNDA（図2(a)）と芳香族の剛直ジアミン（p-アラミド系[39,40,42]，例えば 4-APTP（図6(b)），p-アリレート系[36,38,41]，例えば，APBP（図6(c)）やベンチジン系[42]（例えば，TFMB（図4））からの低 CTE の半芳香族ポリイミドになる。これらも CTE は ca.20 ppm/℃ に制御している。アラミド構造の導入は吸水性が問題となってくるので，酸無水物当量の大きな疎水性の剛直鎖の長い CpODA（図2(a)）のような脂環族構造が好ましいことになる。この化合物にも注目し，最近の特許出願[43,44]もある。なお，CpODA ポリイミドは，既に松本ら[45]の論文や低 CTE 化の研究発表[20]，JXTG エネルギーと東京工芸大学の公開特許[46]があることを付記しておく。

　図5から，今回のプロジェクト以前の 1984 年の一連の耐熱透明ポリイミドは，可溶性ポリイミドの調製を目的に該社の主要なモノマーBPDA と芳香族ジアミンを組み合わせた全芳香族ポリイミドを見出し，併せて透明性の特性も確認した知見からの特許であろう。これ以降も単発的な出願が見られるが，出願特許の多くは未審査請求によるみなし取り下げになっており，透明性のニーズは明確ではなかった時代の発明といえる。近年の積極的な特許登録への動きと対照的である。今回の技術開発は実発明者7人でスタートしており，最初の4件の出願特許は，登録済になっていること，その後もこの分野の出願は積極的に審査請求され登録されていることから社内的にも注力テーマであることが想像できる。このことは該社社長の Change & Challenge 2018 経営概況説明会[47]（2017 年5月18日）においても，ポリイミドに関してフレキシブルディスプ

レイ基板市場の創出・拡販を図ること，ワニス市場の立ち上げにリソースの重点投入し，と言及されていることからも裏付けられる。また，開発のポリイミドワニスが韓国サムスン電子のOLED搭載スマートフォンにすでに採用されているとの情報[48]もあるが，実際に展開しているポリイミド種などは不明である。ただ，前述の社長説明会の資料[47]にはBPDAと絡ませた記述から，BPDA系が展開されている可能性がある。工業化されていない脂環族構造の原料では立体構造の固定化した異性体の合成の選択性や精製化などの検討が課題として未解決なことが要因かもしれない。

### (2) カネカ

NHK技研の本村ら[7, 49]が，カネカの低CTE透明ポリイミドを使用したフレキシブルOLEDを発表した。カネカの透明ポリイミドの開発技術も宇部興産と同様に低CTE化に沿った公開特許から開発技術を調べた。ただ，該社の出願の技術内容は広く分散しており，また，個々のモノマー構造規定や組み合わせ，また共重合体となるような特許が多く，本命技術を抽出してまとめるには複雑すぎる。前述の宇部興産との内容とも重なる部分があるが，低CTE化に可能性のある構造の化合物を先ずは抽出した。検討している剛直性モノマーは，宇部興産の技術でも紹介したテトラカルボン酸2無水物のBPDA[50]など，ジアミン$t$-1,4-DACH[50]，TFMB[51~53]などもあるが，それ以外の構造を挙げてみた。出願のモノマーを図7(a)～(g)に挙げた。これらの多くは東

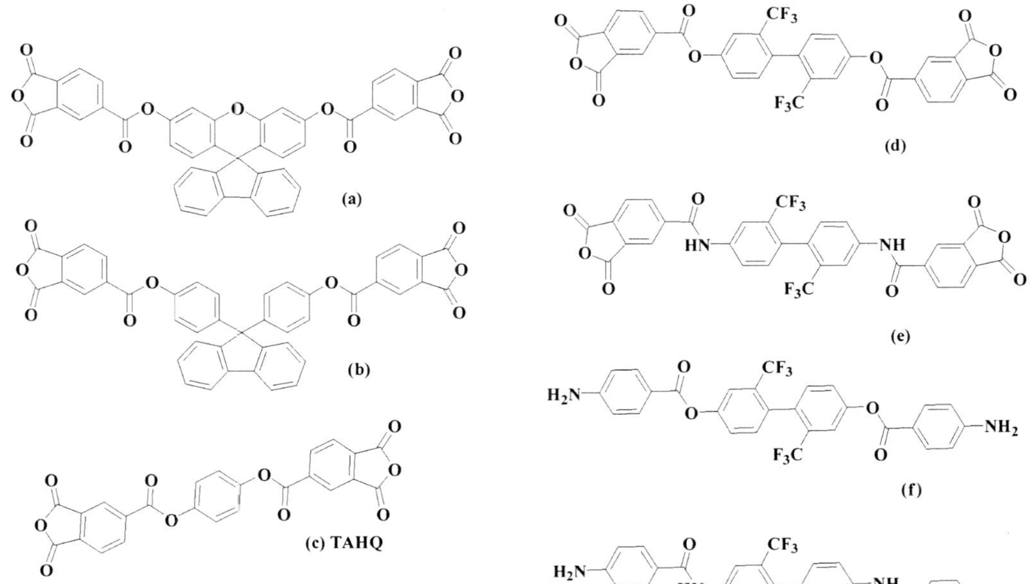

図7　カネカの剛直構造モノマー

邦大学の長谷川教授が発明者として関与している[52~57]。芳香族テトラカルボン酸2無水物では p-アリレート型のフルオレン(a)[58]，(b)[59]，ハイドロキノンの p-アリレート型（TAHQ）(c)[55]，含F芳香族 p-アリレート型(d)[56]・p-アミド型(e)[52, 54, 57] がある。また，芳香族ジアミンでは含F芳香族 p-アミド型(g)[54]・p-アリレート型(f)[52~54] がある。

　これらの情報をベースに NHK 技研のサンプルについて考察したい。該ポリイミドは光線透過率89%，Tg 355℃，CTE 12 ppm/K，電気抵抗＞$10^{16}$Ωcm と極めて優れた特性を示していた。本村ら[49] の研究内容の報告時期，カネカの特許出願日，審査請求の有無（登録，みなし取り下げも考慮し）や低CTE化狙いの技術の出願特許から，報告された特性値と特許の実施例のデーターからも考察した。評価サンプルは半芳香族系ポリイミドの可能性が高く，モノマーの組み合わせとして，（図2(a)）H-PMDA テトラカルボン酸2無水物／（図7(f)）[52] ジアミン系のポリイミドがベースになっている可能性が推測された。

　カネカの現在の多くのアプローチからの出願状況から，今後，採用すべき優位な技術に絞り込まれる期間になると想像できるので，今後の出願にも注目しておきたい。

### (3)　三井化学

　図5に示した三井化学の3期ある出願時期の前2期間は，新規，または特定構造の芳香環含有脂環族ジアミン，芳香族ジアミンを用いる透明ポリイミドである。いずれのモノマーも屈曲構造で，現在の課題特性の低CTE化には注目していなかった。製品の ECRIOS® は自社 HP[26] 記載の特性から，2010年以降に出願された開発技術と推測する。

　製品の特長は，①高い光線透過率，②耐折性などの強度的性質や③低CTEにある。開示されている特許内容から，それぞれ，①は脂環族構造，②全芳香族系か芳香族テトラカルボン酸2無水物／脂環族ジアミンの特定の組み合わせの効果（実施例から），④剛直性と屈曲性のブロック共重合体による効果を見出したことによると考えられる。関連する特許[60~62] のクレームや実施例の内容から，図8に示す剛直連鎖(A)が s-BPDA/t-CHDA，屈曲連鎖(B)が s-BPDA／ノルボルナンジアミン（NBDA（図2(b)）の半芳香族系構造のマルチブロック共重合体と推定される。剛直，屈曲ジアミンの発現機能の使い分けになっている。得られたブロック共重合体の特性値は，実施例[60] からのデーターを転記して表1にまとめた。実施例から，図8に示す屈曲連鎖(B)と比

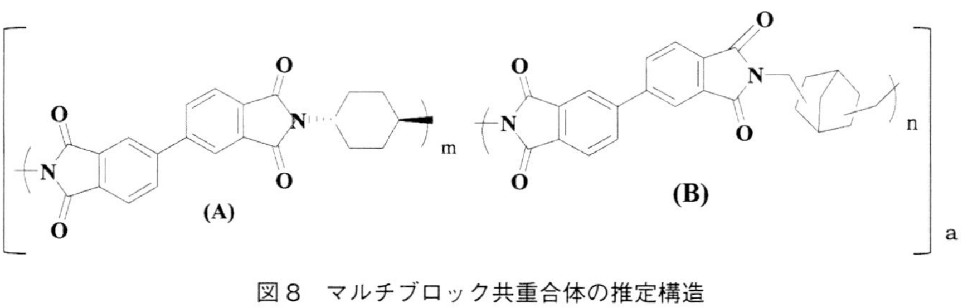

図8　マルチブロック共重合体の推定構造
(s-BPDA/t-1,4-DACH)-b-(s-BPDA/NBDA)

表1　マルチブロック共重合体の特性：ランダム共重合体との比較

| 実施例 | t-CHDA ブロック (mol%) | Tg (℃) | CTE (ppm/℃) | 弾性率 (GPa) | 強度 (Mpa) | 伸び (%) | 全光線透過率 (%) | 耐折性 ◎：>10万回 ×：<1000回 |
|---|---|---|---|---|---|---|---|---|
| （比較例2） | 0 | 249 | 46 | 2.8 | 114 | 6 | 89 | × |
| **1** | **34.5** | **280** | **28** | **3.9** | **170** | **28** | **88** | ◎ |
| **5** | **69.0** | **286** | **15** | **5.1** | **206** | **11** | **86** | ◎ |
| （比較例1） | 100 | 295 | 9 | 4.3 | 206 | 8 | 88 | ◎ |

| 実施例 | t-CHDA ランダム (mol%) | Tg (℃) | CTE (ppm/℃) | 弾性率 (GPa) | 強度 (Mpa) | 伸び (%) | 全光線透過率 (%) | 耐折性 ◎：>10万回 ×：<1000回 |
|---|---|---|---|---|---|---|---|---|
| （比較例1） | 50 | 277 | 34 | 3.9 | 146 | 31 | 87 | ◎ |
| （比較例5） | 67 | 289 | 27 | 4.1 | 159 | 21 | 87 | ◎ |
| （比較例6） | 71 | 283 | 24 | 4.2 | 173 | 20 | 88 | ◎ |

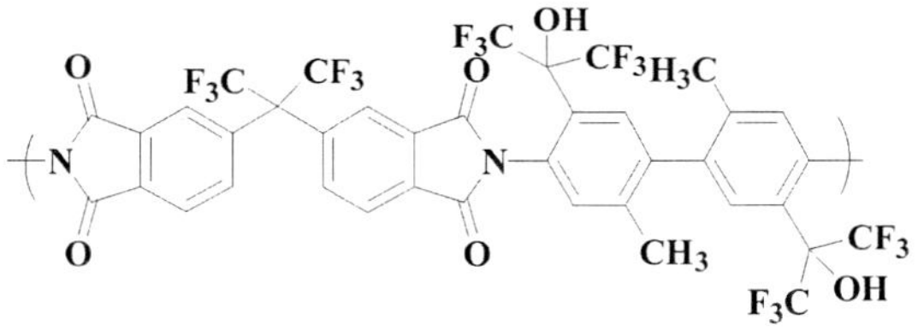

図9　セントラル硝子の含フッ素全芳香族ポリイミドの推定構造 [68]

較した剛直連鎖(A)の特長は，CTE ↓，Tg ↑，弾性率↑，耐折性↑に優位な特性が発現している。所定の要求する CTE を屈曲連鎖(B)とのブロック共重合体組成で調整・制御していることになる。ランダム共重合に比べても CTE の低減化に有効に機能し，弾性率，強度や伸度などの力学的性質でも優位になっている。ブロック構造にすることによって，分子複合材料的な剛直性鎖長の維持による効果を発揮している。

　その他にも低 CTE 化技術をガラスクロス [63] やタルク充填 [64]（マトリックスは PMDA/NBDA）の複合材料化技法で開発している。ただし，顧客へのワニス対応には適していない。

（4）　IST

　全芳香族系透明ポリイミド TOMED® の商標で製品化されている。2016 年以降のフィルムテック展示会（＠東京ビッグサイト）に出展されており，以前，解説した開発品 [5] とは特性データーが更新され，完成度も上がったものと思われる。Type-S（汎用）と Type-X（ディスプレイ用）の2グレードがある。

　透明ポリイミドの製造法に関する該社の出願特許 [65] から，製品は基本的には全芳香族共重合体の構造，（BPDA・オキシジフタル酸2無水物（ODPA）or 2,2-ビス［(3,4-ジカルボキシフェ

ノキシフェニル]プロパン 2 無水物（BPADA））／（TFMB・DDS or BAPS-M）の組成と推定される。ポリイミドの透明性発現と，かつ吸収端波長を短波長側へのシフトに有利な $H_2N-$ 置換の芳香環の電子密度の低いジアミンを活用していることも理解できる。また Type-X は，屈折率の値から，含フッ素の TFMB が使用されていると推測される。

### (5) ソマール

フィルムテック 2016 などの展示会や自社 HP[27] で紹介のフレキシブルディスプレイ用の開発品 SPIXAREA® TP がある。4 種の型番があり，開示の特性値，および公開特許[66] から，半芳香族系と推定される。CTE は 28〜60 ppm/℃。構造は H-BPDA（図 2(a)）と -OH 基を有する芳香族ジアミン，例えば，2,2- ビス(3- アミノ -4- ヒドロキシフェニル)ヘキサフルオロプロパンなどの組み合わせと推定される。

### (6) セントラル硝子

機能性材料展 2016 の展示会で発表された開発品である。該社の公開特許[67, 68] から，低 CTE 化を指向している化学構造は図 9 と推定される。開示資料[24] ではガス透過性にも優れ，高い $CO_2$ 分離性能，高圧 $CO_2$ 可塑耐性との記述がある。嵩高い $CF_3$ の置換基の効果で分子のパッキングが緩いこととフッ素含量の高い（イミド基濃度の低い）疎水性の高い構造を裏付けている。また，高透明性で寸法安定性に優れるとあり，6FDA に $s$-BPDA を共重合化させて CTE を制御していると推測される。


## 9.4 おわりに

OLED はリジッドからフレキシブル化への大きな市場に発展していくのは間違いない。要求性能に見合う完成度の高い耐熱透明低 CTE 高分子材料が待たれている。なかでも多様なモノマーの適応性と機能化のための構造設計の自由度が高いポリイミドが有力である。要求特性に合わせ込んだポリイミドが市場でも評価され始めた。設計・合成の高いポテンシャルを活かしたさらなるポリイミドの設計の進化に期待したい。


文　　　献

1) 日本経済新聞，2016 年 5 月 10 日
2) 日本経済新聞，2018 年 2 月 15 日
3) 後藤幸平，a) 機能材料，**35**(9)，4-13（2015）；b) ポリイミドの機能向上技術と応用展開，松本利彦監修，pp.3-15 シーエムシー出版（2017）
4) 後藤幸平，光時代の透明性樹脂，pp.97-114 シーエムシー出版（2004）
5) 後藤幸平，マテリアルステージ，**14**（No.9），27（2014）
6) F.E. Rogers（Du Pont），US. Patent，3,356,648（1964）

7)　安藤慎治，高分子，**64**，428（2015）．に記載

8)　K. St. Clair, T. L. St. Clair, K. I. Sheveket, *Polym. Mater. Sci., Eng.*, **51**, 62（1984）

9)　松浦徹，市野敏弘，石沢真樹，山田典義，蓮田良樹，西史郎，第 38 回高分子学会年次大会予稿集，p.322（1989）

10)　G. C. Su, US. Patent, 3,639,343（1972）

11)　松本利彦，a）有機合成協会誌，**58**，pp.776-786（2000）；b）最新ポリイミド〜基礎と応用〜，今井淑夫・横田力男編，pp.388-407，エヌティーエス（2002）；c）Idem. 新訂 最新ポリイミド〜基礎と応用〜，日本ポリイミド・芳香族高分子研究会編，pp.231-246 エヌティーエス（2010）

12)　宇野高明，岡田敬，イーゴリ・ロジャンスキー，後藤幸平，ポリイミド・芳香族高分子の最近の進歩 2013 "第 20 回ポリイミド・芳香族高分子研究会議" の会議録，p.71（2013）

13)　東レ・デュポン（Kapton® H の物性）：http://www.td-net.co.jp/kapton/data/index.html

14)　宇部興産（UPILEX®-S の熱的特性）：http://www.upilex.jp/jp/upilex_grade.html

15)　I. Rozhanskii, K. Okuyama, K. Goto, *Polymer*, **40**, 7057（2000）

16)　M. Hasegawa, *High Performance Polymer*, **13**, S93（2001）

17)　宇野高明，岡田敬，イーゴリ・ロジャンスキー，菊池利允，後藤幸平，JSR Technical Review, No.122, 13（2015）

18)　M. Hasegawa, M. Koyanaka, *High Perform. Polym.*, **15**, 47（2003）

19)　堀内正人，長谷川匡俊，第 53 回高分子討論会，セッション ID：1Pe143（2010）

20)　E. Ishiguro, K. Taneda, Y. Iguchi, R. Kimura, T. Matsumoto, 2012 Asia-Pacific Polyimides and High Performance Polymers Symposium, p.127

21)　長谷川匡俊，エレクトロニクス実装学会誌，**16**，399（2013）

22)　IST，https://www.istcorp.jp/industrial_material/tormed/

23)　東レ，http://www.toray.jp/films/news/pdf/120426_14_toumeicap.pdf

24)　セントラル硝子，a）2015.2.3 化学工業日報；b）機能性材料展 2016：http://nanotech2016.icsbizmatch.jp/Info/jp/ExhibitorDetail?val=gVia_eQoF7A

25)　三菱ガス化学，http://www.mgc.co.jp/seihin/n/05.html

26)　三井化学，https://www.mitsuichem.com/jp/techno/develop/pi/

27)　ソマール，http://www.somar.co.jp/products/03_32_05.html

28)　二重作則夫，電子材料，**39**(5)，154（2000）

29)　新日本理化，http://www.nj-chem.co.jp/news/test_content.php?news_id=19

30)　河村産業，http://www.kawamura-s.co.jp/product_polyimide.htm

31)　日本精化，高分子，**67**(6)，裏表紙宣伝（2018）

32)　田岡化学，a）http://www.taoka-chem.co.jp/business/pdf/tbis_list201508.pdf；b）http://www.taoka-chem.co.jp/business/pdf/tbis_list201611-2.pdf

33)　JXTG エネルギー：https://www.noe.jxtg-group.co.jp/business/function/acid_anhydrides/pdf/index_pdf01.pdf

34)　宇部興産 2011.5.27，http://www.ube-ind.co.jp/ube/jp/news/2011/2011_06.html

35)　宇部興産，特開 2012-041530，登録 5903789

36)　宇部興産，特開 2012-041531，登録 5842429

37)　宇部興産，特開 2013-023583，登録 5923887

38) 宇部興産, 特開 2013-023597, 登録 6047864

39) 宇部興産, 特開 2013-147599, 登録 5845918

40) 宇部興産, 特開 2016-029177, 登録 6086139

41) 宇部興産, 特開 2013-166929, 登録 6060695

42) 宇部興産, 特開 2016-164271, 登録 6164331

43) 宇部興産, 特開 2017-197631

44) 宇部興産, 特開 2018-066017

45) 木村亮介, 松本利彦, 高分子論文集, **68**, 127 (2011)

46) JXTG エネルギー・東京工芸大学, 特開 2016-132686

47) http://www.c-hotline.net/docs/html/UBEC7370/dl/ubec170518_1.pdf

48) 日刊工業新聞ニューススイッチ, https://newswitch.jp/p/6505

49) 本村玄一, 中嶋宣樹, 中田充, 武井達也, 山本敏裕, 栗田泰一郎, 清水直樹, 電子通信学会論文誌, **J97-C**, 64 (2014)

50) カネカ, 特開 2017-179000

51) カネカ, 特開 2017-186473

52) カネカ, 再表 2013-121917

53) カネカ, 特開 2013-028688, 登録 5785018

54) カネカ・東邦大学, 特開 2015-214597, 登録 6236349

55) カネカ, 特開 2013-082876, 登録 5909391

56) カネカ, 特開 2012-062344, 登録 5443311

57) カネカ, 再表 2011-065131

58) カネカ・東邦大学・田岡化学, 特開 2017-137443

59) カネカ, 再表 2014-007112

60) 三井化学, 再表 2010-113412

61) 三井化学, 再表 2014-041816

62) 三井化学, 再表 2014-174838

63) 三井化学, 再表 2011-033751

64) 三井化学, 再表 2009/069688

65) IST, 再表 2017-073782, 登録 6253172

66) ソマール, 特開 2017-115098,

67) セントラル硝子, 特開 2016-076480

68) セントラル硝子, 特開 2016-076481

# 10　高耐熱光学レンズ用シクロオレフィンポリマーの技術開発動向

古国府　明*

## 10.1　はじめに

　シクロオレフィンポリマー（COP）は，シクロオレフィン類をモノマーとして合成される分子構造中に脂環構造を有するポリマーである。日本ゼオンでは，世界に先駆けて開発した独自の技術により，1991年からCOP（製品名：ZEONEX®，ZEONOR®）の商業生産を開始している。その後，市場のニーズを捉えながら開発，改良を進め，2016年には生産能力を年間37,000 tまで増強している。

　COPは，その成形加工性の良さや量産性を活かして，光学レンズ・プリズム・光ディスク・光学フィルム・光ファイバーなどの光学部品として多くの光学機器に使用されているが，光学機器の小型化，高性能化に伴い，COPに求められる品質は日々向上している[1]。光学レンズを事例として挙げると，車載カメラや監視カメラに展開するために高耐熱化が求められるようになった。

　今回は，COPの代表的な特性を紹介し，高耐熱化をはじめとする光学レンズ用COPの最新の技術開発動向について報告する。

## 10.2　シクロオレフィンポリマー（COP）の基本特性と光学レンズへの展開

### 10.2.1　COPの合成

　当社のCOPの合成は図1のスキームに沿って行われる。ノルボルネン誘導体（モノマー）を，開環メタセシス重合によりポリマー化し，二重結合を水素化触媒を用いて水素化し合成する。二重結合は，着色，酸化劣化の原因となるため，水素化して二重結合をなくすことで，水素化前よりも熱分解温度を約40℃上げることができ，熱安定性が高く透明なCOPが合成される。また，COPは吸湿性の高い極性基を持たず炭化水素から構成されるため，低吸水性という大きな特徴を持つ。

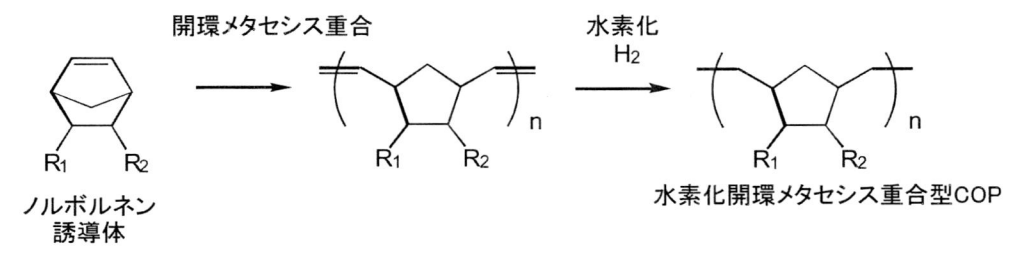

図1　シクロオレフィンポリマー（COP）の合成スキーム

---

＊　Akira Furuko　日本ゼオン㈱　総合開発センター　高機能樹脂研究所　主席研究員

### 10.2.2 COPの光学レンズへの展開

　近年，COPは光学レンズの分野ではデファクトスタンダードな材料となっている。COPを光学レンズに展開できた理由としては，COPの基本特性が光学レンズに求められる次の4つの基本的要素を満たしたためと考えられる[2]。

① 透明性，低複屈折性：高い情報の再現性。

② 耐熱性：広い使用温度領域で高い信頼性。

③ 低吸湿性，低寸法変化：使用環境（湿度）を選ばない高い信頼性。

④ 成形性：射出成形での精密成形性，高い生産性。

　一方で，近年の電子技術の発展とともに，光学レンズの分野においてもCOPに対する更なる高性能化への市場要求が出てきた。スマートフォン向けカメラでは，レンズユニットの薄型化が進み，「低複屈折化」，「薄肉成形性」が，車載カメラや監視カメラにおいては長期耐熱性が要求されるようになり，「高耐熱化」が求められるようになった。このような市場要求に対するCOPの開発，改良事例について後述する。

### 10.3 シクロオレフィンポリマー（COP）の低複屈折化

### 10.3.1 複屈折について

　光学レンズに求められる重要な特性として低複屈折性が挙げられる。複屈折とは，材料に光が入射する際，直交方向における光の屈折率が異なる現象である。レンズに複屈折がある場合，結像性能の低下などが生じるため，レンズを成形する材料には低い複屈折が必要であり，近年の高画素化の流れから，より低い複屈折が求められている。

　通常，バルク状態にあるポリマーは，構造単位がランダムに配列し，等方性になるため複屈折を示さない。しかし，射出成形などによりポリマーに応力が加わると，ポリマーが方向性を持って配向した状態となる。この際に残存した分極率異方性により生じる複屈折が，配向複屈折である。また，ポリマーが固化する際の残留歪みや，応力が加わった際に発生する弾性的な変形時に生じる複屈折が，応力複屈折である。一般にポリマーの複屈折は，この配向複屈折と応力複屈折の和で示される（(1)式）[3]。

$$\Delta n = f \cdot \Delta n_0 + C \cdot \sigma \tag{1}$$

　　$f \cdot \Delta n_0$：配向複屈折，$C \cdot \sigma$：応力複屈折

　　$f$：配向関数，$\Delta n_0$：固有複屈折

　　$C$：光弾性係数，$\sigma$：応力

　光学プラスチック材料の複屈折を低減するためには，①ポリマーの溶融時の流動性を高め，配向しにくい分子設計とする[4,5]，②固有複屈折がプラスのモノマーとマイナスのモノマーをランダム共重合する，またはプラスのポリマーとマイナスのポリマーをブレンドし複屈折を相殺する，という方法があり様々な研究が行われている[6,7]。

### 10.3.2　COP の複屈折について

　COP の複屈折を低減する方法についても同様に考えることができる。配向複屈折を低減するためには，分子量の最適化や内部滑剤などを添加し，溶融時の流動性を高くする方法がある。また，成形時の樹脂温度，射出速度，金型温度など成形条件を最適化することにより，成形時のポリマー配向を発生しにくくする方法も取られている。

　さらに，配向複屈折をゼロに近づけるためには，固有複屈折を相殺してやることが有効であるが，脂環式構造を有するノルボルネン類モノマーのほとんどは，プラスの固有複屈折を示すため，配向複屈折をゼロにすることは難しい。そのため，出来る限り固有複屈折の絶対値が小さいモノマーを用いるなどの方法が取られている。

　このような COP の高流動化，成形条件の改善，固有複屈折の低いモノマーの選択によって，現在では，配向複屈折の非常に小さいレンズが成形できるようになった。

　一方，配向複屈折だけではなく，金型における冷却工程，金型からの取り出し工程，レンズをユニットへ取り付ける工程時の応力により発生する応力複屈折についても考慮する必要がある。例えば，携帯電話用レンズなど，非常に小型のレンズを複数枚組み込んでユニットとする際には，応力がかかる場合があり，応力がかかった際に発現する応力複屈折が無視できなくなってきている。応力複屈折に，ポリマー固有の値である光弾性係数に依存する。

　当社では，ポリマー構造を改良することにより従来の COP より配向複屈折を低減し，さらに光弾性係数が 0.1 以下と COP の中でも極めて応力複屈折が小さい「ZEONEX® K26R」を開発した。ZEONEX® K26R は，図2に示すように荷重を加えた際の応力による複屈折が，従来のZEONEX® と比較し小さいことから，応力複屈折の低減効果を確認できる。このように，配向複屈折，応力複屈折を低減することで，従来の ZEONEX® と比べ射出成形体の複屈折が低減することが可能となった。

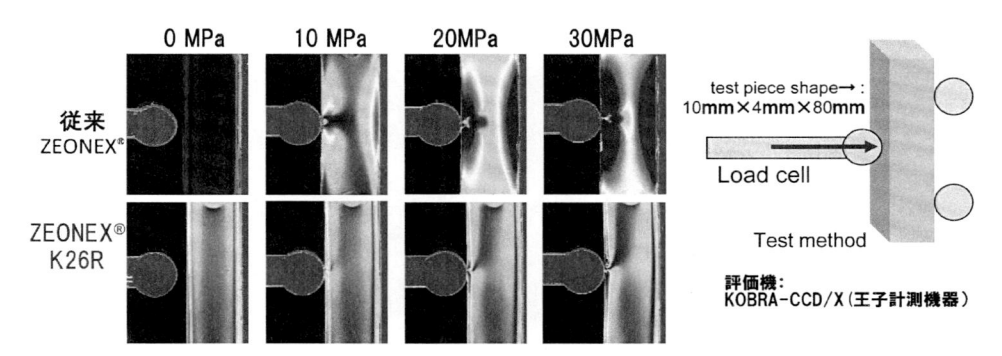

図2　荷重を加えた際の複屈折変化

## 10.4　シクロオレフィンポリマー（COP）の薄肉成形性向上

### 10.4.1　薄肉成形性について

　近年の電子技術の発展とともに，電子電気機器の軽量化，小型化，薄型化が進んでいる。特に，スマートフォン向けカメラにおいては，搭載されるカメラユニットに用いられる光学レンズの薄肉化が進んでおり，薄肉成形性に優れる樹脂が求められている。光学レンズの薄肉化が進む一方で，その形状も複雑化しており，昨今の携帯カメラに搭載される光学レンズは，均等な厚みではなく，薄肉部と厚肉部とが併存する偏肉化が進んでいる。

　薄肉部と厚肉部とが併存する薄肉偏肉化レンズの成形における問題の一つに，ウェルドラインが挙げられる。ウェルドラインは，図3に示すように金型に流れ込んだ樹脂の2つ以上の流動先端部の会合界面に発現する線状の接合痕である。レンズに生じたウェルドラインが，レンズ有効径にかかることで光学欠陥となるため，成形条件や金型形状の改善によりウェルドラインの低減が行われてきたが，薄肉偏肉化が進んだレンズでは，薄肉部と厚肉部で樹脂の充填速度に差が生じやすくなるため，ウェルドラインがより生じやすくなっている。

### 10.4.2　COP の薄肉成形性向上について

　COP においても，薄肉偏肉化レンズの成形においてはウェルドラインが問題となる。ウェルドラインの低減は，樹脂の流動性を高くすることのみでは解決されず，厚肉部と薄肉部での樹脂の充填速度に差が出ないような樹脂設計が必要である。充填速度に差が生じるのは，薄肉部では流路が狭まり，樹脂の剪断速度と温度の変化が大きくなるために，厚肉部と薄肉部の溶融粘度の差が開くことが原因として挙げられる。そこで，「ZEONEX® K26R」においては，樹脂骨格及び分子量を最適化することにより，厚肉部と薄肉部の溶融粘度の差を最小限とするような樹脂設計を取り入れており，薄肉偏肉化レンズの光学欠陥を大幅に抑制することが可能となった。

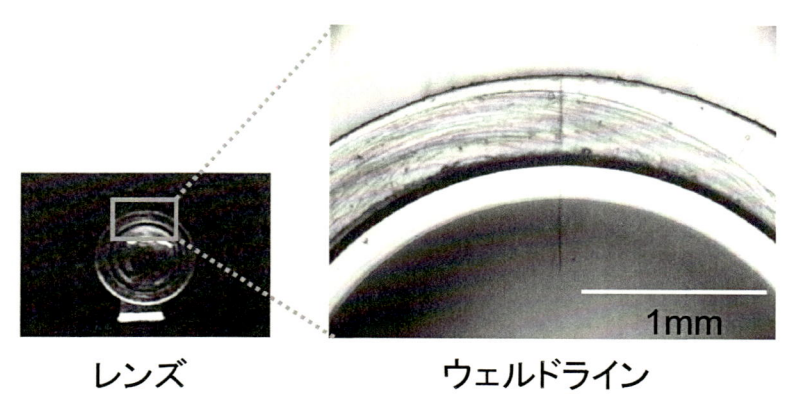

レンズ　　　　　　　　　ウェルドライン

図3　ウェルドラインの例

## 10.5　シクロオレフィンポリマー（COP）の高耐熱化

### 10.5.1　光学レンズの高耐熱化について

　近年は，使用環境が厳しく高い耐熱特性が求められ，従来ガラスが先行して使用されていた車載カメラや監視カメラでも，光学プラスチックを使用されるケースが増えてきている。これは，ガラスと比較し設計の自由度が高く，量産性に優れるプラスチック材料への置き換えを，レンズメーカーが精力的に取り組んでいるためである。それに伴い，光学プラスチックへの高耐熱化への要求も強まっている。ここで求められる耐熱性とは，実使用温度領域で「レンズ形状の変化」，「屈折率の変動」，「レンズの変色」が小さいことなどを指す。

　このような特性を引き出すためには，ポリマー主鎖の基本的な構造，側鎖の種類と反応性，製造工程などで混入する不純物の影響，酸素の透過性，添加剤の効果など，様々な因子を考慮してポリマー設計を行う必要がある。とくに，「レンズの変色」を抑制するのに最も効果的であるのが，酸化防止剤のような添加剤である。

　高分子材料の変色の原因の一つに，熱酸化劣化による黄変が挙げられる。代表的な酸化防止剤であるヒンダードフェノール系酸化防止剤は，熱劣化により発生したアルキルラジカル（R・）が空気中の酸素と素早く反応して生成するパーオキシラジカル（ROO・）を捕捉し，ポリマーの熱酸化劣化を抑制する。また，一次酸化防止剤と呼ばれるヒンダードフェノール系酸化防止剤に対して，二次酸化防止剤と呼ばれるリン系，イオウ系の酸化防止剤は，ラジカル連鎖反応の過程で生成する過酸化物（ROOH）を分解する効果があり，この両方を併用することで熱酸化劣化抑制の相乗効果がある[8]。

　ただし，このような添加剤を光学レンズに使用する場合は，射出成形時の金型汚れ，成形後のブリードアウトなどが起こるため，添加剤の揮発性やポリマーとの相溶性などに留意して選定する必要がある。

### 10.5.2　COP の耐熱性向上について

　光学用プラスチックの一つである COP においても，顧客から耐熱性を求められるケースが増えている。光学レンズで求められる耐熱特性の一つである「レンズ形状の変化」を抑えるためには，ポリマーのガラス転移温度（$T_g$）を高くする必要がある。これは，温度が $T_g$ を超えると，非晶性ポリマーの弾性率が急激に低下し，熱変形が起こるためである。

　COP は自由なポリマー設計が可能なことも大きな特徴の一つである。表 1 に，ノルボルネン誘導体（モノマー）の $R_1$，$R_2$ の置換基を変えたポリマーの基礎物性を示した。$R_1$，$R_2$ に置換基を持たないとポリマーは結晶性で不透明となる（A）。一方，$R_1$，$R_2$ に嵩高い置換基を導入し，ポリマーを配列し難くすることで非晶性となり透明となる（B〜E）。また，$R_1$，$R_2$ がつながった剛直な縮合環構造を有するものは，$T_g$ が高く耐熱性にも優れる（D，E）。さらに，2 種類以上のモノマーの共重合も任意であり，共重合体組成により $T_g$ をコントロールすることも可能である。$R_1$，$R_2$ の構造を最適化することで，光学レンズに必要な透明性を維持しながら，$T_g$ の高いポリマーを製造することができる。

表1 シクロオレフィンポリマー（COP）の構造と性能

| | A | B | C | D | E |
|---|---|---|---|---|---|
| 化学構造 | | | | | |
| 性状 | 結晶性 | 非晶性 | 非晶性 | 非晶性 | 非晶性 |
| 透明性 | 不透明 | 透明 | 透明 | 透明 | 透明 |
| $T_g$/℃ | $T_m$：134 | 75 | 86 | 96 | 150 |

　このように，ポリマー設計による高 $T_g$ 化，さらにはポリマーとの相溶性や揮発性を加味して耐熱試験において変色が少なくなる添加剤を選定することで，COP においても耐熱性を向上することが可能である。

### 10.5.3 COP の車載カメラへの展開

　車載カメラは大きく分類し，視界補助（ビューイング）カメラと画像認識（センシング）カメラに分けられるが，双方とも本格的な普及が進んでいる。とくに，車内外の情報を検知し，ドライバーへの警告，または自動的に走行を制御するセンシングカメラは，年率 10％ 以上の伸びが期待される成長分野である。

　このように，車載カメラの市場が拡大する中，当社が販売している COP（製品名：ZEONEX®）もビューイングカメラに搭載されることが増えてきている。一方，センシングカメラは高温・長時間の環境下で使用され，高い耐熱性が求められるため，現状ガラスが先行して使われている。

　当社で販売している ZEONEX® E48R は優れた耐熱黄変性を有するが，$T_g$ が 139℃ と低く，ZEONEX® F52R は $T_g$ が 156℃ と優れた耐熱変形性を有する一方で，高温環境下では黄変し易い性質がある。

　そこで，ポリマー構造の改良と独自の添加剤処方により耐熱性を高め，従来 ZEONEX® ではトレードオフの関係であった耐熱変形，耐熱黄変を両立する「ZEONEX® T62R」を開発した。ZEONEX® T62R は，154℃ の高い $T_g$ を有しながら，ZEONEX® E48R 以上の耐熱黄変性を持つことを特徴とする。

　表2には ZEONEX® T62R の基礎物性を，図4には 125℃，135℃ での長期保管試験の3mm板の色調変化を示した。表2，図4に示したように，従来の ZEONEX® の特徴である高透明性，低吸水性，優れた光学特性を損なうことなく，高い $T_g$ と耐熱黄変性を両立していることがわかる。

　また，車載カメラは屋外で使用されるため，紫外光の影響も考慮しなければならない。図5に耐光性試験（光源：紫外線カーボンアーク，ブラックパネル温度：63℃）の3mm板の色調変化を示した。従来の ZEONEX® よりも，優れた耐光性を持ち紫外線に暴露される屋外使用にも適

表 2　ZEONEX® T62R の基礎物性と他グレードとの比較

| 特性 | 測定方法 | 単位 | ZEONEX® T62R | ZEONEX® E48R | ZEONEX® F52R |
|---|---|---|---|---|---|
| 比重 | ASTM D792 | — | 1.03 | 1.01 | 1.02 |
| 吸水率 | ASTM D570 | % | < 0.01 | < 0.01 | < 0.01 |
| 光線透過率 | ASTM D1003 | % | 92 | 92 | 92 |
| 屈折率 | ASTM D542 | — | 1.536 | 1.531 | 1.535 |
| アッベ数 | ASTM D542 | — | 56 | 56 | 56 |
| ガラス転移温度 | JIS K7121 | ℃ | 154 | 139 | 156 |
| 荷重たわみ温度 | ASTM D648 | ℃ | 143 | 122 | 144 |
| 線膨張係数 | ASTM E831 | cm/cm℃ | $6 \times 10^{-5}$ | $6 \times 10^{-5}$ | $6 \times 10^{-5}$ |
| MFR | ISO 1133 | g/10min 280℃ | 16 | 25 | 22 |
| 曲げ弾性率 | ISO 178 | MPa | 2500 | 2500 | 2400 |
| 曲げ強度 | ISO 178 | MPa | 98 | 104 | 109 |
| 引張弾性率 | ISO 527 | MPa | 2700 | 2500 | 3000 |
| 引張強度 | ISO 527 | MPa | 67 | 71 | 45 |
| 引張伸び | ISO 527 | % | 4 | 10 | 2 |
| アイゾット衝撃強度 | ASTM D256 | J/m | 23 | 21 | 19 |
| 鉛筆硬度 | JIS K5401 | — | F | H | F |
| 体積抵抗 | IEC93 | Ω cm | $> 10^{-17}$ | $> 10^{-16}$ | $> 10^{-16}$ |
| 絶縁性破壊強度 | ASTM D149 | kv/mm | 71 | 40 | 60 |
| 誘電率 | IEC250 | — | 2.5 | 2.3 | 2.5 |

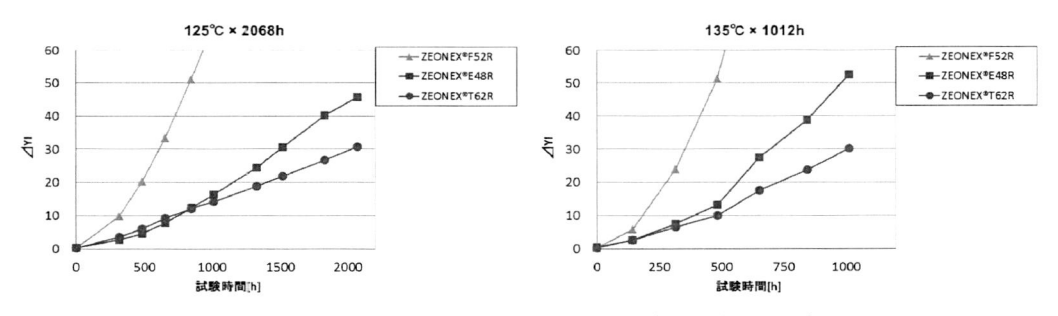

図 4　125℃，135℃耐熱試験の色調変化（3 mm 板　⊿YI）

応があることが確認できた。

　ZEONEX® T62R は，高い耐熱性と耐光性を両立した特性を生かして，車載カメラ，監視カメラ，ヘッドアップディスプレイなどへの展開が期待される。

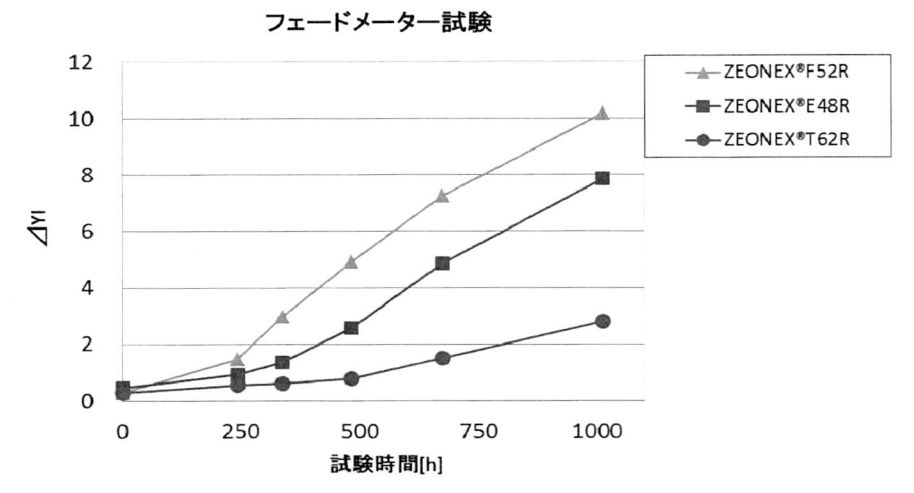

図5 フェードメーター試験の色調変化 (3mm板 ⊿YI)

## 10.6 おわりに

本稿では，高耐熱化をはじめとする光学レンズ用 COP の最新の技術開発動向について紹介した。ガラスと比較し，設計自由度が高く，量産性に優れる光学プラスチックへのニーズや期待はより高まっている。一方で，高屈折率化，高アッベ数化，低複屈折化，低線膨張係数，高流動化など更なる高性能化も求められている。光学プラスチックの可能性を高め市場を拡大するためにも，新たな光学用グレードの開発を精力的に進めていかなければならない。

## 文 献

1) 小原禎二，化学総説，No39，133 (1998)
2) 高橋治彦，光学用透明樹脂，**68**，技術情報協会 (2001)
3) 井出文雄，光学用透明樹脂，**61**，技術情報協会 (2001)
4) T. takayama, M. Takagi, Y. Noro, M. Masuda, H. Ohtsu, *IEEE Trans. Consum. Electron.*, **CE-33**, 256 (1987)
5) Y.U. Chen, C.H. Chen, S.C. Chen, *Polym. Int.*, **40**, 251 (1996)
6) A. Tagaya, H. Ohkita, T. Harada, K. Ishibashi, Y. Koike, *Macromolecules*, **39**, 3019 (2006)
7) 多加谷明広ほか，成形加工，**21**，426 (2009)
8) 八児真一，高分子添加剤（安定剤），**13**，情報機構 (2017)

# 第3章　パワーデバイス・自動車用

## 1　パワーデバイス用耐熱性高分子材料の開発動向

高橋昭雄*

### 1.1　はじめに

　パワーデバイスは，省エネルギーの決め手となる半導体素子であり，商用電源からの電気を必要最小限の電力に調節するためのコンバータやインバータに多用されている。その使用範囲は広く，自動車，発電・送電などの産業機器，エアコンなどの家電機器，電車・船舶などにわたる。2008年の1兆円市場は年5％で成長し2050年には10兆円に達すると予想されており，その代表格であるインシュレイティッド・ゲート・バイポーラトランジスタ（IGBT）は近年19％/年の伸びを示している。HEVやEVなどの自動車用パワーデバイスは，市場の約50％を占めると予想され，心臓部にあたるパワーコントロールユニット（PCU）には，IGBTモジュールが使用されている[1,2]。パワーデバイス実装構造のトレンドを図1に示す。

　従来は，シリコーン系液状樹脂を用いたゲル封止が主体であったが数百Aに達する大電流が流れることによる不均一な温度分布に伴う接続部分へのストレス対策，振動対策の観点からエポキシ封止樹脂によるフルモールドが適用され始めている。トヨタ自動車のハイブリッド車レクサス用PCUのIGBTは，最大650Vの印加電圧，素子当たりの出力電流が300Aに設計され，封止樹脂として，150℃に耐えるエポキシ樹脂封止材が採用されている[3]。HV，EVのモータを制御するためのインバータシステムのパワーデバイスとしてシリコン（Si）のIGBTが使用されているが動作温度の限界が175℃であり電力密度の上限に達している。これに代わり200℃以上の動作温度が可能であるシリコンカーバイト（SiC）のパワーデバイスが注目されている[4]。SiC半導体は300℃以上でも動作可能であるが，その能力を活用するために，高温に耐える接続，接

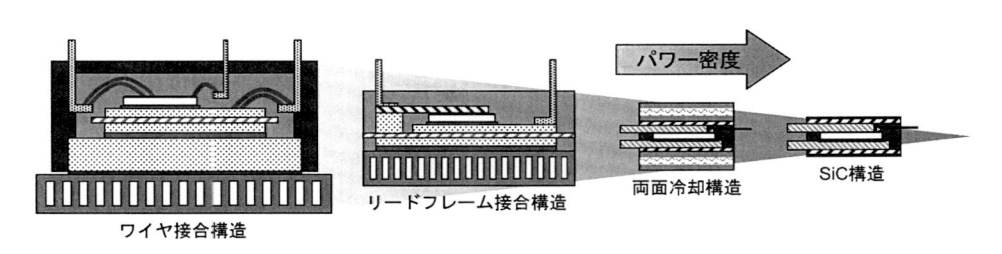

図1　パワーデバイス実装構造のトレンド

＊　Akio Takahashi　横浜国立大学　リスク共生社会創造センター　客員教授

合技術や封止材料といったモジュールに適用する新規な実装技術開発が必須となっている。本論では，封止材料や伝熱接着シート材に適用される高分子材料，特に熱硬化性樹脂の設計と課題及び開発動向について述べる。

### 1.2 熱硬化性樹脂の耐熱性

各論に触れる前に，本書の目的の1つである熱硬化性樹脂の耐熱性について解説する。高分子の耐熱性には2つの要因があり，それらを区別して考える必要がある。1つは物理的耐熱性と呼ばれる可逆的な要因であり，もう1つは化学的耐熱性と呼ばれる不可逆的な要因である。熱硬化性樹脂は高分子であることから，そのまま熱硬化性樹脂と置き換えて表現できる。

### 1.2.1 物理的耐熱性

物理的耐熱性の指標には，ガラス転移温度（Tg），融点（Tm）あるいは熱変形温度が用いられる。高分子の Tm は以下のようにして決まる。

$$Tm = \Delta H / \Delta S$$

ここで，$\Delta H$ 及び $\Delta S$ は，それぞれ，融解前後のエンタルピー及びエントロピー変化である。Tm を高くするには $\Delta H$ を大きくするか，$\Delta S$ を小さくすれば良いことがわかる。熱硬化性樹脂は，加熱により三次元架橋して不溶不融の硬化物になるため，この理論がそのまま適用できない。しかし，分子設計の基本的な考えとしては十分に通用することなのでそのまま紹介する。$\Delta H$ は分子間の凝集力に関係するので，分子間の相互作用を大きくすれば $\Delta H$ が大きくなる。そのためには，水素結合や双極子相互作用などを利用する。即ち，アミド基やイミド基，ウレタン基，ニトリル基，ヒドロキシ基などが有効である。一方，$\Delta S$ を小さくするには，分子の対称性を高くし，芳香環や複素環など剛直な構造を導入することが有効である。

図2に高分子の弾性率の温度依存性を模式的に示す。実用上，高分子の "物理的耐熱性" は Tm よりも，Tg に支配される場合が多い。基本的には，Tm と同様に，分子間相互作用と分子

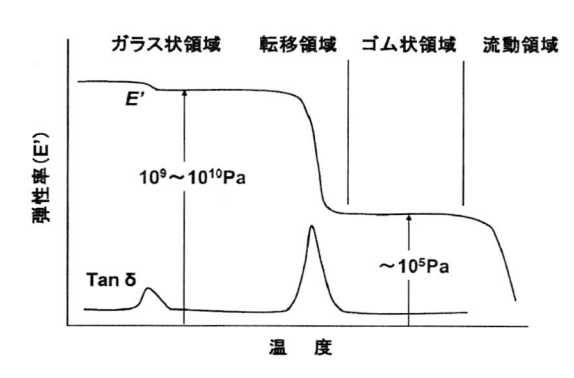

図2 高分子の弾性率の温度依存性

鎖の剛直性で決まるので，Tm が高い高分子は Tg が高いという相関がある。分子の剛直性や対称性及び極性が問題となる。図2の弾性率，正確には貯蔵弾性率（E'）が大きく低下する温度即ち，損失弾性率（E"）との比 E"/E' である tan δ のピーク温度が Tg である。熱硬化性樹脂のような高分子は，Tg を境に弾性率では1桁から2桁低くなり，熱膨張率が2から3倍高くなるなど物性が大きく変化する。これは，高分子を構成する化学構造では，主鎖のミクロブラウン運動によるもので，可逆的な現象によるものであることから物理的耐熱性と称されている。また，低温側に認められる小さな tan δ のピークは，側鎖の動きによるものであり，反応を観察するための指標となる。

　結晶性高分子の場合は，結晶化度が物性に大きな影響を及ぼす。結晶化度が小さければ，Tg での物性変化が大きくなり，物理的耐熱性に影響を及ぼす。非晶性高分子の場合には，架橋や枝分かれを考慮する必要がある。架橋密度が高ければ Tg は高くなり，枝分かれが多ければ Tg は低くなる。熱硬化性樹脂の主骨格にメソゲン基のような液晶性，あるいはナフタレンやアントラセンのような結晶性構造を導入して，物理的耐熱性を得る研究が行われている[5]。

## 1.2.2　化学的耐熱性

　高分子は高温で分解する。高温に保ったとき，化学反応による劣化で物性値が限界値以下になる場合の耐熱性を“化学的耐熱性”という。化学的耐熱性は温度と時間の因子によるものであり，高分子の切断に起因するため不可逆である。化学的耐熱性の指標としては，ある温度で長時間保持し，物性が何％か，あるいは半減する時間で示す。簡便な方法としては，熱重量測定（TGA）の5％あるいは10％の重量減少温度を $T_{d5}$ あるいは $T_{d10}$ で示す。高分子の熱分解反応の活性化エネルギーは結合エネルギーに比例する。化学的耐熱性向上には，分子を構成する原子間の結合エネルギーの大きい官能基を導入すれば良いことになる。結合原子間の結合エネルギーは，単結合で 60〜110 kcal/mol，二重結合や三重結合などの多重結合で 140〜215 kcal/mol である。さらに，芳香環やイミド環，トリアジン環のような複素環の共鳴による結合の安定化が，重要となる。即ち，化学的耐熱性の高い高分子材料は，単結合が少なく，主に芳香環や複素環で構成されている高分子であることがわかる。

　耐熱樹脂の設計には，上述した物理的耐熱性と化学的耐熱性が必要であり，パワーデバイス実装用材料としては，どちらの耐熱性も必要不可欠である。例えば，信頼性試験でのパワーサイクルテスト（PCT），サーマルサイクルテスト（TCT）では，数秒単位の短時間，あるいは，時間単位での高温加熱が繰り返される。

## 1.2.3　成形加工性

　高分子の耐熱性を高くすることは高温でも軟化しないことを意味する。すなわち，高温で溶融しないまま熱分解温度に達するため，成形できないことになる。耐熱性高分子を設計するためには，耐熱性と成形性を両立させることが大きな課題となる。成形加工性に関しては，熱硬化性樹脂は熱可塑性樹脂と大きく異なり多くの優位点がある。しかし，熱可塑性樹脂と同じ課題もある，紙面の都合上，詳細は述べないが，耐熱性と成形加工性にはトレードオフの関係があること

を留意して設計する必要がある。

### 1.3 封止材料

「SiC 等大電流パワーモジュール用実装材料評価プロジェクト I」（通称：KAMOME-PJ）（2011.4〜2013.3）で，パワーモジュールに適用する封止用樹脂に必要とされる特性について検討された[6]。

① 樹脂の役割

　パワーモジュールにおいて樹脂がどのような役割を果たしているのかについて，代表的なモジュール構造を用いて評価する。

② パワーサイクルとサーマルサイクルテストの優先順位

　パワーサイクル（PCT）に試験における Tj の上昇とサーマルサイクルテスト（TCT）の条件により受けるチップエッジ部にかかる応力を比較する。図 3 にチップ接合の熱サイクルストレスを例示する。TCT では，各温度での材料間の熱膨張率の差がストレスとして影響する。パワーモジュールの場合，これに加えて PCT を評価することが重要課題になる。PCT では数秒単位での on-off が繰り返されるため，同じ部材でも場所によって温度が大きく変化する。このため，同じ部材内も含む TCT とは異なる秒単位でのストレスを考慮する必要がある。

③ 樹脂の何が影響を及ぼしているか

　樹脂のどの物性がどのような影響を及ぼしているのかについて調査された。

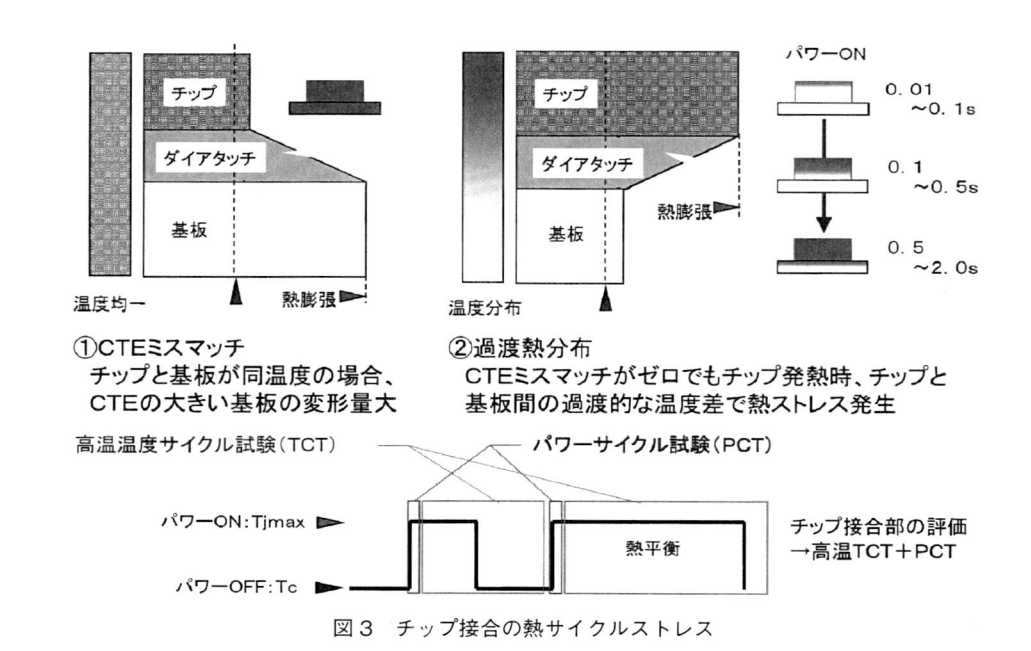

図 3　チップ接合の熱サイクルストレス

　紙面の都合上，一部について述べる。検討されたモジュール構造を図4に示す。ワイヤーボンディング，リードフレーム片面冷却，リードフレーム両面冷却の各構造について封止樹脂の有無が検討された。TCT：-40℃〜150℃でかかるチップ端面部に発生するひずみに関するワイヤーボンディングでの解析例を図5に示す。封止樹脂により，ひずみを抑える効果が明らかにされた。また，PCT：50〜125℃（⊿Tj：75℃）とTCTによる影響調査では，TCTによる応力が大きく，$Tj_{MAX}$ を170℃付近に上げても，TCTによる応力が大きいと判断された。

　封止樹脂の特性では，ヤング率（弾性率）を23.5 GPaから10 GPaに低減した場合，熱膨張率

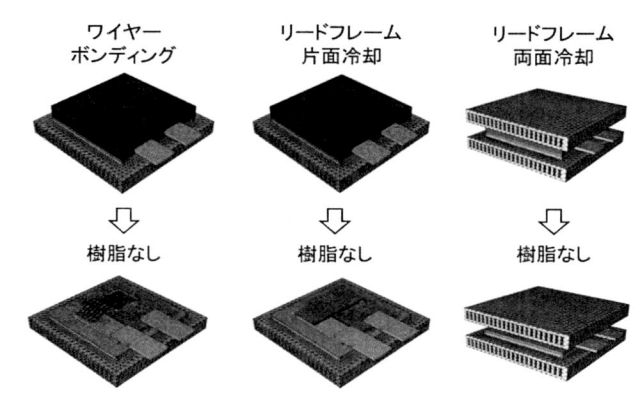

図4　様々なモジュールモデル

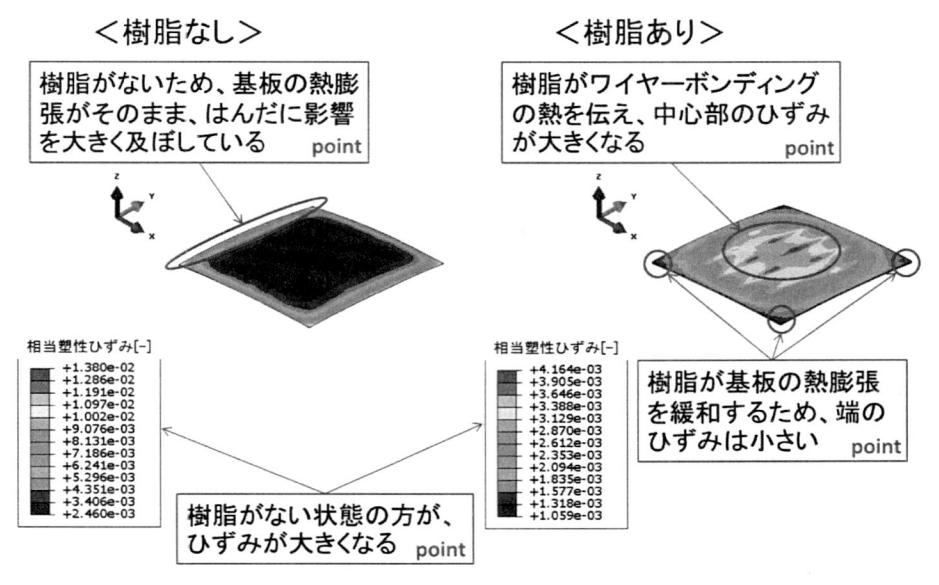

図5　はんだのひずみ比較：ワイヤーボンディング

を 10 ppm から 20 ppm へと高くした場合，熱伝導率を 0.9 W/mK から 5.0 W/mK へと高くした場合が調査された。熱伝導率については，応力への影響はほとんど無いことが判明したが，図

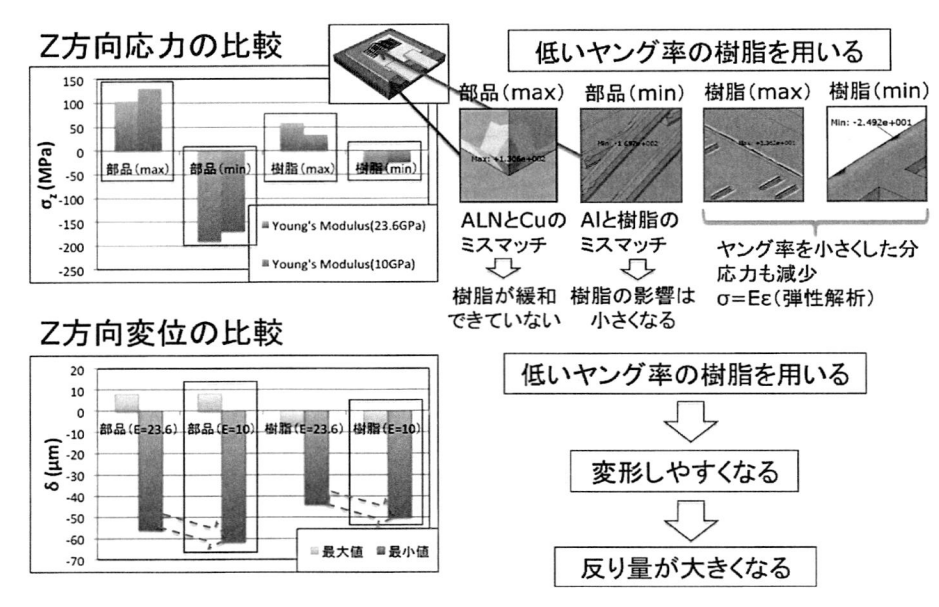

図6　樹脂のヤング率を 23.5 [GPa] → 10 [GPa]

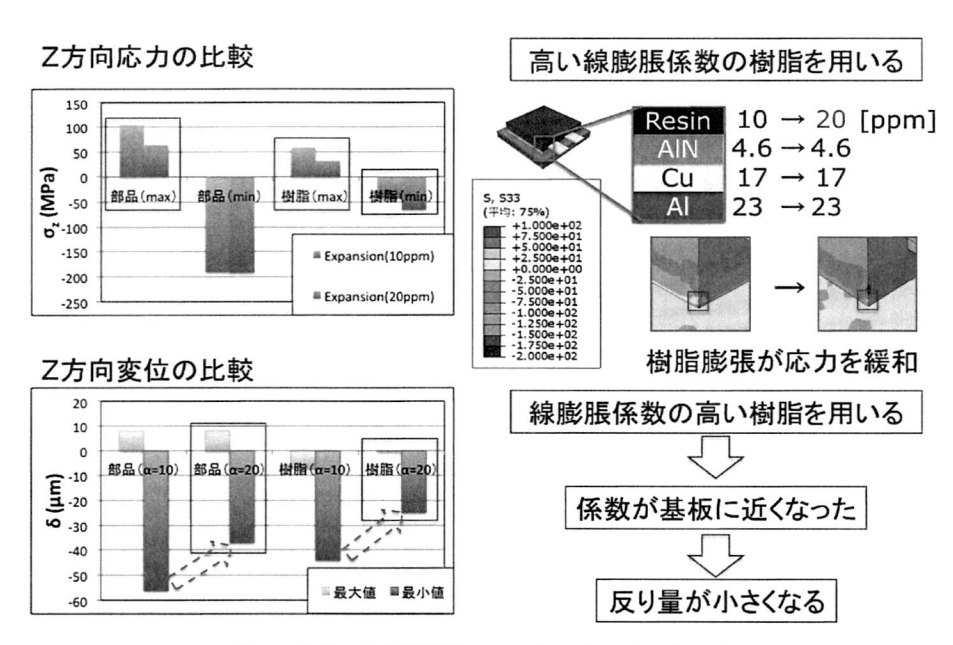

図7　樹脂の線膨張係数を 10 [ppm] → 20 [ppm]

6，7に示すように，弾性率及び熱膨張率に関しては，影響が大きく弾性率は10 GPa，熱膨張率は，モジュールの構成材料の熱膨張率の平均値に近い20 ppmで応力が小さくなると判断された。樹脂の弾性率に関しては，低すぎると反りによる影響も考慮する必要が有る。

　高耐熱化には，これらの物性を考慮して先に説明した物理的耐熱性，即ち高温まで物性の変化が小さいTgの高い樹脂，そして化学的耐熱性即ち，高温加熱での減量の小さい樹脂を設計すべきである。

### 1.4　プラットフォーム用パワーモジュールでの耐熱性評価

　高耐熱化の設計指針にできると考えられることから，KAMOMEプロジェクトⅡ（2013.4～2015.3）では，プラットフォームに高耐熱実装材を適用し，SiCパワーモジュールの耐久性を評価することにした。具体的には，

① 　200℃以上の高Tjパワーサイクルテスト（PCT）実施可能なパワーチップ搭載を可能にした。図8にテストチップである9.54 × 9.54 mmの4in1SiC-SBDを示す。試験に必要な電流目標を200 Aとし，パワーオン2秒 / オフ18秒の20秒サイクルを設定した。

② 　シンタ系接合材の適用評価のため，熱膨張率（CTE）差の大きい大面積のSiCチップ－Cu板接合系を適正化した。これらにより，KAMOME-Ⅱプラットフォームの高Tj化を可能とした。

③ 　封止材料は5社提供の10種，接合材はAgシンタ，Cuシンタ材など8社提供と比較用はんだ材2種を含み10種，接着シート材は7社提供の9種を用いて評価された。チップ接合材については，ヒータチップを用いた簡易モジュールにより，PCTを模擬した65℃～250℃：3000サイクル，TCTは－ 40℃～200℃：1000サイクルで評価された。

　これにより，選択された材料がプラットフォームに適用された。KAMOME-Ⅱに適用されたプラットフォーム内部構造と封止樹脂モールドモジュールの概観写真を図9に示す。KAMOME-Ⅱで検討された封止材の特性を抜粋して表1に示す。KAMOME- Ⅱでは，高Tj対応のプラットフォームを適用して下記の性能を確認することができた[6]。

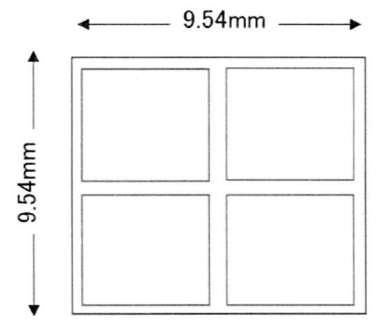

テストチップ
4in1SiCSBD
9.54×9.54mm
t＝235±35um
K電極：Ti-Ni-Au-Ag
A電極：Al-Ag
デバイス特性非保証（チェックなし）

図8　KAMOME-Ⅱ用大面積SiCテストチップ

図 9　KAMOME-II用プラットフォーム内部構造とフルモールド概観

表 1　KAMOKE-II検討封止材特性
（抜粋）

| 樹脂 | ① | ② | ③ | ④ | ⑤ |
|---|---|---|---|---|---|
| 熱膨張率 ＜Tg（ppm/℃） | 16 | 12 | 11 | 15 | 12 |
| ガラス転移温度 Tg（℃） | 246 | 340 | 240 | 263 | 350 |
| 曲げ弾性率 @RT（kN/mm²） | 12 | 11 | 16 | 10 | 11 |

- モジュール性能

  水冷，オン 2 秒 / オフ 18 秒，65℃〜200℃，$\varDelta T = 125$℃条件下でのパワーサイクル寿命：50,000 サイクル以上のポテンシャルを有する。9.54 × 9.54 mm の SiC-SBD チップを Cu リードフレームへ Ag ナノペーストでシンタ接合した結果，樹脂モールドによるチップ接合の長寿命化が確認された。

- － 40〜250℃温度サイクル寿命は，500〜1,000 サイクルで熱抵抗 20％増を示したが，樹脂モールドによる伝熱シートの低熱抵抗化，長寿命化効果が確認された。

- 新耐熱モールド樹脂 5 種の中では樹脂⑤が PCT 長寿命化に最も適合する。樹脂⑤の特性を抜粋すると，ガラス転移温度：350℃，熱膨張率＜ Tg：12 ppm，曲げ弾性率：11 kN/mm² である。

  このプロジェクトと併行して，将来 250℃を超える動作温度が予想される SiC パワーモジュールに適応しうる耐熱性樹脂の開発が試みられた。

### 1.5　耐熱性熱硬化性樹脂

ベンゾオキサジン樹脂の特異な反応を利用して，図 10 に示す芳香族ビスマレイミドを変性す

るベンゾオキサジン変性ビスマレイミド樹脂が検討された。具体的には，その硬化物の剛直な構造から優れた耐熱性を持つ 4,4'－ビスマレイミドジフェニルメタン（BMI）と，重合体がペンダントな部位を持たず，かつ構造中の芳香環が重合体中でスタッキングを起こすことにより低熱膨張率を示す 3,3'－（メチレンジ -1,4- フェニレン）ビス（3,4- ジヒドロ -2H-1,3－ベンゾオキサジン）（Pd 型ベンゾオキサジン）（Pd）が用いられた[7]。BMI と Pd は共に 2 官能性であり単独でも三次元網目構造を形成するが，この 2 つの樹脂は相互に反応する可能性も示唆されている。ポリベンゾオキサジンの持つフェノール性（マンニッヒ）水酸基とマレイミド二重結合との反応の可能性が報告されている。さらにベンゾオキサジンが持つ 3 級アミン構造や，その硬化中に発生するとされるフェノキシドなどの求核成分もマレイミドの二重結合を攻撃すると予想されており，このような BMI と Pd 間の反応による高耐熱性ポリマーアロイの可能性が調査された。200℃，4 時間加熱により作製した樹脂硬化物の熱的特性を表 2 に示す。BMI 単独硬化物の Tg が低いのは，本樹脂が硬化に高温長時間の加熱を要するために 200℃，4 時間という限られた条

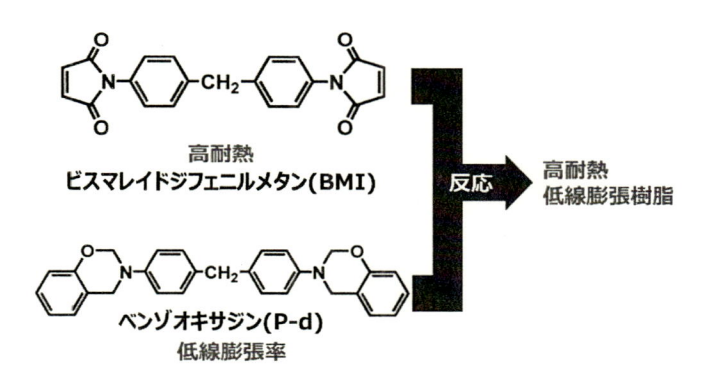

図 10　ベンゾオキサジン変性ビスマレイミド樹脂

表 2　200℃加熱樹脂硬化物の熱的特性

| Equivalence ratio（BMI：Pd） | $Tg^{1)}$ (℃) | $CTE^{2, 3)}$ (ppm/K) | $T_{d5}^{4)}$ (℃) | $T_{d10}^{4)}$ (℃) |
|---|---|---|---|---|
| neat BMI 1：0 | 151 | 50.3 | 485 | 500 |
| 1：0.1 | 263 | 45.3 | 439 | 480 |
| 1：0.3 | 310 | 47.6 | 382 | 408 |
| 1：1 | 240 | 47.6 | 334 | 360 |
| 0.5：1 | 213 | 46.1 | 327 | 357 |
| neat Pd 0：1 | 204 | 41.6 | 314 | 358 |

1）By DMA（heating rate：5℃/min，frequency：1 Hz）
2）By TMA（heating rate：5℃/min，Under：$N_2$ 20 ml/min）
3）Range 50℃ to 100℃
4）By TGA（heating rate：5℃/min，Under：$N_2$ 20 ml/min）

件では未硬化であることによる。しかし，混合系で単独系よりも高い Tg を示している事が明らかであり，特に BMI：Pd ＝ 1：0.3 の系では 200℃，4 時間の加熱条件では 310℃の高い Tg が示された。これは BMI と Pd の相互作用によって BMI の硬化性が改善されたためだと考えられる。Tg が最高値を取った 1：0.3 の系における $Td_5$，$Td_{10}$ は 382，408℃と高い値が示され，この系が物理的・化学的耐熱性共に優れていることが判明した。さらに熱膨張率も 47.6 ppm/K という値が得られ，これは汎用エポキシ樹脂の 70 ppm/K と比較して十分に低い値である。

## 1.6 高耐熱性封止材

前述のベンゾオキサジン変性ビスマレイミド樹脂を用いて封止材の作製が試みられた。一般特性をエポキシ樹脂封止材と比較して表 3 に示す。シリカを含め充填材量は，従来のエポキシ材と同量で作製された。プロセス適合性を示すスパイラルフローとゲル化時間は，エポキシ樹脂封止材とほぼ同等であり，従来インフラと製造条件をそのまま適用できる。ただし，ポストモールドキュアは，200℃，4 時間で行われた。加熱硬化物は，340℃を超える Tg を示し，5％減量温度が 479℃と耐熱性が極めて高く，かつ，7.3 ppm/K と低熱膨張率を示すことが確認された。パワーデバイスモジュール用としての最適化が必要であるが際立った特性が期待される。

## 1.7 高 Tj パワーモジュール用実装材料開発支援プロジェクト

TCT（－ 40℃～225℃），PCT（65～225℃），$Tj_{max}$ ＝ 225℃の範囲内で，それぞれの材料や Tj に合わせて試験条件を設定して開発材を評価する。そこで開発段階の提供材料を評価するための簡易パッケージ構造を決め，設計－シミュレーション－試作－評価というプロセスを踏んで，材料の実力を見極める。これらを目的とする，KAMOME プロジェクトⅢ（2015.4～2017.3）が実施された。

表 3　耐熱樹脂封止材の性能

| | | エポキシ封止材 | 耐熱樹脂封止材 |
|---|---|---|---|
| スパイラルフロー （cm） | | 88 | 71 |
| ゲルタイム （sec.） | | 38 | 42 |
| 熱膨張率 (ppm/K) | < Tg | 11.0 | 7.3 |
| | > Tg | 44.0 | 32.2 |
| ガラス転移温度 Tg (℃) | | 149 | >340 |
| 5 % 減量温度 （℃） | | 430 | 479 |
| 曲げ強度 (N/mm²) | RT | 168 | 135 |
| | 260 ℃ | 16 | 95 |
| 曲げ弾性率 (kN/mm²) | R. T. | 16.6 | 23.2 |
| | 260 ℃ | 0.5 | 16.1 |
| モールド収縮率 (%) | ASM | 0.244 | 0.050 |
| | PMC | 0.222 | -0.025 |

成型条件: 175 ℃, 240 sec., 100 kgf　　PMC (Post mold cure): 200 ℃, 4 hr

　紙面の都合上，詳細は省略するが，開発支援を狙いとした高耐熱封止材，接合技術，そして高熱伝導性接着材料は，KAMOME プロジェクト I から 6 年の期間を経て飛躍的に性能が向上したことが，簡易評価及び PCT による信頼性評価で確認された。具体的には，接合材料，高熱伝導性接着材料は，簡易評価により各材料の比較及びポテンシャルが確認された。封止材についても，提供材料の初期特性と − 40〜225℃で 0〜2,000 サイクルについて 500 サイクルごとの物性変化を調査した。その結果，個々の詳細は別にして，1,500〜2,000 サイクルまで特性を維持する材料が確認された。PCT に用いた簡易モジュールの断面構造と外観写真を図 11 に，検討された封止材の特性の一部を表 4 に示す。図 12 に示すように，PCT では 65℃〜225℃，Δ Tj：160℃で 50,000 サイクルをクリアする接合材と封止材の組み合わせも確認された。高熱伝導性接着材料についても，図 13 に示す簡易モジュールを用いた評価により，175℃，200℃，225℃の各温度で

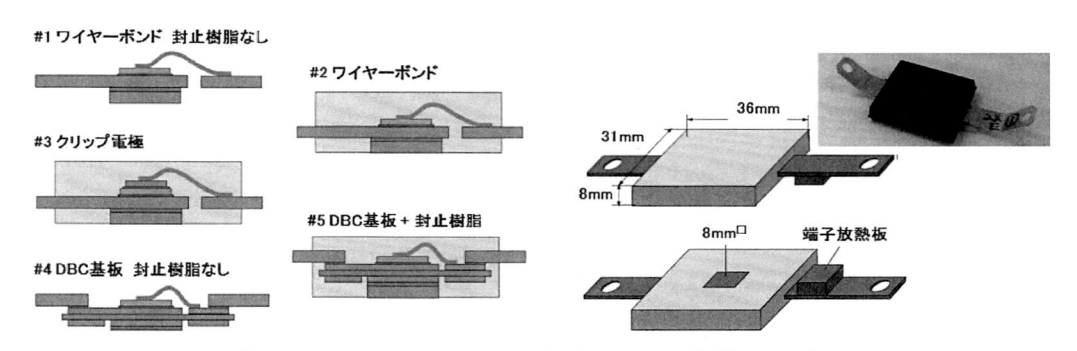

図 11　パワーサイクルテスト用簡易パッケージ構造とその外観

表 4　KAMOME-Ⅲ検討封止材の性能

| 封止材 | 熱膨張率 (ppm/℃) | ガラス転移温度 Tg (℃) | 曲げ弾性率 (kN/mm²) |
|---|---|---|---|
| aX | 13 | >250 | 14.5 |
| bX | 14 | 268 | 13.5 |
| bY | 11 | 258 | 17.5 |
| cX | 15 | 267 | 11 |
| cY | 10 | 260 | 12 |
| dX | 18 | 290 | 13.3 |
| dY | 17 | 282 | 15.2 |
| eX | 7 | 300 | 14 |
| fX | 13 | 300 | 14 |
| fY | 10 | 300 | 17 |

・XはCu電極ベース用(#1-3)，YはDBC基板用(#4，5)

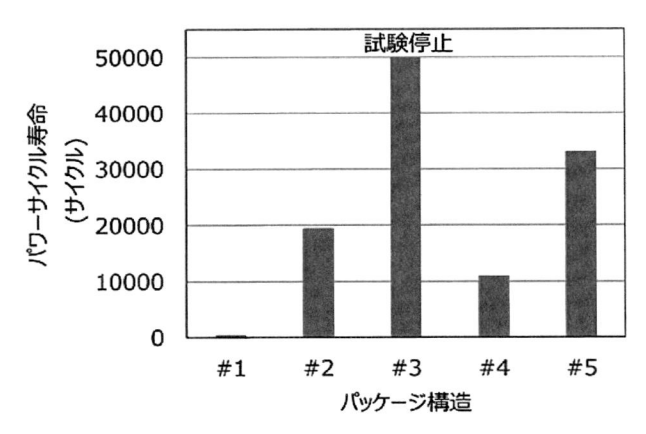

図 12　パワーサイクルテスト結果

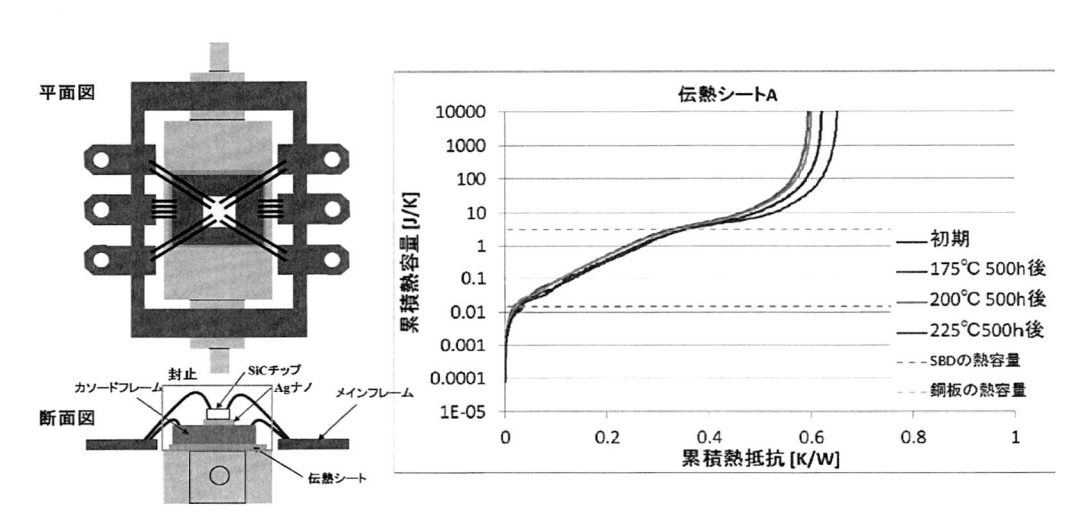

図 13　伝熱シート材評価用簡易モジュールと構造関数測定例

500 時間累積加熱後も，熱抵抗値の変化が極めて小さい伝熱シート材が認められた。この伝熱シート材は，レーザーフラッシュ法による測定で，10 W/mK 以上の熱伝導率を示している。

**謝辞**

　本研究の推進にご協力を戴いた大同大学の山田靖教授，神奈川県立産業技術総合研究所及び横浜国立大学の関係者各位に深謝致します。プラットフォームの作製と評価に関しては，カルソニックカンセイ，シーマ電子，アピックヤマダ，エスペック，マイクロモジュール各社ご担当各位に協力戴きました。そして，アドバイザーの方々を始め，KAMOME-PJ Ⅰ，Ⅱ，Ⅲにご参加戴いた 41 社の関係者各位に深謝致します。なお，KAMOME-PJ は，横浜高度実装技術コンソーシアム（YJC），NPO 法人 YUVEC の関係者各位に全面協力を戴いております。

# 文　　献

1）　森睦宏，日立評論，**90**，1022（2008）
2）　関康和，世界を動かすパワー半導体，p.180，電気学会（2008）
3）　新帯亮，成形加工，**20**，850（2008）
4）　鶴田和弘，SiC パワーデバイス最新技術，p.288，S&T（2010）
5）　岡崎勝彦，古本貴久，光本久未，岡崎太一，総説エポキシ樹脂基礎編 I，175，エポキシ樹脂技術協会（2003）
6）　高橋昭雄，材料試験＆環境試験の技術情報誌 TEST，**37**，（2015）
7）　高橋昭雄，科学と工業，**89**，95-105（2015）

## 2 パワーモジュールにおけるパッケージ設計

池田良成*

### 2.1 はじめに

　パワーエレクトロニクス（以降，パワエレ）技術を駆使した地球環境対策，電力消費削減対策に大きな注目が集まっている。パワエレ技術は産業機器，鉄道車両などのモータコントロール分野から，ハイブリッドカーや電気自動車における $CO_2$ 排出量削減，さらには太陽光，風力発電などの新エネルギーの電力変換分野など様々な分野に適用されており，システム化，高効率化，使用環境の多様化が進んできている。図1はパワエレ装置の中核デバイスとして使用されているパワー半導体のアプリケーションマップである。

　そして，現在の地球環境問題，エネルギー問題の中，パワエレを支えるパワー半導体モジュールのパッケージおよび実装技術に対しては，

① 小型化・軽量化

　（低熱抵抗技術・高放熱／高効率冷却技術）

② 高耐熱化

　（高耐熱樹脂材料技術・高耐熱接合技術）

③ 大電流化・高周波化

　（低配線抵抗技術・低内部インダクタンス技術）

のさらなる技術革新が求められている。

　パワエレシステムの中核を担うシリコン（Si）系デバイス（IGBT：Insulated Gate Bipolar Transistor，FWD：Free Wheeling Diode，MOSFET：Metal-Oxide-Semiconductor Field-Effect

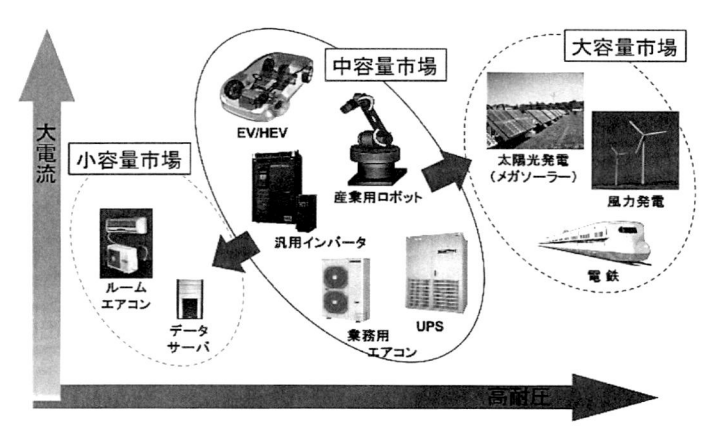

図1　パワー半導体のアプリケーションマップ

* Yoshinari Ikeda　富士電機㈱　電子デバイス事業本部　開発統括部
パッケージ開発部　先行開発課　課長

Transistor，など）に，低損失化および高温動作化などが鋭意進められている[1,2]。また，IGBT部分とFWD部分を1チップに複合化し，小型化を可能としたRC-IGBT（Reverse-Conducting IGBT 逆導通型 IGBT）の開発なども報告されており[3,4]，特性面での限界に挑戦し続けている。

　さらに，最近では新たな材料である炭化珪素（SiC）や窒化ガリウム（GaN）などのWBG（Wide Band Gap）デバイスの開発が進められており，高効率で小型なパワエレシステムを実現できる可能性が高いことなどから注目を集めている。すでにこれらのWBGデバイスは，家電分野から太陽光 PCS（Power Conditioning System），高速鉄道，HEV（Hybrid Electric Vehicle）分野などへの適用が始まりつつある[5]。

　本稿では，Si系とSiC系の最新パワー半導体モジュールのパッケージ設計を中心にその技術動向について述べていく[6]。

## 2.2　Si と SiC デバイスのパッケージ・実装研究開発状況

### 2.2.1　Si デバイスの現状

　IGBT モジュールは損失改善と小型化が進められてきており，年代を追うごとに連続動作保証温度を125℃，150℃，175℃と向上させることで高パワー密度化を実現し，インバータシステムの小型化に大きく貢献してきた。図2は定格（1200 V/50 A）における富士電機のIGBTモジュールのチップ面積と動作温度の変遷である。前述したように世代が替わるごとに性能の向上に伴いチップ面積が小さくなり，かつチップ最高接合温度（$T_{jmax}$）も高くなってきていることが分かる。しかしながら，IGBTチップの特性改善は限界に近づいており，パッケージ・実装技術の向上がIGBTモジュールの更なる小型化，高パワー密度化の実現に対して重要になってきている。

### 2.2.2　SiC デバイスの現状

　現在，SiC，GaNを中心にWBGデバイスがその性能の高さから次世代デバイスとして期待さ

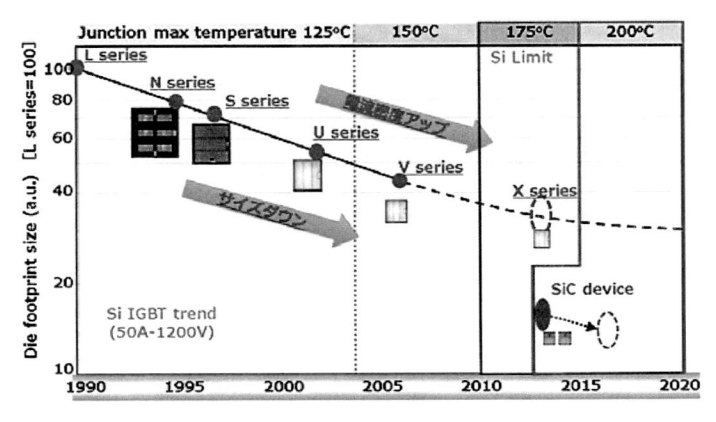

図2　IGBT チップ面積と動作温度の変遷

れている。SiC は，Si よりも最大電界強度が 1 桁高いためベース層を薄くでき，バイポーラデバイスである IGBT や pn ダイオードに比べ高速スイッチングが可能なユニポーラデバイスの MOSFET や SBD（Schottky Barrier Diode）の実現が可能である。また，バンドギャップが約 3 倍と広いため，高温で動作可能という特長も持ち合わせており，今後，広範囲なパワエレ分野での普及が期待されている。

多くの優位性を持つ SiC デバイスではあるが，現状の課題としては，大口径化，低欠陥化，低コスト化などが挙げられ，高品質ウェハおよびエピ製造技術の開発が精力的に進められている。また，デバイス自身の課題としては，特性の安定化技術が挙げられ，ゲート耐圧の長期安定化技術や，しきい値電圧制御技術などがあり，これらも市場要求に耐えられるものが実現されてきている[7]。

一方，パワエレシステムにおいても，デバイスの特長を十分に活かし周辺部品の最適化も考慮した応用技術の開発も加速されてきている[8]。

表 1 に Si，SiC および GaN デバイス用半導体材料の特性を示す。SiC や GaN などの WBG 半導体材料は，最大電界強度が高く，特に SiC は熱伝導率が高いことが特長である。これら特長を活かすためにそれぞれのパワーデバイスに適したパワーモジュール構造がますます重要になっている。

SiC デバイスの普及においては，材料，デバイス，実装およびアプリケーションの各分野の包括的な研究開発の推進が必要である。欧米では，SiC 実用化に向けた国家プロジェクトが立ち上げられている。欧州では応用面での課題抽出を軸に，パワーモジュールを中心とする実用化研究が進められており，米国では官民連携により SiC および GaN デバイスを中心として，パワエレ技術の市場導入の加速と，国内の製造業の競争力強化に重点がおかれた開発が進められている[9]。

欧州においては，SPEED と ECPE が挙げられる。SPEED は，大学などの学術研究機関とパワーデバイスおよびパワエレシステムメーカーにより構成（8 カ国が参加）されており，EU な

表 1　半導体材料の物性値一覧

| 項　目 | Si | 4H-SiC | GaN | $\beta$-Ga$_2$O$_3$ |
|---|---|---|---|---|
| バンドギャップ（eV） | 1.12 | 3.26 | 3.39 | 4.8-4.9 |
| 電子移動度（cm²/Vs） | 1500 | 1000 | 900 | 300（推定） |
| 正孔移動度（cm²/Vs） | 500 | 120 | 150 | — |
| チャネル移動度（cm²/Vs） | 500 | 140 | 1500 | — |
| 最大電界強度（MV/cm） | 0.3 | 3.0 | 3.3 | 8（推定） |
| 最大電界強度Si比 | 1 | 10 | 11 | 27 |
| 熱伝導率（W/cm・K） | 1.5 | 4.9 | 2.0 | 0.23 |
| 熱伝導率Si比 | 1 | 3.3 | 1.3 | 0.2 |
| 飽和速度（cm/s） | 1.0E7 | 2.2E7 | 2.7E7 | — |
| 誘電率 | 11.8 | 9.7 | 9.0 | 10 |

どが資金面でサポートしている。ECPE は，SiC デバイスの適用と超低損失なパワエレの包括的な開発を行っており，パワエレ分野の主要企業で構成され，バイエルン州政府と EU がサポートしている [10]。一方，米国においては，Power America[11] と NY-PEMC（NEW YORK POWER ELECTRONICS MANUFACTURING CONSORTIUM）[12] が挙げられる。Power America は，大学とパワエレ・デバイス関連企業で構成されており，DOE（米国エネルギー省）などがサポートしている。NY-PEMC は，ニューヨーク州と民間企業が出資し設立。100 社以上の企業が参加している。このように，欧米では産学連携による緊密な研究開発体制が構築されている。

　これに対して，我が国も，SIP「戦略的イノベーション創造プログラム」や NEDO 助成事業「低炭素社会を実現する次世代パワーエレクトロニクスプロジェクト」や「分散型エネルギー次世代電力網構築実証事業」の中で WBG デバイスおよび WBG デバイスを適用した応用装置の研究開発・実用化が精力的に取り組まれてきている [13]。

### 2.3　パワエレシステムの課題とパワー半導体への要求

　パワエレシステムの主な課題は，発送配電と利用のトータルでの高効率化と二酸化炭素排出量の低減，大規模基幹系と分散電源との協調による高効率で安定な運用制御である [14, 15]。以下に各パワエレシステム分野での課題とパワー半導体への要求を示す。

① 産業分野

　インバータが発生する損失の約 50〜60% はパワー半導体で発生しており，パワー半導体の発生損失を低減できると冷却系の小型化が可能となり，小型化とともに省エネルギーにも大きく寄与できる。

② 情報分野

　情報通信トラフィックの爆発的な増加に伴い，情報通信インフラ分野であるサーバ，ルータおよびこれらが設置されるデータセンタなどの電力消費の増大が懸念されている。低損失で高周波化が可能なパワー半導体を用いた高効率かつ高速応答可能な電源システムの実現により，IT 機器の電力消費を大幅に削減することが可能となる。

③ 民生分野

　家庭における電力消費の中ではエアコン，冷蔵庫，照明器具，テレビの割合が大きい。この中で，特にエアコンと冷蔵庫においては，低損失のパワー半導体を適用することで家庭の消費電力を大幅に削減でき，省エネルギー効果は大きい。

④ 自動車分野

　ハイブリッド車が小型車から大型車に適用されることによって，インバータの容量は 100 kW を超える。インバータが大容量化すると搭載場所が制約されるためインバータの小型化が求められる。パワー半導体の低損失化は，インバータのパワー密度を高められ，冷却に伴う部品体積を小さくすることができる。更に，電気自動車では，インバータの損失低減が直接燃費につながり，低損失化の効果は非常に大きい。

⑤　電鉄分野

　　電鉄用インバータには，車両を駆動するための主変換装置，車両内の機器への電力供給に使われる補助電源装置がある。主変換装置に使われるインバータには回路構成が簡単な2レベルインバータ，高調波発生の少ない3レベルインバータがある。ここでも低損失なパワー半導体の適用により，さらなる小型・軽量化と低騒音化が可能となる。

⑥　新エネルギー分野

　　太陽光発電には，系統連携に PCS が必要であるが，家庭用パワコンではパネルからの電圧を昇圧する DC/DC コンバータと DC/AC 変換するインバータ，トランス，フィルターなどからなる。PCS のトレンドは，高効率化，大容量化，軽量化，高電圧化であり，高効率化に対しては階調制御方式の回路の工夫などにより 97.5％の高効率が得られている。低損失で高周波化が可能なパワー半導体を用いることによりフィルター回路や磁性部品の小型化が図れ，最終的に損失低減につながる。

　　このように，低損失なパワー半導体のパワエレシステム適用による省エネルギー効果は，家電，自動車，汎用インバータ，コンピュータ関連，無停電電源，太陽光発電用パワコンなどに対して大きく，2030 年には原油換算で約 5,300 万 KL，電力量換算で約 2,080 億 kWh，$CO_2$ 換算で 8,300 万 t が削減されると見積もられている[16]。

## 2.4　パワー半導体モジュールの最新状況

　　前述に示したようなパワエレシステム動向の変化に対応するため，パワーモジュールにおいても性能を最大限引き出す要求が厳しくなっている。以降に Si パワーモジュール，SiC パワーモジュールにおける最新のトレンド状況について述べる。

### 2.4.1　Si パワーモジュール

#### (1)　第 7 世代 IGBT モジュール

　　IGBT モジュールは市場に登場して以来多くの技術革新により大幅な小型化を達成してきている。しかしながら，IGBT モジュールの小型化はパワー密度の上昇によるチップ接合温度（$T_j$）の上昇と，モジュール構成部品材料の熱劣化に伴う信頼性低下を招いてしまうため，IGBT チップの特性向上のみならず，パッケージ・実装技術の革新が不可欠である。この小型化を実現するために，富士電機では新たなチップ技術およびパッケージ技術を適用した第 7 世代 IGBT モジュールを開発し[17~19]，$T_j$＝175℃での連続動作を実現した。

　　$T_j$＝175℃のパワーサイクル（断続動作）試験における主な故障モードは，①Al ワイヤと Si チップとの線膨張係数差によるワイヤの剥離，②チップとセラミック絶縁基板間はんだ接合部の熱劣化による亀裂進展，③チップ表面電極（Al）の熱劣化および Si と電極との線膨張係数差による電極の粒界破壊である（図 3）。

　　第 7 世代 IGBT モジュールでは，$T_j$＝175℃連続動作を可能とするために，ボンディングワイヤであるアルミ材料の再結晶温度の向上を行った。はんだ材料については，高温安定性に優れる

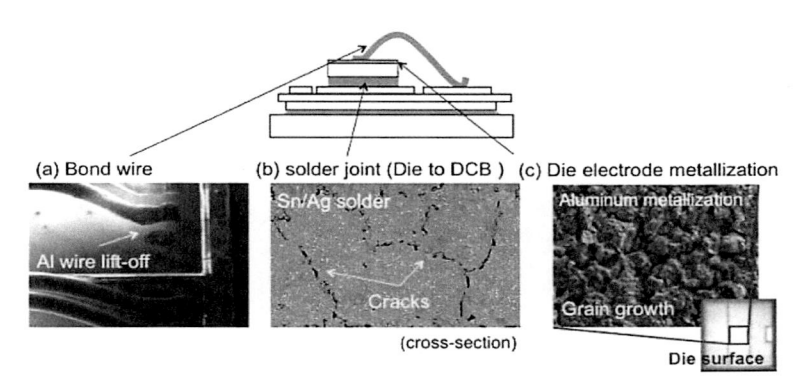

図3　パワーサイクル試験（$T_{jmax}$＝175℃）における故障モード

Sn-Sb 合金の機械的特性を向上するために第3元素を添加した。チップ表面のアルミ電極においてはアルミの熱劣化の抑制と熱応力に対する抵抗力を確保することを目的にアルミ電極膜上に保護膜を付加した膜構造とした。

　これら新技術の適用により，市場で最も重要視されるパワーサイクル耐量において，第7世代IGBT モジュールは第6世代に比べておよそ2倍の耐量を達成した（図4）。また，上述の技術以外にも，①薄板窒化アルミニウム（AlN）セラミック絶縁基板の適用による高放熱性能の確保，② $T_j$＝175℃動作に対応した封止材料の高耐熱化などの技術を適用しており，第6世代 IGBT モジュールに比べて，インバータ性能として約35%（1200 V/75 A）の出力電流の増加を可能とした（図5）。

### (2)　車載用 RC-IGBT モジュール

　ハイブリッド自動車の動力制御に用いられるインバータユニットは限られたスペースに搭載さ

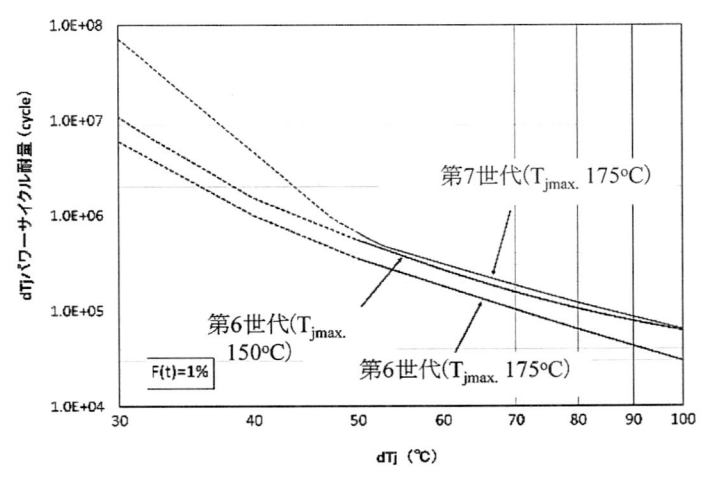

図4　パワーサイクル寿命曲線

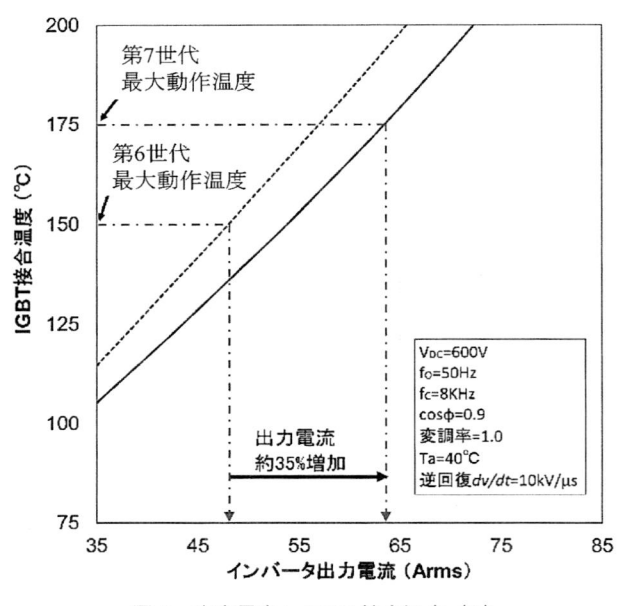

図5　出力電力と IGBT 接合温度（$T_j$）

れるため小型かつ搭載方法の自由度の高さと，低燃費を意識した軽量化と効率の向上が求められる。インバータに搭載されるパワーモジュールにおいても小型・軽量化，効率化が必要である。特に，車載用パワーモジュールでは直接水冷構造を用いた高放熱化やアルミニウム製冷却器を用いた軽量化が進んでいる。

　図6に高効率化・小型化・軽量化を達成した第3世代直接水冷型パワーモジュールを示す。本モジュールの特長は，①低損失・小型化を実現するために IGBT チップと FWD チップを1チップ化した RC-IGBT の搭載，②高放熱性と軽量化を実現した密閉型アルミ冷却器による直接水冷構造の採用である。

　図7に RC-IGBT をマイルドハイブリッド車用パワーモジュールに適用した際のインバータ動

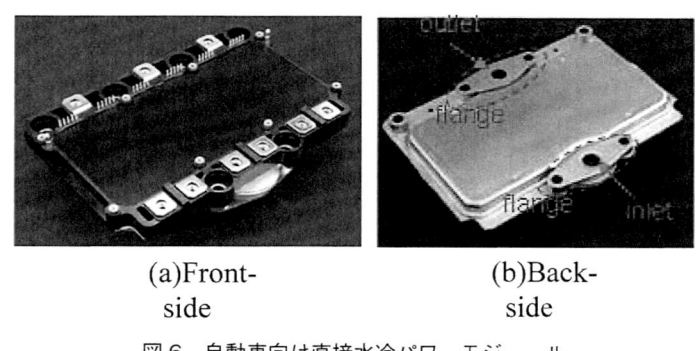

(a)Front-
side
(b)Back-
side

図6　自動車向け直接水冷パワーモジュール

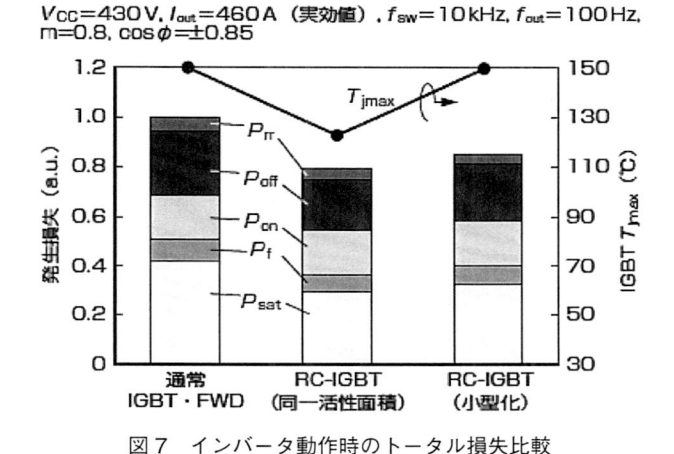

$V_{CC}=430\,V$, $I_{out}=460\,A$ (実効値), $f_{sw}=10\,kHz$, $f_{out}=100\,Hz$, m=0.8, cosφ=±0.85

図7　インバータ動作時のトータル損失比較

作時の発生損失と温度計算結果を示す。

　RC-IGBT は従来の IGBT に比べて飽和電圧，順電圧およびターンオフ損失を低減したことで，発生損失を20%以上低減できる。さらに，FWD 領域からの発熱を IGBT 領域の部分も介して放熱するため，放熱の優位性により $T_j$ は24℃程度低減できる。

　また，RC-IGBT の性能を最大限に発揮させ市場要求に応えるため，高放熱アルミ冷却器を組み合わせている。本冷却器は密閉構造を特長としており（図8），従来の開放型に比べて熱抵抗を30%低減しており（図9），本モジュールは最終的に30%程度の小型・薄型化を実現している。

　車載用第3世代直接水冷モジュールは，高放熱性能と連続動作175℃を実現し，RC-IGBT の適用により，第2世代に比べて電流容量当たりの体積で40%の小型化を達成した[20, 21]。

## 2.4.2　SiC パワーモジュール

### (1)　メガソーラー用 PCS

　世界的にエネルギー需要は増大の一途をたどっており，太陽電池をはじめとした再生可能エネ

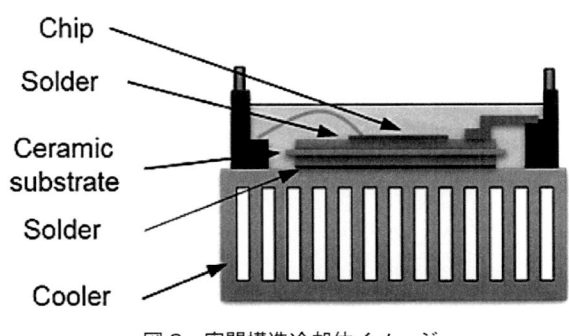

図8　密閉構造冷却体イメージ

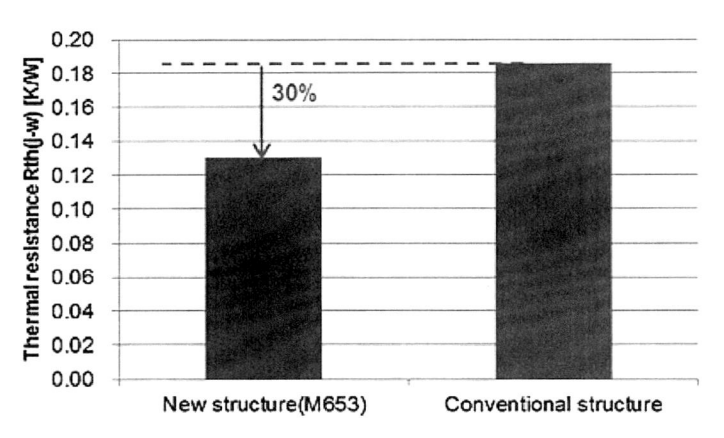

図9 密閉構造冷却体モジュールと従来構造との熱抵抗比較

ルギーの利用拡大が進められている。国内では，2012年に施行された「再生可能エネルギーの固定価格買取制度」によって，事業用の太陽光発電所，いわゆるメガソーラーの建設ラッシュが続いた。家庭用 PCS や従来の小・中規模 PCS では，太陽電池の電圧変動を補正するため，Si-IGBT を搭載した昇圧回路と昇圧された直流電圧を交流に変換するインバータ回路で構成されており，電力変換を2回行っている。一方，大容量のメガソーラー用 PCS では，電力変換時の損失増大による効率低下が生じるため，損失低減が実現できる SiC モジュールの適用が期待されている。図10に富士電機が製品化した All-SiC モジュールを搭載したメガソーラー用 PCS を示す。図11に示す昇圧回路用 All-SiC モジュールを搭載することで，世界最高レベルの変換効率（98.8%）を達成している [22]。

　次に，All-SiC モジュールに採用したパッケージ技術について紹介をする。図12に従来 Si-

図10 メガソーラー向け PCS

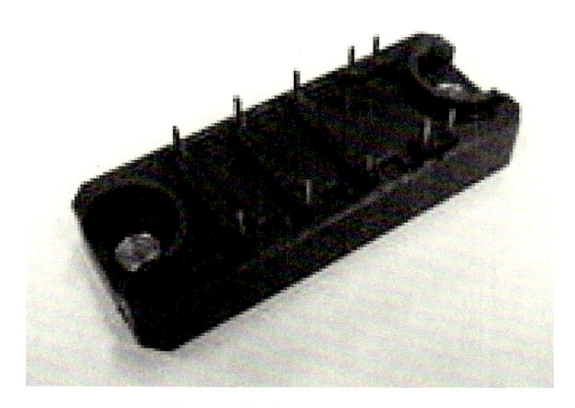

図11 All-SiC モジュール

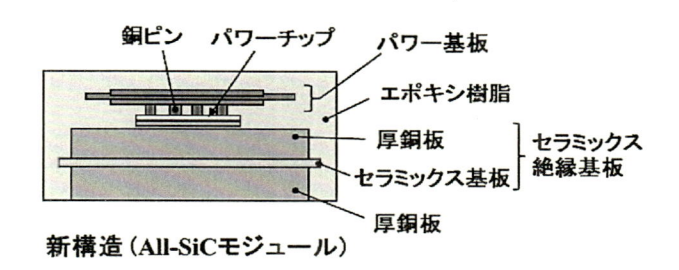

新構造（All-SiCモジュール）

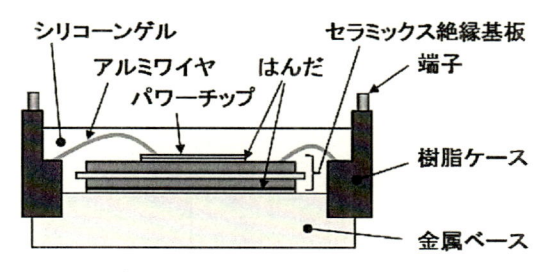

従来構造（Si-IGBTモジュール）

図12 パワーモジュール断面構造比較

IGBT モジュールとの断面構造比較図を示す[23〜25]。新型パッケージでは，サイズが小さい SiC チップを並列に接続し，しかも大電流を流すことができるようにチップ上の電気配線にはアルミニウムワイヤではなく，銅ピンとパワー基板を用いた三次元配線構造を採用している。

　これにより，フットプリントを従来品の約40％まで削減している。さらに，この小型化と三次元配線の効果によりインダクタンス（$L$）を従来品の 1/4 以下まで低減している。また，厚銅板と高熱伝導窒化珪素基板を接合したセラミックス絶縁基板と金属ベースレス構造により，熱抵抗を約50％に低減している。封止材料にエポキシ樹脂を適用することで，チップと銅ピンの接

合部などに発生するひずみを抑制し高信頼性を実現している。

　SiC-MOSFET を搭載したパワーモジュールは，従来の Si パワーモジュールに比べて高速スイッチングと高周波動作が可能となり，導通損失だけでなくスイッチング損失の低減も図れ，最終的にシステムの高効率化に繋がる。しかし，SiC モジュールをパワエレシステムに適用し高速動作を実現には，電流・電圧の振動現象および跳ね上がり（サージ）抑制技術が必要不可欠となる。モジュールにおいては，サージ電圧を抑制するためにはモジュール内部配線の低インダクタンス化（低 $L$ 化）構造が不可欠となる。図 12 に示す All-SiC モジュール用新型パッケージでは，三次元配線による小型化により，配線距離が最短になり自己 $L$ の低減が図られている。さらに，パワー基板とセラミックス絶縁基板を平行に配置し，かつ電流の変化（$di/dt$）が逆方向になるように配線することで一層の低 $L$ 化を実現できる構造としている。パワー基板とセラミックス絶縁基板の平行配置構造では，図 13 に示すように，二つの基板（P-N 間）を近づけるほど $L$ が低減するため，絶縁性能や組立性に影響のない範囲で狭間隔に設定している。この狭ピッチ設計により P-N 間の $L$ を従来パッケージに対して 1/4 以下（約 12nH）まで低減できた。

　All-SiC 用新型パッケージに採用したパワー基板とセラミックス絶縁基板との狭間隔配置構造は，配線の低 $L$ 化に効果のある構造である一方，モジュール内各部に対する封止樹脂の充填品質が懸念された。樹脂封止はトランスファーモールド成形を適用しており，エアトラップによるボイドやウェルドの発生が課題となる。本課題に対しては，樹脂流動解析（図 14）により樹脂流動状態の把握や気泡の滞留位置の推定などを行い，金型設計に反映させ，成形条件を最適化し，高品位のフルモールド構造を完成させている[26]。

　上述のパッケージ・実装技術を確立するこで，新型パッケージは，SiC デバイスの高速スイッチング特性を最大限に活かしつつ，小型・高信頼性を達成した。

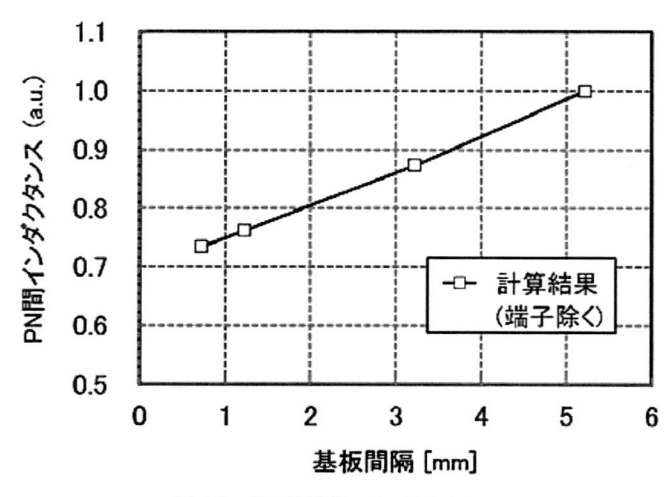

図 13　基板間隔とインダクタンス

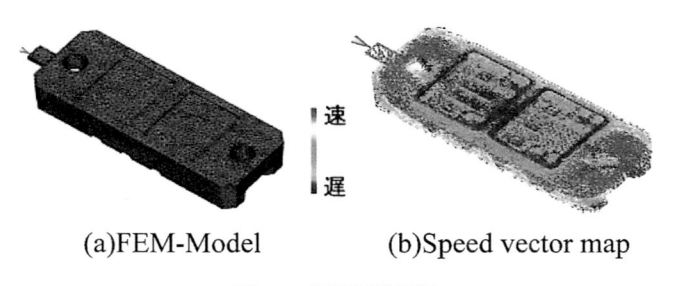

(a)FEM-Model　　　　　(b)Speed vector map

図14　樹脂流動解析

### (2)　環境対応自冷式インバータ

　食品加工コンベアなどのモータ直近の厳しい環境に対応するため，「粉塵が内部に侵入しない」，「あらゆる方向からの強い噴流水によっても有害な影響を受けない」といった内容が規定された IP6x 規格[27] に対応したインバータシステムが求められている。

　All–SiC モジュールは低損失のためパワーモジュールのみならず冷却システムの小型化も可能なため，IP6x 仕様のインバータにも適している。図15に示すインバータでは Si–IGBT（7 kHz 駆動）に対して，高周波動作可能な SiC（15 kHz 駆動）を搭載することで65％の低損失と，密閉構造での体積70％削減を達成している。

### (3)　配電機器装置

　現在，国内では大規模太陽光発電や一般家庭での太陽光発電の導入量が多く，6.6 kV 配電系統における配電線の電圧上昇や余剰電力の発生，周波数調整力の不足などの技術課題が出てきている。そして，これらの課題に対応するため，All–SiC モジュールを用いた配電機器の開発も行われてきている。6.6 kV 配電系統へ配電機器を導入するには，電柱に装柱できる小型且つ軽量で，自冷による冷却ができることが要求される。しかし，従来の Si モジュールを用いた配電機器では，発生損失が大きいため小型・軽量化が難しく，設置場所やコスト面から導入が進んでいない状況にある[28, 29]。

 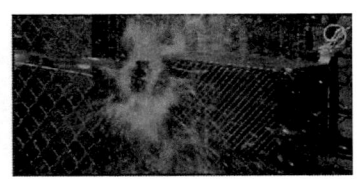

(a)外観　　　　　　　　(b)水密性

図15　All–SiC モジュール搭載　環境対応インバータ

　富士電機ではワイヤボンディングレス配線，高耐圧絶縁基板，封止樹脂による最適設計を行い，図16に示す配電機器向け3.3 kV耐圧All-SiCモジュール（1in1）を開発した。このAll-SiCモジュールを適用することで，配電機器の小型・軽量化が可能となり，更に高周波での動作も可能となり，可聴域外である13 kHz以上で動作させることで，居住区域にも設置可能なため導入の加速が期待される[30]。

　All-SiCモジュールとSi-IGBTモジュールの$T_j = 25℃$と$T_j = 150℃$でのI-V特性を図17に示す。図18にはAll-SiCモジュールのスイッチング波形を，図19には$T_j = 150℃$でのAll-SiCモジュールとSi-IGBTモジュールのスイッチング損失のゲート抵抗依存性を示す。All-SiCモジュールは，Si-IGBTモジュールに対し，トータルスイッチング損失が80％低減できることが分かる。

　また，配電機器向けインバータの駆動条件（Vcc = 1650 V，Id = 100 A，fc = 13 kHz）において，All-SiCモジュールとSi-IGBTモジュールについて，インバータ発生損失シミュレーションの結果を図20に示す。インバータ発生損失は，定常損失が数％でほぼスイッチング損失に依存している。そのため，スイッチング損失が低いAll-SiCモジュールは，Si-IGBTモジュールに対してインバータ発生損失が64％も低減できる。この損失特性により，インバータ部の冷却構造

**3.3kV/200A All-SiC Module（1in1）**

図16　3.3 kV耐圧　All-SiCモジュール（開発品）

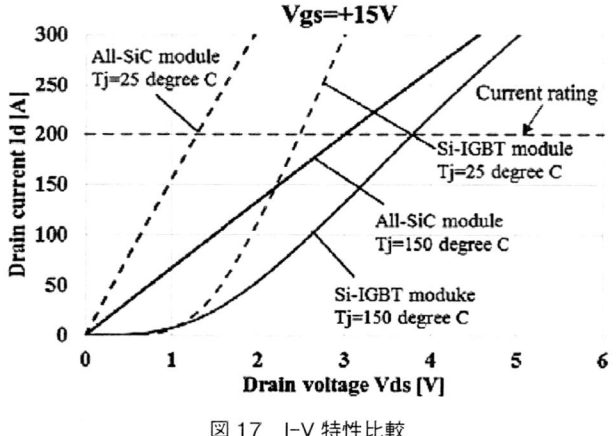

図17　I-V特性比較

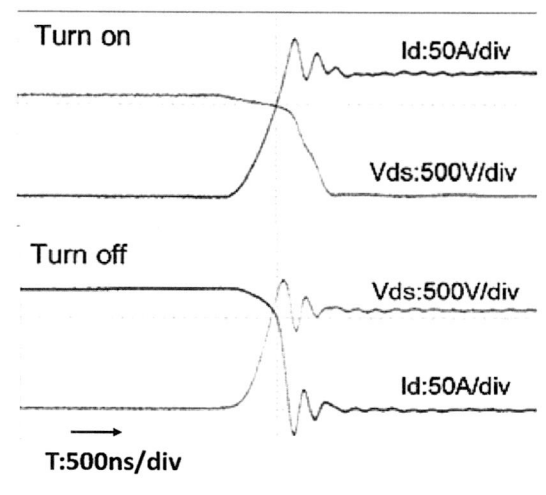

図18　スイッチング波形

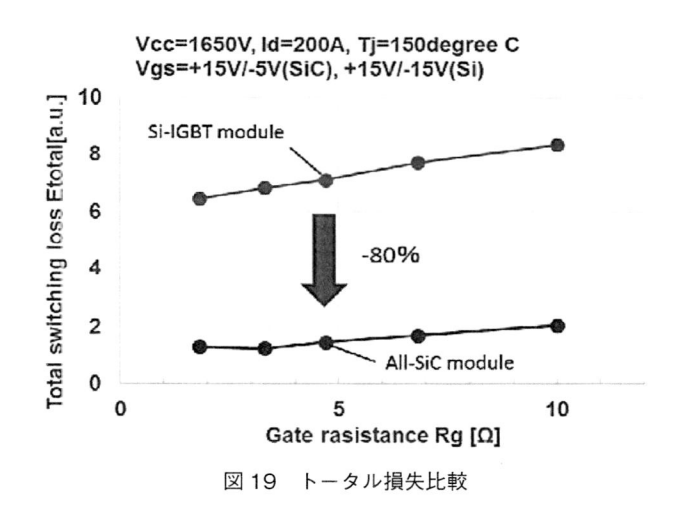

図19　トータル損失比較

を簡素化でき，小型・軽量な配電機器が実現できると考えている。

　図21には，インバータ駆動における各キャリア周波数での発生損失をシミュレーションした結果を示す。インバータの駆動条件では，キャリア周波数が高いほど，All-SiC モジュールと Si-IGBT モジュールの発生損失の差は大きくなる。この結果からも，All-SiC モジュールは，高周波での使用に適していることが分かる。

### ⑷　高速鉄道駆動用主変換装置

　SiC を適用することにより，動作周波数の高周波化が可能になり，リアクトルやコンデンサなどの受動部品が小さくできる。自動車や電鉄車両などの輸送システムにおいては小型・軽量化が

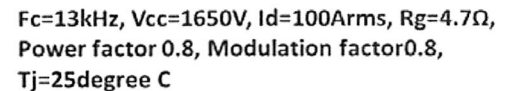

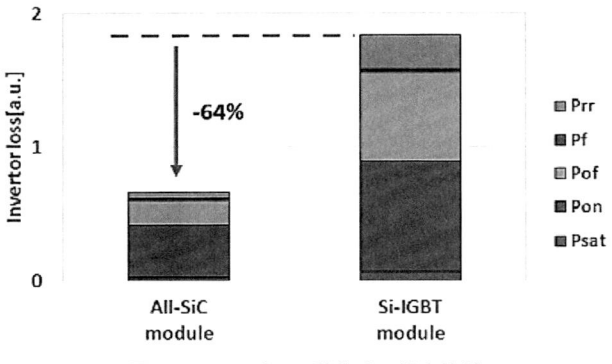

図20　インバータ動作時の損失比較

図21　発生損失のキャリア周波数依存性

できるため大きな利点となる。図22にSiC-SBDを実装した3300 V/1200 A ハイブリッドモジュール（Si-IGBT ＋ SiC-SBD）と，図23に本モジュールが搭載された駆動用主変換装置を示す。

　本ハイブリッドモジュールは，現行 Si モジュールに比べて 24％の低損失化と約30％のフットプリントサイズの低減を実現している（図24）。低損失化については，多並列接続によるチップ間電流分担の均一化，スイッチング損失の低減などによりインバータ動作時の発生損失を低減している。また，図25にキャリア周波数と発生損失の関係グラフを示す。キャリア周波数1 kHzにおいて SiC モジュールのトータル発生損失は Si-IGBT モジュールと比較して 24％低減され，さらにキャリア周波数を高くした場合，損失の低減率は大きくなりキャリア周波数 10 kHz では38％の低減が図れる [31]。本ハイブリッドモジュールを適用した新幹線車両用主変換装置を東海

図22　高耐圧パワーモジュール

図23　高速鉄道駆動用主変換装置

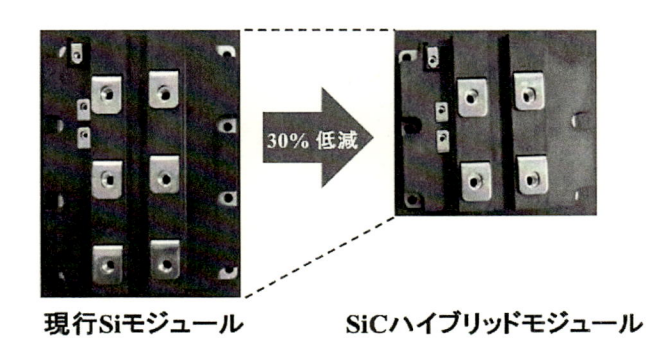

**現行Siモジュール**　　　　　**SiCハイブリッドモジュール**

図24　SiC ハイブリッドモジュールによる小型化

旅客鉄道㈱（JR 東海）と共同開発を行っている[32]。本主変換装置は JR 東海の N700 系新幹線車両に搭載され，走行試験を実施しており，主変換装置の小型軽量化や主回路システム全体の省エネルギー化が期待されている。

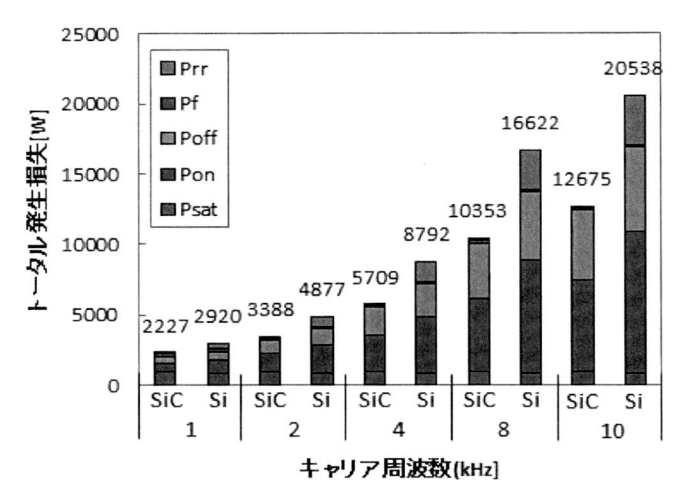

図 25 発生損失のキャリア周波数依存性

### 2.4.3 WBG デバイスの特性を発揮させる要素技術

SiC モジュールのパッケージ・実装技術は，SiC の短所を制御し，長所を活かすというコンセプトに基づいて取り組まれている。SiC/GaN デバイスの実用化に向けた研究開発は，Si デバイス以上にパワーエレクトロニクスシステム（アプリケーション）との同時並行の取組みが必要であり，多くの適用分野を創出することが WBG デバイスの市場拡大にとって重要である。

また，WBG デバイスの性能を最大限に活かし，市場を拡大するめためには，接合・接続材料や封止材料などの実装材料の特性向上がカギであり，この分野において我が国は世界トップシェアのメーカーが数多く存在しており，技術の裾野が広いことから，この分野で主導権を握れる可能性は高い。さらに，WBG デバイスにおいては，デバイスの評価技術やアプリケーション技術に関して国際標準化を積極的に進めていくことで，日本の競争力を高められると考える。

### 2.5 まとめ

パワー半導体モジュールは，高効率なパワーエレクトロニクスシステムに必要不可欠な技術であり，SiC/GaN デバイスの実用化により，その用途はさらに拡大していくことは確実である。

パワー半導体モジュールのデバイス，パッケージの研究・開発を通じ，省エネ，環境対策に貢献していきたいと考えている。

**謝辞**

本論文の成果の一部は，（国研）新エネルギー・産業技術総合研究機構（NEDO）の助成事業の一環として実施されました。関係者各位に謝意を表します。

# 文　　　献

1)　Sawada, M. *et al.*, Proceeding of ISPSD（2016）

2)　Ohi, K. *et al.*, Proc. 27th ISPSD, pp.25-28（2015）

3)　Takahashi, K *et al.*, Proceeding of ISPSD, p131-134（2014）

4)　吉田崇一ほか，富士電機技報，**88**(4)，279-282（2015）

5)　2015 年版　次世代パワーデバイス＆パワエレ関連機器市場の現状と将来展望，pp.26-28，富士経済（2015）

6)　髙橋良和ほか，パワーエレクトロニクスを支えるパワー半導体モジュール技術の最新動向，Proceedings of MES2016

7)　荒井和雄ほか，SiC 素子の基礎と応用，オーム社（2008）

8)　鶴田和弘，デンソーテクニカルレビュー，**16**，90-95（2011）

9)　戸田敬二，日米パワエレプロジェクト比較，NEDO FORUM（2015）

10)　http://www.ecpe.org/

11)　https://www.poweramericainstitute.org/

12)　http://ny-pemc.org/

13)　http://www.nedo.go.jp/activities/ZZJP_100011.html
　　　http://www.nedo.go.jp/activities/ZZJP_100075.html

14)　㈶新機能素子研究開発協会，SiC 半導体 / デバイス事業化・普及戦略に係わる調査研究，p.49（2004）

15)　2015 年版　次世代パワーデバイス＆パワエレ関連機器市場の現状と将来展望，p105，富士経済（2015）

16)　産業競争力懇談会，グリーンパワエレ技術，pp.1-2（2009）

17)　Saito, T. *et al.*, Proceeding of PCIM Europe, pp.455-461（2013）

18)　Momose, F. *et ai.*, PCIM Europe（2015）

19)　Ikeda, Y. *et al.*, Proceedings of The 22nd International Symposium on ISPSD（2010）

20)　Gohara, H. *et al.*, Procceding of PCIM Euro2014, pp.1187-1194（2014）

21)　Nishimura, Y. *et al.*, Proceeding of APE 2015（2015）

22)　大島雅文ほか，富士電機技報，**88**(1)(2015)

23)　Ikeda, Y. *et al.*, Proc. of ISPSD, pp.272-275（2011）

24)　Horio, M. *et al.*, PCIM Europe（2006）

25)　Nashida, N. *et al.*, Prcoceeding of ISPSD, pp.342-345（2014）

26)　仲村秀世ほか，富士電機技報，**88**(4)(2015)

27)　JIS C 0920-1993, JEM1030-1983

28)　大日向敬ほか，電気学会 平成 26 年電気学会 電力・エネルギー部門大会，No.171（2014）

29)　大日向敬ほか，電気学会 平成 27 年電気学会 電力・エネルギー部門大会，No.199（2015）

30)　平尾章ほか，Proceedings of Mate2018

31)　Kaneko, S. *et al.*, PCIM Europre 2016, pp.188-194（2016）

32)　http://jr-central.co.jp/news/release/nws001685.html

# 3 次世代パワー半導体向け高耐熱封止材料の開発

松尾　誠[*]

## 3.1　はじめに

　近年，自動車や家電やロボット等各種産業分野，鉄道及び社会インフラにおいて，パワーデバイスの需要が拡大している。現在は IGBT（Insulated-Gate Bipolar Transistor）や MOSFET（Metal-Oxide-Semiconductor Field Effect Transistor）といった Si パワーデバイスが主に用いられているが，更なるエネルギー高効率化，高耐圧，大電流通電性が要求されるパワーデバイスにはシリコンカーバイド（SiC）素子やガリウムナイトライド（GaN）素子といったワイドバンドギャップの次世代パワー半導体素子が採用されてきている[1~3]。現行材料の Si 素子を SiC 素子や GaN 素子に置き換えることで，従来よりも電力損失が小さくなり効率向上することによる省エネ効果や，200℃以上の高温での動作が可能となることによる冷却機構も含めた小型化等が見込まれる[4]。これらの次世代パワー半導体素子を搭載したパワーデバイスを効率的に動作させるためには，素子以外の実装部材の高耐熱化等の高性能化が求められている。ここでは，次世代パワー半導体向け封止材料の開発状況について報告する。

## 3.2　次世代パワー半導体向け封止材料の開発コンセプト

　半導体向け封止材料は，衝撃や圧力等の機械的外力，湿度，熱，紫外線等の外部環境から半導体素子を保護し，電気絶縁性を確保する等の目的で使用されている。

　著者らは，ジャンクション温度が 200℃以上といった従来よりも高温をターゲットにした次世代パワー半導体向け封止材料の開発に取り組んでいる。SiC 素子や GaN 素子を搭載したパワーデバイス向け封止材料における技術課題としては，従来よりも高温で使用することに対する高耐熱性，高電圧・大電流で使用することに対する高絶縁性及び高放熱性，車載用途等の高信頼性要求に対する耐温度サイクル性向上等が挙げられる。

### 3.2.1　半導体封止材料の高耐熱化

　SiC 素子や GaN 素子を搭載したパワーデバイスを高温環境下で動作させるためには，半導体封止材料にも高温下で特性変動が小さいことが要求される。高温環境下で長期放置された際の特性変動を確認するために，エポキシ樹脂及び硬化剤の構造を変えて，各種レジン組み合わせにて硬化物の物性変化を評価した結果を表1に示す。

　ここで評価した材料は，エポキシ樹脂／硬化剤の組み合わせが，（MAR-E.R.／MAR-N.R.），（MAR-E.R.／PN），（OCN-E.R.／PN），（TPM-E.R.／PN），（TPM-E.R.／TPM-N.R.）でシリカフィラー充填量が 85 wt％である。ここで用いたエポキシ樹脂及び硬化剤の構造を表2に示す。

　（MAR-E.R.）及び（MAR-N.R.）は，一般的なエポキシ樹脂及び硬化剤と比較して，高い難燃性，低吸水性，熱時低弾性，高密着性を示す特徴があるが，架橋点間距離が長く，低架橋密度と

---

＊　Makoto Matsuo　住友ベークライト㈱　情報通信材料研究所　研究部　部長研究員

**表1　各種樹脂系の封止材料の Tg 比較**
（シリカフィラー充填量：85 wt%）

| | type | #1 | #2 | #3 | #4 | #5 |
|---|---|---|---|---|---|---|
| エポキシ樹脂 | MAR-E.R. | ○ | ○ | | | |
| | OCN-E.R. | | | ○ | | |
| | TPM-E.R. | | | | ○ | ○ |
| 硬化剤（フェノール樹脂） | MAR-N.R. | ○ | | | | |
| | PN | | ○ | ○ | ○ | |
| | TPM-N.R. | | | | | ○ |
| Tg | ℃ | 130 | 150 | 160 | 185 | 195 |

成形条件：175℃，2 min.　後硬化条件：175℃，4 hrs.

**表2　エポキシ樹脂，硬化剤の構造**

| エポキシ樹脂 | | 硬化剤（フェノール樹脂） | |
|---|---|---|---|
| 分類 | 化学構造 | 分類 | 化学構造 |
| 多芳香環エポキシ樹脂（MAR-E.R.） | エポキシ当量（g/eq）：270〜300 | 多芳香環ノボラック樹脂（MAR-N.R.） | 水酸基当量（g/eq）：200〜215 |
| o-クレゾールノボラック型エポキシ樹脂（OCN-E.R.） | エポキシ当量（g/eq）：195〜220 | フェノールノボラック樹脂（PN） | 水酸基当量（g/eq）：103〜106 |
| トリスフェノールメタン型エポキシ樹脂（TPM-E.R.） | エポキシ当量（g/eq）：165〜175 | トリスフェノールメタン型ノボラック樹脂（TPM-N.R.） | 水酸基当量（g/eq）：95〜99 |

なるため，硬化物の Tg は低くなる[5, 6]。（OCN-E.R.）及び（PN）は，硬化性が良く，Tg，低吸水率，低コストのバランスが取れており，汎用性が高い樹脂である。（TPM-E.R.）及び（TPM-N.R.）は，官能基密度が高くなるので，硬化物の Tg が高くなり，また硬化収縮低減もできるため反り抑制に関して効果的である。

**(1)　高温処理時の重量減少挙動**

図1に表1の＃1〜＃5の封止材料を200℃にて熱処理した際の重量減少挙動を示す。本検討によると，高 Tg 水準の（TPM-E.R.／TPM-N.R.）の組み合わせの方が重量減少率は大きい結果を示した。

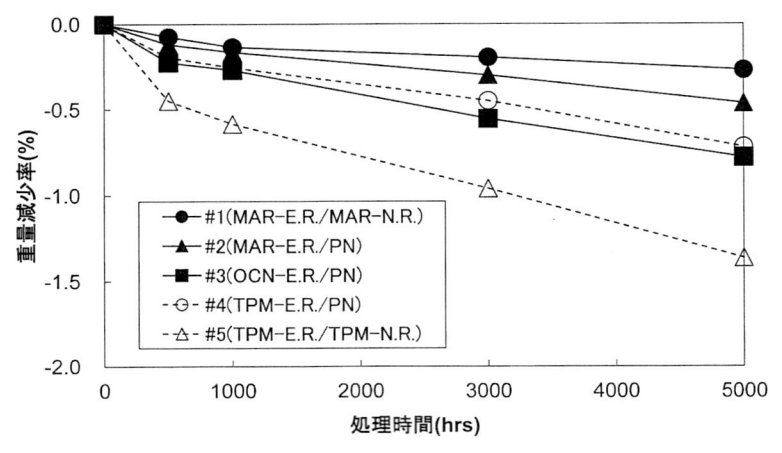

図1　200℃処理時の各種樹脂系の重量減少挙動

表3　（TPM-E.R／TPM-N.R.）の成形物の EDS 分析結果

| 元素 | 未処理 | | 200℃1000 hrs 熱処理後 | |
|---|---|---|---|---|
| | 中心部 | 表層部 | 中心部 | 表層部 |
| C | 46.6 | 47.7 | 47.4 | 40.0 |
| O | 11.5 | 11.2 | 11.9 | 12.6 |
| Si | 41.9 | 41.1 | 40.7 | 47.4 |

　また 200℃1000 hrs 熱処理後の成形物の断面を観察すると，最も重量減少率が大きい高 Tg 水準の（TPM-E.R.／TPM-N.R.）の組み合わせには表層から約 $100\,\mu$m の劣化層が見られた。表3に EDS による元素分析結果を示した。中心部は大きな組成変化が見られないが，表層部は C や O の組成変化が認められており，レジン層が酸化劣化したことが示唆される。これは，酸化反応により容易に結合開裂が起こり，ラジカルを生じて熱分解が進みやすいと推測される。一方で，低 Tg 水準の（MAR-E.R.／MAR-N.R.）の組み合わせには，劣化がほとんど見られなかった。これは，剛直なビフェニレン骨格が熱分解しにくいためと考えられる。

### ⑵　高温処理時の絶縁性挙動

　図2に表1の＃1〜＃5の封止材料を 200℃にて熱処理した際の絶縁破壊強さの変化を示す。絶縁破壊強さの測定は，ASTM-D149 に準拠した方法にて実施した。

　高 Tg 水準の（TPM-E.R.／TPM-N.R.）の組み合わせは，評価した樹脂系の中で最も高い初期値を示しているが，長期高温処理後による劣化の程度が大きい傾向にある。この高 Tg 水準の絶縁破壊強さの大きな低下には，レジン層の酸化劣化が影響していると考えられる。よって高温環境下で使用されるパワーデバイス向け封止材料には，高 Tg 化と耐熱分解性の両立化が必要である。

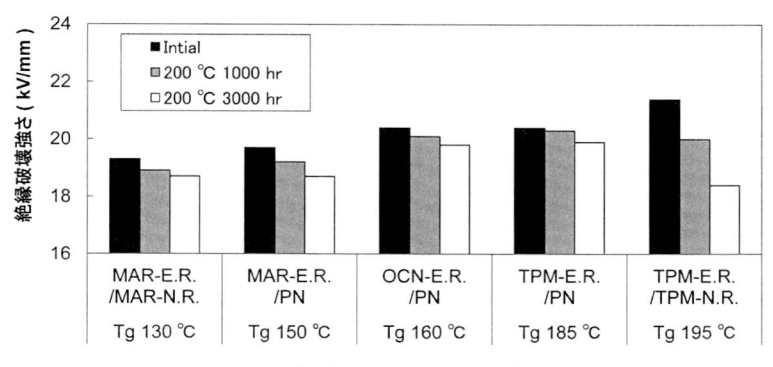

図2　各種樹脂系の絶縁破壊強度

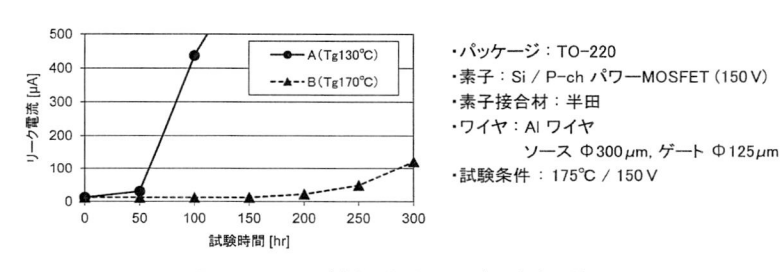

図3　HTRB（高温逆バイアス）試験の結果

### 3.2.2　半導体封止材料の高絶縁化，高放熱化

　SiC 素子等を搭載したパワーデバイスにて，従来よりも高電圧化や大電流化を実現するために，半導体封止材料には高絶縁性や高放熱性といった特性が要求される。

### ⑴　HTRB（High Temperature Reverse Bias：高温逆バイアス）耐性向上

　図3は Si のパワーMOSFET 素子を搭載した TO-220 パッケージにて HTRB 試験を実施した結果を示している。この HTRB 試験とは，高温環境下にてゲートに逆バイアス電圧を印加した際のドレイン－ソース間のリーク電流を計測するパワーデバイスの絶縁性評価の1つであり，今後パワーデバイスの高温動作や高耐圧化において重要な信頼性試験である。

　ここでは，エポキシ樹脂／硬化剤の組み合わせを変えることで Tg を変化させた半導体封止材料 A（Tg130℃）と B（Tg170℃）にて HTRB 試験を実施した。HTRB 試験の結果は，Tg の高い水準の方がリーク電流が上昇し難い傾向にある。図4に HTRB 不良の推定メカニズムを示す。半導体封止材料の Tg が試験温度より低いと分子運動が活発となり，封止材料中の可動イオンや分極の影響にて素子表面での電荷の偏りが生じることで等電位線に変化が生じて，等電位線が密となった部分にてリークが発生すると考えられる。HTRB 耐性を向上させるには，封止材料中の可動イオンの動作や分極を抑制することが必要であり，封止材料の原材料中のイオン性不純物の低減や高 Tg 化による分子運動の抑制が有効である。

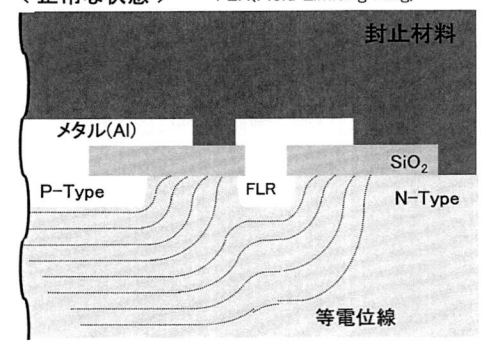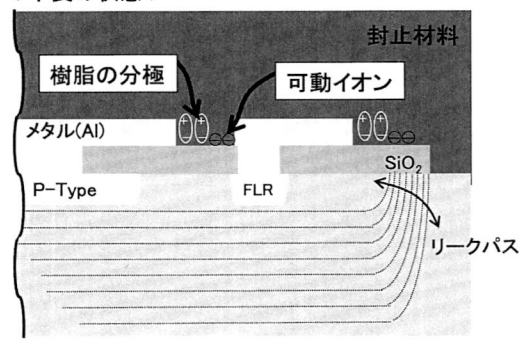

図4　HTRB 不良の推定メカニズム

### (2)　CTI（Comparative Tracking Index：耐トラッキング指数）特性向上

　高電圧化に伴い，CTI 向上の要求も高くなっている。CTI 試験とは試料表面に設置した白金製電極間に電圧を印加し，トラッキング破壊が生じるまで電解液を滴下して規定の滴下数で破壊しない最大電圧を求める試験である。半導体封止材料の CTI を向上させることにより，沿面距離を短くすることができ，半導体パッケージの小型・軽量化，低コスト化等が可能となる。トラッキング破壊は試料表面に炭化層が形成されることにより生じることから，CTI を向上させるためには半導体封止材料の表面部分の炭化を抑制することが必要であり，表面部分の化学的／物理的制御が重要である。

### (3)　放熱性向上

　パワーデバイスの大電流化に伴い，放熱性向上のために半導体封止材料には高熱伝導化が要求される。半導体封止材料の充填材として一般的には溶融球状シリカが用いられており，封止材料としての熱伝導率は 0.8～1 W/m.K 程度である。封止材料の熱伝導率を向上させるためには，より熱伝導率が高い充填材を選択して封止材料中に高分散化させることが必要である。著者らは充填材としてアルミナを適用した熱伝導率 5 W/m.K の封止材料を既に上市しており，7 W/m.K の材料も近く上市予定である。またアルミナよりも更に熱伝導率が高い充填材の適用により 10 W/m.K を実現できる封止材料の開発も進めている。

### 3.2.3　半導体封止材料の耐温度サイクル性向上

　車載向けパワーデバイスは民生機器向けと比較すると高信頼性への要求が強く，温度サイクル試験も数千サイクルといったかなり高い耐久性が要求される。温度サイクル試験においては，封止材料とパッケージ内部の構成部材（素子，リードフレーム，セラミック基板等）の界面での剥離が問題となってくる。この剥離は封止材料とパッケージ内部の構成部材の熱膨張係数の差により生じる熱ストレスが起因となっており，剥離を抑制するには，封止樹脂とパッケージ構成部材

の熱膨張係数の差を小さくする，封止樹脂とパッケージ構成部材の密着性を向上させる，封止樹脂の弾性率を低減させるといった手法が有効である。

　またSiC素子の適用により，Si素子適用時よりも耐温度サイクル性が厳しくなっている事例も出てきている。表4は両面放熱構造のパワーモジュールをモデルとして応力シミュレーションを実施した結果である。計算は2Dモデルで実施し，応力フリー点を175℃として，温度サイクル試験の下限温度である−40℃時に素子下の半田のフィレット部に発生する最大主応力を算出している。このシミュレーションでは，Si素子からSiC素子への変更により最大主応力が約2倍となる結果となっている。これは，SiCの弾性率がSiと比較して約3倍と高くなっていることが影響していると考えられる。封止材料としては，熱膨張係数を小さくする，弾性率を小さくするといった方向にて最大主応力が小さくなるシミュレーション結果が得られている。

### 3.3　半導体封止材料の高耐熱化技術

　著者らは架橋密度が高く，耐熱分解性に優れる樹脂骨格を導入した半導体封止材料の検討を進めた結果，表5に示すような（TPM-E.R.／TPM-N.R.）と同等の高Tgを有しながらも，耐熱

表4　応力シミュレーション結果
（温度サイクル試験条件：−40℃ ⇔ 175℃）

| | 種類 | — | Si | SiC | |
|---|---|---|---|---|---|
| 素子 | 熱膨張係数 | ppm/℃ | 3 | 4.2 | |
| | 弾性率 | GPa | 128 | 410 | |
| 封止材料 | 熱膨張係数 $\alpha 1$ | ppm/℃ | 14 | 14 | 14 | 7 |
| | 曲げ弾性率 | GPa | 16 | 16 | 8 | 16 |
| 最大主応力（−40℃時） | | MPa | 77 | 159 | 78 | 63 |

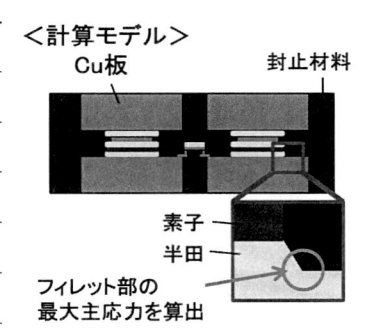

＜計算モデル＞
Cu板
封止材料
素子
半田
フィレット部の
最大主応力を算出

表5　新規高耐熱樹脂系の特性
（シリカフィラー充填量：85 wt%）

| エポキシ樹脂 | MAR-E.R. | TPM-E.R | 高耐熱タイプ |
|---|---|---|---|
| 硬化剤 | MAR-N.R. | TPM-N.R. | 高耐熱タイプ |
| Tg（℃） | 130 | 195 | 190 |
| 重量減少率／200℃ 1000 hr（%） | 0.12 | 0.58 | 0.22 |
| 吸水率／煮沸 24 hr（%） | 0.14 | 0.40 | 0.28 |
| Ni密着強度 | 1.75 | 1.00 | 1.55 |

・ Ni密着強度は，（TPM-E.R.／TPM-N.R.）の組み合わせを1.00とした相対値

分解性に優れ，低吸水性と高密着性を有する高耐熱タイプのエポキシ樹脂／硬化剤（フェノール樹脂）を見い出した。

　著者らはこの高耐熱エポキシ／硬化剤を適用した半導体封止材料として EME-G780 シリーズを 2016 年より上市している。EME-G780 は図 5 に示したとおり，SiC 素子を用いた HTRB 試験（試験条件：200℃／960 V）において，リーク電流の上昇なく非常に良好な HTRB 耐性を示している。

　また著者らは，200℃を超える高温動作にも対応できる高耐熱の半導体封止材料の開発にも取り組んでいる。更なる高 Tg 化を実現するために，高耐熱エポキシ樹脂／硬化剤の組み合わせに加えてナノコンポジット材料を導入し，ジャンクション温度 225℃ に対応できるパワー半導体向け高耐熱封止材料を開発しており，近く上市予定である。更にジャンクション温度が 250℃ の領域にも対応できる超高 Tg を有する高耐熱封止材料も非エポキシ系の材料も含め，幅広く開発を進めている（表 6）。

### 3.4　おわりに

　パワー半導体向け高耐熱封止材料の開発状況について報告した。エポキシ樹脂は，高耐熱性，

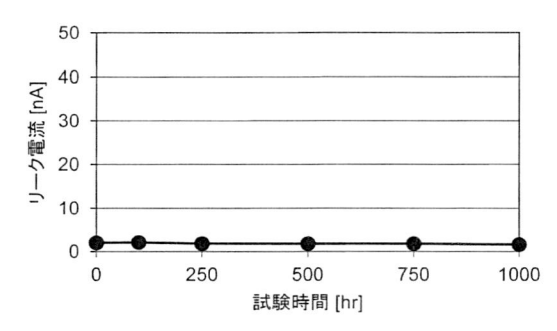

・パッケージ：TO-220
・**素子：SiC MOSFET (1200 V)**
・素子接合材：半田
・ワイヤ：Al ワイヤ
　　　　　　ソース Φ300μm，ゲート Φ125μm
・試験条件：200℃ / 960 V
・封止材料：EME-G780

図 5　EME-G780 の HTRB 試験結果

表 6　高耐熱封止材料の特性比較

| 樹脂系 | 高耐熱エポキシ / 硬化剤 | 高耐熱エポキシ / 硬化剤 + ナノコンポジット | 非エポキシ |
|---|---|---|---|
| 硬化条件 | 175℃／120 sec +200℃／4 hr | 175℃／120 sec +200℃／4 hr | 200℃／120 sec +250℃／4 hr |
| Tg（℃） | 195 | 230 | 260 |
| 熱膨張係数 α1（ppm／℃） | 11 | 11 | 6 |
| 曲げ弾性率（GPa） | 13.5 | 11.5 | 16.0 |
| CTI（V） | 600 | 600 | 600 |

高接着性，高流動性，低応力性等の優れた特性を多く持ち，今後も半導体封止用途に広く展開されると考えられる。半導体封止用材料としては特に高耐熱化のニーズに対応できるように新しい樹脂系での検討も進んでおり，さらに世界的な環境保全対策にも寄与していくものと今後の展開が期待される。

## 文　　　献

1)　根津禎，日経エレクトロニクス，**1099**，53-60（2013）
2)　根津禎，日経エレクトロニクス，**1150**，33-45（2014）
3)　阿部界，2012 年版 次世代パワーデバイス＆パワエレ関連機器市場の現状と将来展望，46-55，富士経済（2012）
4)　鶴田和弘，デンソーテクニカルレビュー，**16**，90-95（2011）
5)　位地正年，木内幸浩，片山功，宇野隆行，電子材料，**39**(4)，86（2000）
6)　坂本有史，大須賀浩規，エレクトロニクス実装技術，**18**，44（2002）

## 4 パワーモジュール用実装材料の設計技術

石井利昭*

### 4.1 はじめに

パワーモジュールは自動車，電鉄，産業用ロボットなど様々な機器に用いられ，電動化による
エネルギーの効率的利用に貢献し，市場規模が拡大している[1]。パワーデバイスは現在主流で用
いられているものはシリコンデバイスであるが，次世代のデバイスとして炭化珪素（SiC）や窒
化ガリウム（GaN）などの化合物半導体の開発も加速している。

図1にパワーモジュールが用いられる電力変換機器の装置容量と装置電圧を示す。パワーデバ
イスは，家電機器，情報・通信機器，自動車機器など小電流，小電圧の機器ではシリコンの
MOSFET（Metal-Oxide-Semiconductor Field-Effect-Transistor）が主に用いられている。
1 kA 以下，2 kV 以下の中電流，中電圧の領域には，HEV や EV の主機となるモーター，イン
バータやコンバータ，産業用汎用インバータなどの製品群があり，主に用いられるパワーデバイ
スはシリコンの IGBT（Insulated Gate Bipolar Transistor）である。さらに高電流，高電圧の分
野は電鉄分野，送配電分野などで，IGBT の他，サイリスタ，GTO 素子を用いた大型のパワー
モジュールである。

パワーデバイスを化学的，機械的なストレスから保護するため封止材料によるパッケージング
が行われている。この材料には 1 kV 以上の高耐圧のパワーデバイスでは大型のモジュール構造

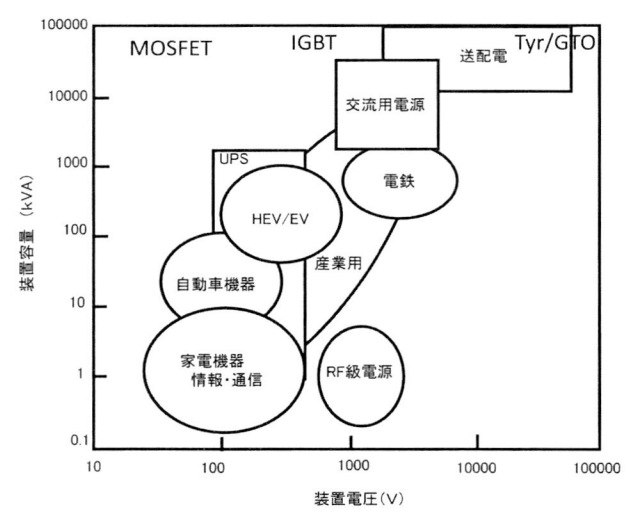

図1　各種電力変換機器の装置容量と装置電圧

＊　Toshiaki Ishii　㈱日立製作所　研究開発グループ　材料イノベーションセンタ
主管研究員

となり，低応力で熱的，化学的，電気的な安定性が高いシリコーンゲルが用いられている。
1 kV 以下の電気自動車用や産業用の分野では，従来半導体メモリや小容量の MOSFET のパッ
ケージングに用いられているエポキシ樹脂系封止材料が使われている。

　インバータ出力密度の推移を図 2 に示す。1980 年代から小型化，高出力化が進められ，2000
年代の後半からは HEV や EV 向けのインバータの開発が活発化している。インバータの出力密
度の向上にパワーモジュールの小型，高出力化が必要で，これを実現するため高信頼なパッケー
ジング技術の開発が重要である。本稿ではこれらパワーモジュールのパッケージングに用いられ
る封止材料の設計技術について概説する。

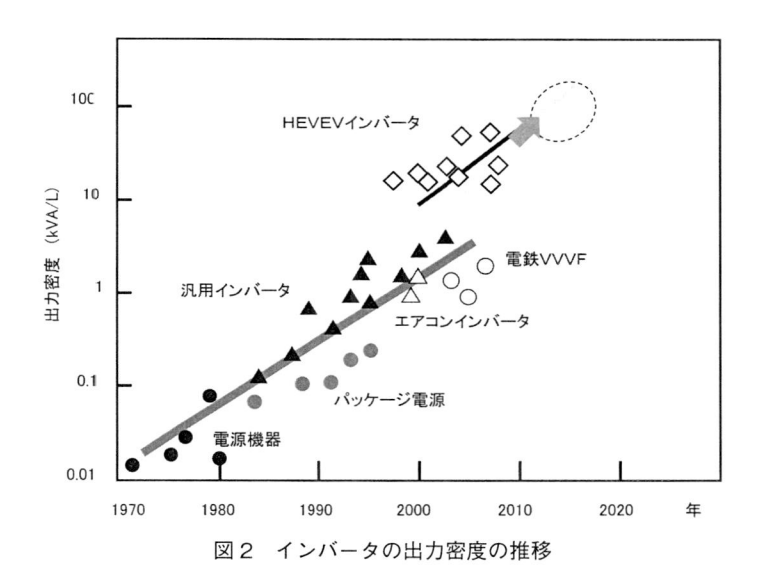

図 2　インバータの出力密度の推移

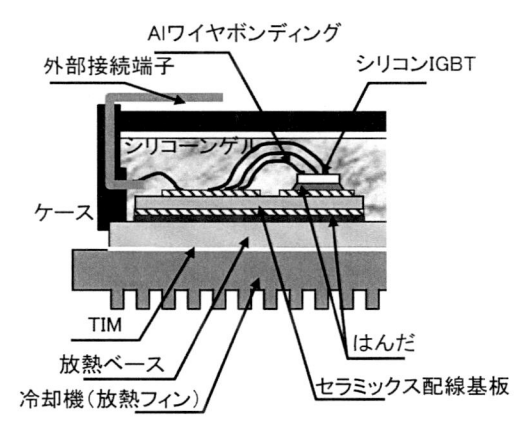

図 3　パワーモジュールの断面構造
TIM：Thermal Interface Material

表 1　パワーモジュール各部材の熱抵抗比率と熱膨張係数

| 部　材 | 熱伝導率 (W/m・K) | 厚さ (mm) | 熱抵抗比率 (%) | 熱膨張係数 (ppm/℃) |
|---|---|---|---|---|
| アルミワイヤ | 236 | — | — | 24 |
| パワーデバイス | 150 | ～0.4 | 10 | 4 |
| 基板上はんだ | 30 | ～0.03 | 5 | 40 |
| セラミックス配線基板 | 150 | ～1.2 | 25 | Cu：16 SiN：3 |
| 基板下はんだ | 30 | ～0.03 | 5 | 40 |
| 放熱ベース | 200 | ～4 | 25 | 4 |
| TIM | 3 | ～0.05 | 20 | — |
| 放熱フィン | 236 | ～4 | 10 | 24 |

## 4.2　パワーモジュールの構造と課題

　パワーモジュールの代表的な構造を図3に示す。シリコン IGBT は，銅あるいはアルミの配線が施されたセラミクス配線基板にはんだを介して搭載されている。セラミクス基板はさらに放熱ベースにはんだで固定されている。シリコン IGBT とセラミクス基板，さらに外部接続端子の接続はアルミボンディングワイヤが用いられる。セラミクス基板およびシリコン IGBT，アルミワイヤ全体は柔軟性のあるシリコーンを注型しゲル状に硬化させ封止されている。パワーモジュールは，インバータを組み立てる際，水冷や空冷の冷却機に固定される。パワーモジュールと冷却機の間には TIM 材（Thermal Interface Material）と呼ばれる熱伝導性の高いグリース状の材料を挿入し部材間の空隙をなくし熱の伝わりを改善している。

　表1に各部材の熱膨張係数と熱抵抗を示した。断面構造から線膨張が異なる部材を積層した構造となるため，環境温度や稼動時の発熱による温度変化により，接合部や部材内に熱応力が繰り返し発生する。温度変化におけるパワーモジュールの代表的な破壊モードはこの熱応力によるアルミワイヤの断線による導通不良やはんだ部のクラック進展による熱抵抗の増加である。高信頼化には熱応力の低減が重要である。また，熱抵抗を低減することでより多くの電流を素子に流すことが可能になり，より高出力密度化できるため，各部材の薄化や高熱伝導化も重要である。

　パワーモジューの小型，高出力化，高信頼性化のためいくつかの構造が開発され製品化されている。これらの代表的な事例を表2にまとめて示す。モジュールの冷却構造は片面からと両面からの二種類に大別される。冷却機に放熱グリースなどの TIM 材を介して固定する方式を間接冷却方式，一方モジュールと冷却フィンがはんだや高熱伝導の材料で固定されているモジュール構造を直接冷却方式と呼んでいる。封止方式もゲル封止とエポキシ封止材を用いたモールドタイプの二種類がある。これまで，電鉄や産業機器用に広く用いられてきたモジュールは片面間接冷却ゲル封止タイプである。このタイプの熱抵抗 100％とすると，片面間接冷却のモールドタイプがほぼ同等の熱抵抗となる。この方式は，シリコンチップを厚銅のリードフレームにはんだ付けす

表2　パワーモジュール構造と熱抵抗値比較

| モジュールタイプ | 片面間接冷却ゲル封上タイプ | 片面間接冷却モールドタイプ | 片面直接冷却ゲル封止タイプ | 両面間接冷却モールドタイプ | 両面直接冷却モールドタイプ |
|---|---|---|---|---|---|
| モジュール構造 | | | | | |
| 片面 TIM 層数 | 1 | 1 | 0 | 2 | 0 |
| 熱抵抗 Rj−w（相対値） | 100% | 100% | 75% | 75% | 50% |

る構造で，チップの発熱を直ぐに横方向に拡散させることができる。シリコンチップと銅の間のはんだの歪は，硬質のエポキシ封止材により抑え，信頼性を確保する構造となっている。片面直接冷却ゲル封止タイプは，間接冷却タイプから TIM 材が除かれた分，25%程度熱抵抗を低くすることができる。両面間接冷却モールドタイプは，セラミクス絶縁板と TIM 材の多層構成になり，片面直接冷却タイプと同程度の75%の熱抵抗となる。両面直接冷却モールドタイプは熱抵抗が一番低く，片面間接冷却と比較して熱抵抗は半分程となる[2~4]。

　電気自動車用インバータに用いられるパワーモジュールは，エポキシ樹脂系封止材の採用により，産業用や電鉄分野で標準的に用いられてきたシリコーンゲル封止の片面冷却型から，両面冷却構造の採用が可能になった。また，弾性率の低いシリコーン樹脂から2桁以上の高弾性率の材料で封止することで各部材に発生する歪を低減してクラックの発生を抑制することが可能である。この歪低減には，各部材と封止材との密着性が重要で封止材の密着力の向上と，密着性の向上のための表面処理の高性能化が重要である。次項ではエポキシ樹脂封止材料の開発経緯を概説し，パワーモジュール向けの封止材料の設計技術を概説する。

## 4.3　封止材料のパワーモジュールへの応用

　半導体を保護する目的でエポキシ系の封止材料が用いられたのは，1960年代の初めからである。それまでは，金属やガラスなどを使った気密封止方法が用いられてきた。成形方法は，ポッティングやキャスティング法が主で，エポキシ樹脂系封止材には当初，無水酸硬化エポキシ樹脂や，アミン硬化エポキシ樹脂が用いられていた。その後，半導体の需要が増大すると，生産性と信頼性に優れた封止プロセスとしてトランスファーモールドプロセスが採用され，封止材として耐湿性や高温での電気特性に優れたフェノール硬化型のエポキシ樹脂が開発され用いられるようになった。当時の封止材料の課題は，耐湿信頼性の向上でエポキシ樹脂成分を通して侵入した水分とイオン性不純物により素子表面のアルミニウム配線が腐食することである。これは樹脂など

の硬化系を改良することや素材成分の純度を高めることにより対策された。半導体メモリー用の封止材料で表面積の大型化，パッケージの薄型化が進み，材料の低応力化が課題となった。そこで，主にシリカ充填剤の高配合化と，可とう化剤の併用による低熱膨張化，低弾性率化が検討された。同時に，パッケージを基板へのはんだ付け温度でパッケージ内にクラックや剥離を生じるいわゆるはんだリフロー性の低下問題が浮上した。この不良は保管時にパッケージ内に吸湿された水分が，はんだリフロー時の加熱により一気に気化することが原因でおこる。このため対策には封止材の低吸湿化，内部部材との高密着化が検討された。その後，環境問題への社会的な関心の高まりから，封止材からのハロゲン系難燃剤の削減に対応し早くからBr系難燃材やアンチモンの削減の検討が行われ，現在ではこれらの物質を含まない材料の採用が広がっている[5~8]。

　半導体メモリやLSI向けに開発されてきた封止材料は，従来の小容量のデバイスより大型で，より高容量のパワーデバイスにも適用されるようになってきた。このようなデバイスでは，放熱のため銅あるいはアルミなどの放熱ベースに半導体素子が搭載されており，片面あるいは全面を封止材料で覆う構造となる。このような場合，放熱ベースとの機械特性の整合性や内部部材との密着性が重要となる。また，材料特性では，半導体素子の電圧，電流が増加し，高耐圧な電気特性と，稼動時の発熱を効率よく逃がすため，放熱性の改善が要求されている[2]。

### 4.4　封止材料の組成とプロセス

　封止材料の主な組成を表3に示す。封止材料は表に示すよう10種以上の材料が配合され，目

表3　封止材料の主な組成

| | 素　材 | 化合物 | 配合比 | 使用目的 |
|---|---|---|---|---|
| マトリックス樹脂 | ベース樹脂 | エポキシ樹脂　クレゾールノボラック型　ビフェニル型　臭素化ビスフェノール型 | 5−20 | マトリックス樹脂　成形性，電気特性，機械特性付与，難燃性付与 |
| | 硬化剤 | フェノール樹脂 | 5−20 | ↑ |
| | 硬化促進剤 | 窒素化合物　ホスフィン類 | <1 | 硬化促進 |
| 添加剤 | 可とう剤 | シリコーンゴム　ポリオレフィンエラストマ | <5 | 低応力化 |
| | カップリング剤 | エポキシシラン | <1 | 充填材／マトリックス樹脂の接着向上 |
| | 難燃助剤 | 三酸化アンチモン | <1 | 難燃性付与 |
| | 離型剤 | ポリエチレンワックス類 | <1 | 金型離型性 |
| | 着色剤 | カーボンブラック | <1 | 着色 |
| | イオン捕捉剤 | 無機イオン交換体 | <1 | 腐食性イオンの捕捉 |
| 充填材 | 無機フィラ | 溶融シリカ，結晶シリカ，アルミナなど | 55−90 | 線膨張係数，弾性率，機械強度，熱伝導 |

的に応じて組成が最適化されている。ベースとなる樹脂はエポキシ樹脂，硬化剤と硬化促進剤でこれらの種類や構造が，硬化反応の制御や，硬化後の特性，特に耐熱性，接着性，機械特性，化学的性質に影響する。弾性率や強度，線膨張率を最適化，改善するため，充填材，可とう化剤が配合されている，充填材は多量に配合され線膨張係数や弾性率を制御している。その他，充填材とベース樹脂の界面の相互作用を向上するカップリング剤や，トランスファーモールドプロセスにおいて金型からの離型を改善する離型剤などが配合されている。これらの素材は，押し出し混合機により混合され，タブレット化して用いられる。

　パワーモジュールの封止工程では，トランスファーモールドプロセスが用いられることが多い。この工程では，180℃程度に加熱された金型にパワーデバイスが搭載されたリードフレームをセットし，タブレット化された封止材料を投入し，プランジャーによる加熱により溶融した封止材料を5〜15 MPa の圧力で金型内に移送し，金型内で1〜3分程度で反応により硬化させ成形体を離型し，取り出す。半導体素子の配線には金や銅，アルミニウムのワイヤボンディングが施されており，溶融時の粘度はのワイヤの変形や断線が起こらないよう約100 Pa・s 以下程度に抑えておく必要がある。また硬化反応はゲルタイムや成形時間に関係しトータルの生産性に影響するため重要で，硬化触媒の種類や配合量により最適化されている。

## 4.5　封止材料の設計技術

### 4.5.1　機械物性の最適化

　封止材料の弾性率，熱膨張係数，強度，熱伝導率，などの機械的な物性は，製品の性能や信頼性に影響する重要なパラメータである。これらの物性は配合する充填材の量や種類により調整されている。表4に封止材料に用いられる主な充填材を示す。シリカは溶融シリカ，結晶シリカがあり封止材料では一般的に用いられている。アモルファスシリカは熱膨張係数が低いことが特徴

表4　封止材料に用いられる主な充填材

| | 比　重 | 熱伝導率 (W/m・K) | 線膨張係数 (ppm) | 硬　度 | 誘電率 | 特　徴 |
|---|---|---|---|---|---|---|
| 結晶シリカ (SiO$_2$) | 2.7 | 6〜13 | 5〜15 | 7 | 3.5〜4.5 | 高熱伝導，角形 型磨耗 |
| 溶融シリカ (SiO$_2$) | 2.2 | 1.3 | 0.5 | 8 | 3.8 | 球形，高充填可能 低線膨張 |
| アルミナ (Al$_2$O$_3$) | 4 | 36 | 8.8 | 12 | 8.9 | 高熱伝導 高硬度，型磨耗 |
| 窒化アルミ (AlN) | 3.3 | 320 | 5.6 | 12 | 8.8 | 高熱伝導 |
| 窒化ホウ素 (BN) | 2.3 | 110 | 4.0 | — | 4.5 | 高熱伝導，鱗片状 低誘電（高耐圧） |

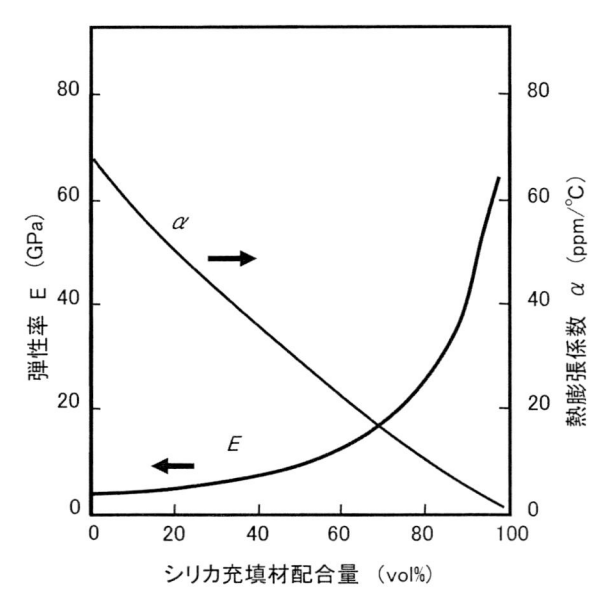

図4 シリカ配合量と弾性率，線膨張率の関係

で，封止材料の熱膨張係数を下げ，シリコンとの熱応力を下げる目的で用いられる。結晶シリカは，熱伝導率が高いことが特徴で，高熱伝導化に用いられる。高熱伝導率化ではアルミナも用いられる。高い熱伝導が求められる分野では，窒化珪素や窒化アルミなど高熱伝導の特殊なセラミクスも用いられる場合もある。

　図4にシリカ充填材配合量と熱膨張係数，弾性率のIshai（(1)式）とFahmy（(2)式）の予測式を示す[9, 10]。シリカの配合により弾性率は増加し，線膨張係数は増加する。シリコン半導体との熱応力を低減するためには，封止材料の熱膨張係数を3 ppm/K程度まで下げることが望ましいが，90 vol%以上の高配合が必要である。この場合，溶融状態の粘度が非常に高くなり成形が困難な領域となる。パワーモジュールではシリコン素子の他，銅やアルミニウム，セラミクス基板などを封止材料でモールドする構造となり，これらの部材との熱応力がバランスするよう弾性率や熱膨張係数を設定する必要がある。

$$a_c = a_m - \frac{3(a_m - a_f)(1 - v_m)\phi_f}{2(1 - 2v_f)\phi_m \frac{E_m}{E_f} + 2\phi_f(1 - 2v_m) + (1 + v_m)} \tag{1}$$

　　$a$：熱膨張係数
　　$\phi$：体積分率
　　$E$：ヤング率
　　$v$：ポアソン比
　　添え字

$c$：複合材

$m$：マトリックス樹脂

$f$：充填材

$$E = E_0\left(1 + \frac{\phi}{(m/(m-1) - \phi^{1/3})}\right) \tag{2}$$

$m = E_p/E_0$

$\phi$：体積分率

$E_0$：マトリックス樹脂のヤング率

$E_p$：充填材のヤング率

$E$：複合材のヤング率

　パワーモジュールの封止では素子の発熱は主にリードフレームや冷却フィンなどの部材を通して放熱されるルートがメインであるが，モジュール形態によっては封止材料を介しての放熱も重要である。封止材料の高熱伝導化には，アルミナが用いられることが多い。アルミナは硬度が高いため金型磨耗などの懸念があるが，より金型へのダメージが少ない球形近い材料が開発され用いられている。

　図 5 に充填材の配合量と熱伝導率の関係を示す。実線は(3)式に示す金成の予測式である [11, 12]。充填材の配合により熱伝導率は増加していくが，より高い熱伝導率の充填材を高充填することで封止材料の熱伝導率を上げることができる。樹脂の熱伝導率は熱伝導のボトルネックになっており，結晶化の手法により樹脂の熱伝導率を増加することで封止材料の熱伝導率を大幅に向上することができる [12]。

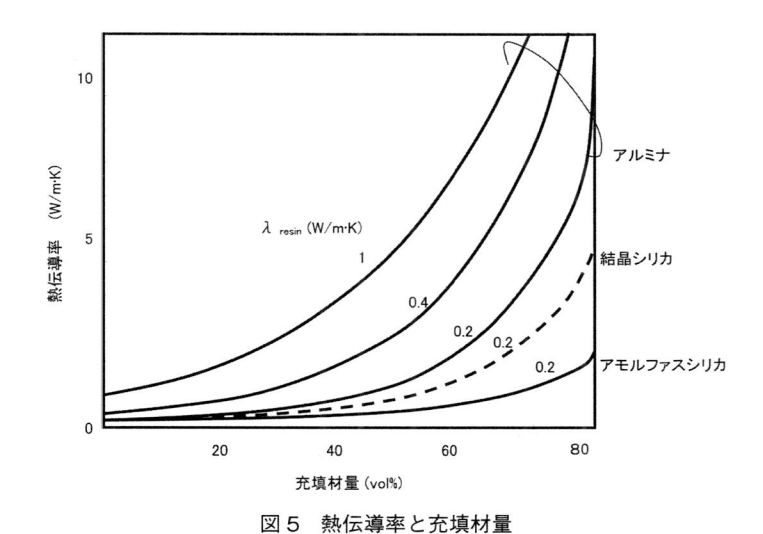

図 5　熱伝導率と充填材量

$$1 - v = \frac{\lambda_{mix} - \lambda_{filler}}{\lambda_{resin} - \lambda_{filler}} \left( \frac{\lambda_{resin}}{\lambda_{mix}} \right)^{\frac{1}{\chi + 1}} \tag{3}$$

$\lambda_{resin}$：樹脂の熱伝導率

$\lambda_{filler}$：充填材の熱伝導率

$\lambda_{mix}$：複合材の熱伝導率

$v$ ：充填材の体積分率

$\chi$ ：充填材の形状パラメータ

（$\chi = 2$ （球形）Bruggeman 式）

### 4.5.2 硬化反応と溶融粘度の最適化

　トランスファーモールド時の封止材料の粘度変化と流動長を図6に模式的に示す。粘度は金型内で加熱され低下していくが，加熱と同時にエポキシ樹脂の硬化反応が開始し，粘度が増加し始める。エポキシ樹脂の硬化反応がゲル化点近くになると粘度は無限大になり流動を停止する。同時に液体として性質から弾性体としての性質が変化する，さらに硬化反応が進むとインサート部材との接着性が発現し始め離型のストレスに耐えうる硬度になると，金型から離型され，成形体は硬化炉でさらに後硬化を行う。硬化反応やゲル化は早いほうが，離型までの時間が短く生産性が良くなる。一方，大型のパワーモジュールのモールドになると封止材料の充填量が大きくなるので，流動長と硬化速度のバランスをとることが重要である。

　トランスファーモールド時の溶融粘度は，ボンディングワイヤーの断線や変形，大型の成形体

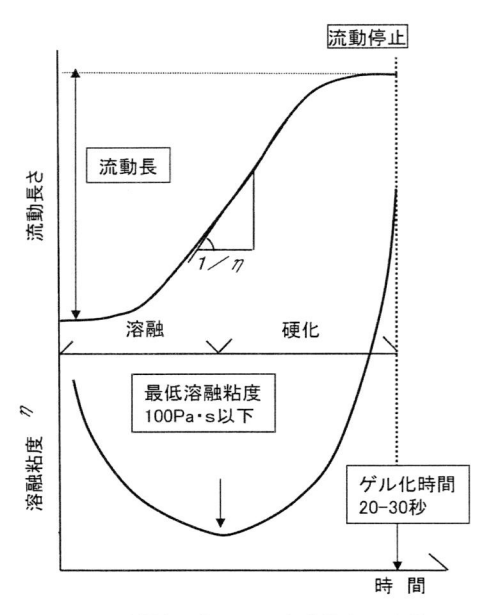

**図6　封止材料の成形時の溶融粘度と流動長さ**

では成形時間の増加，成形圧力の増加があり，なるべく低粘度が望ましい。(4)式は充填材の配合量と粘度の予測式である。溶融粘度は，樹脂の粘度，充填材の配合量，最大充填分率により影響されるが，熱膨張係数や熱伝導率から要求される一定の充填材量でより低粘度にするには，①樹脂の粘度を低下する，②最大充填分率を上げる，ことが有効である。

$$\ln(\eta / \eta_1) = k_e \phi / (1 - \phi / \phi_m) \tag{4}$$

$\eta$ ：封止材の粘度

$\eta_1$ ：樹脂の粘度

$k_e$ ：アインシュタインの係数

$\phi$ ：充填材の体積分率

$\phi_m$ ：充填材がとりうる最大充填分率

　最大充填分率とは充填材を密に詰めたときに粒子間の隙間をなくし，どれだけ密に配合できるかの指標である。同一球形の充填材の場合には六方最密充填が充填密度が高く最大充填分率は74%となる。この粒子間の隙間を埋めるように二次粒子，三次粒子というように粒子径分布を最適化することで最大充填分率を上げることができる。

　図7に充填分率と封止材料の溶融粘度の関係を示す。充填材の体積分率は82.5 vol%と一定であるが，充填材の充填分率を上げることで粘度を大幅に低下できることが分かる。シリカ充填材では様々な粒子径の材料が開発されており，これらの粒子径分布が最適にあるような配合とすることで低粘度化が達成される。

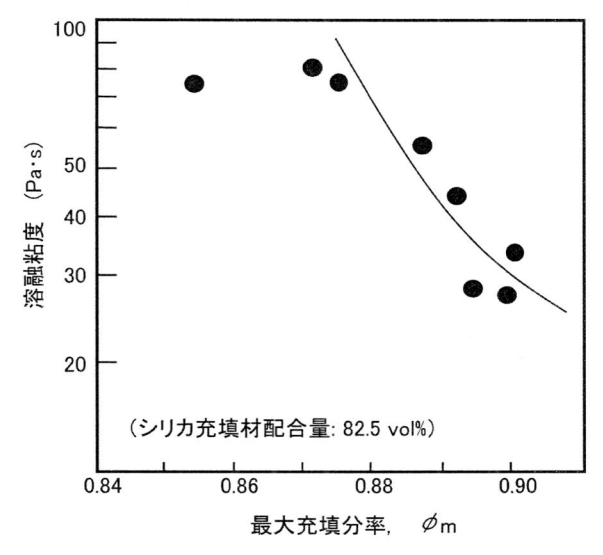

図7　封止材料の溶融粘度と最大充填分率

## 4.6 おわりに

パワーモジュールの小型，高出力化を実現する高信頼な封止材料の設計技術について概説した。今後，パワーデバイスは主流のシリコンから，SiC パワーデバイスの採用も広がっていくことが予想される。シリコンパワーモジュールの動作温度は，通常−40℃から接合温度150℃までの温度範囲であるが，SiC パワーデバイスを用いたモジュールでは200℃を越える高温化により，冷却機構の簡素化，パワー密度の向上が検討されている。温度範囲が広くなるとその分発生する応力や歪が大きくなるので，部材間の線膨張係数の最適化とマトリクス樹脂の高耐熱化が重要である。エポキシ樹脂系封止材では，多官能基，多環構造有するエポキシ樹脂を用いることで200℃を越すガラス転移温度を有するものが見出されている。このほかシアネートエステル系やベンゾオキサジン変性系などの高耐熱樹脂材料の開発が行われている[13~15]。

## 文　　　献

1) パワーモジュールと主要構成部材の技術市場動向，ジャパンマーケティングサーベイ（2014）
2) 加柴良裕，エレクトロニクス実装学会講演要旨集（平成26年2月22日）
3) 坂本善次，デンソーテクニカルレビュー，**16**，46（2011）
4) T. Tokuyama, A Novel Direct Water and Double-Sided Cooled Power Module for HEV/EV Inverter, ICEP 2014 proceedings, 6（2014）
5) R.R. Tummala, E.J. Rymaszewski, A.G. Klopfenstein, "Microelectronic Packaging Handbook", Van Nostrand Reinhold, New York（1989）
6) L.T. Manzione, "Plastic Packaging of Microelectronic Devices", Van Nostrand Reinhold, New York（1989）
7) T. Ishii, R. Moteki, A. Nagai, S. Eguchi, M. Ogata, *Mat. Res. Soc. Symp. Proc.*, **390**, 71（1995）
8) J.I. Meijerink, S. Eguchi, M. Ogata, T. Ishii, S. Amagi, S. Numata, *Polymer*, **35**, 179（1994）
9) O. Ishai, L.J. Cohen, *Int. J. Mech. Sci.*, **9**, 539（1967）
10) A. Fahmy, A.N. Ragai, *J. Am. Ceramics Soc.*, **40**, 351（1957）
11) L.E. Nielsen，高分子と複合材料の力学的性質，化学同人（1976）
12) K. Fukushima, H. Takahashi, Y. Takezawa, M. Hattori, M. Itoh, M. Yonekura, SAE Technical Paper Series, 2005-01-1673（2005）
13) 谷本智，第27回エレクトロニクス実装学会春季講演大会講演要旨集，316（2013）
14) 有田和郎，技術情報協会，「高熱伝導樹脂の材料設計とハンドリング技術」セミナーテキスト（平成25年11月25日）
15) 高橋昭雄，技術情報協会，「パワーデバイス用封止材料の高熱伝導性・絶縁性向上と成形技術」セミナーテキスト（平成22年10月28日）

# 5 高熱伝導樹脂複合材料のパワーモジュールへの適用

三村研史*

## 5.1 はじめに

世界的な環境保護意識の高まりにより，化石燃料消費削減や$CO_2$ガス排出削減などの環境保全活動が拡大している。このような活動に対し，資源とエネルギーを有効活用するパワーエレクトロニクスとそのキーパーツであるパワーデバイスは，鉄道や自動車，産業用機器，一般の家電製品にいたる様々な分野に適用され，年々その需要が高まっている。

近年，パワーデバイスの大容量化・高周波化，また，パワーモジュールの小型化・軽量化が著しく進展し，パワーデバイス動作時に発生する熱が増大の一途をたどっている。そのため，発生した熱を効率よくデバイス外部に放熱することが重要な課題であり，従来にも増して熱対策の重要性が増している[1~3]。

パワーデバイスの主要素子である IGBT（Insulated Gate Bipolar Transistor）を搭載したパワーモジュールのパッケージ構造は，絶縁材料にアルミナ（$Al_2O_3$）や窒化アルミニウム（AlN）などのセラミックス基板を用いたケース型が主流であり，パワーデバイスで発生した熱は，セラミックス基板を経由して外部に逃される。このため，パワーモジュールの放熱性を向上させるためには，窒化アルミニウム（AlN）や窒化珪素（$Si_3N_4$）など熱伝導率の高いセラミックスの適用及びその厚みの薄肉化が必要である。しかし，セラミックス基板は絶縁性，熱伝導性に優れるものの価格が高く，脆いために薄肉化が難しく，また銅などの回路パターンとの接着性も低く熱抵抗が高くなる。

これに対して，エポキシ樹脂などの熱硬化性樹脂を用いた樹脂絶縁基板は，銅など金属との接着性に優れ，加工性も良く比較的安価である。しかしながら，熱硬化性樹脂をベースにした樹脂絶縁基板を適用するに当たっては，樹脂材料の弱点である熱伝導性や耐熱性の改善が必須となっている。近年，この樹脂絶縁基板の放熱性や耐熱性を改善するため，エポキシ樹脂などの樹脂材料に電気絶縁性で高熱伝導性を有する無機フィラーを配合する有機／無機複合化が検討されている。この放熱性を付与した樹脂複合材料は放熱絶縁シートとして，図1に示すようなパワーモ

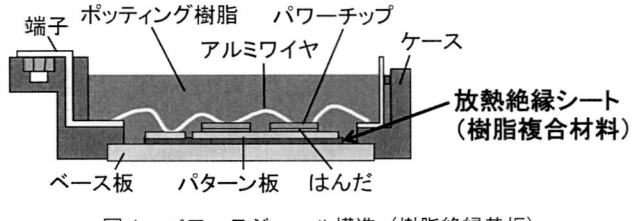

図1 パワーモジュール構造（樹脂絶縁基板）

＊ Kenji Mimura 三菱電機㈱ 先端技術総合研究所 マテリアル技術部
レジン材料グループマネージャー

ジュールの絶縁放熱部材として適用されている。

## 5.2 BN 粒子を用いた樹脂複合材料の高放熱化

これまで樹脂複合材料に用いられてきた熱伝導性フィラーとして，シリカ（$SiO_2$）やアルミナ（$Al_2O_3$）などが挙げられる。これら熱伝導性フィラーでは，粒度分布を制御し，フィラーを樹脂に高充填させることにより樹脂複合材料の熱伝導率の向上を図っている。さらに高放熱性が求められる用途では，熱伝導性フィラーに窒化ホウ素（BN）や窒化アルミニウム（AlN）などの窒化物系粒子を用いることが検討されている。特に BN 粒子は高熱伝導性を有し，電気絶縁性にも優れ，化学的にも比較的安定であるため，最近では高放熱材料の熱伝導性フィラーとして注目を集めている[4~11]。

エポキシ樹脂をマトリクスに用い，高熱伝導性フィラーとして球状アルミナ及び鱗片形状をした六方晶 BN を充填した樹脂複合材料のフィラー充填量と厚み方向（チップで発生した熱を樹脂複合材料を介して冷却フィンに伝える方向）の熱伝導率の関係を図2に示す。アルミナ粒子を用いた場合，50 vol％充填した樹脂複合材料の熱伝導率は 1.2 W/（m・K），アルミナフィラーの充填量の増加に伴い熱伝導率は向上するものの，75 vol％の高充填量で熱伝導率は約 4 W/（m・K）であった。一方，高熱伝導性の鱗片状 BN フィラーを充填した樹脂複合材料では，充填量 50 vol％で熱伝導率は 6 W/（m・K），さらに充填量を 67 vol％に高充填すると熱伝導率は 10 W/（m・K）まで増加する。

しかし，この鱗片形状をした六方晶 BN 粒子の熱伝導率は，六方晶構造に起因した異方性を示す。すなわち，結晶が成長する鱗片面方向の熱伝導率は高く，結晶と垂直な方向である鱗片厚み方向の熱伝導率は面方向の熱伝導率よりも 2 桁程度低い[12]。図3に，鱗片 BN 粒子を高充填し

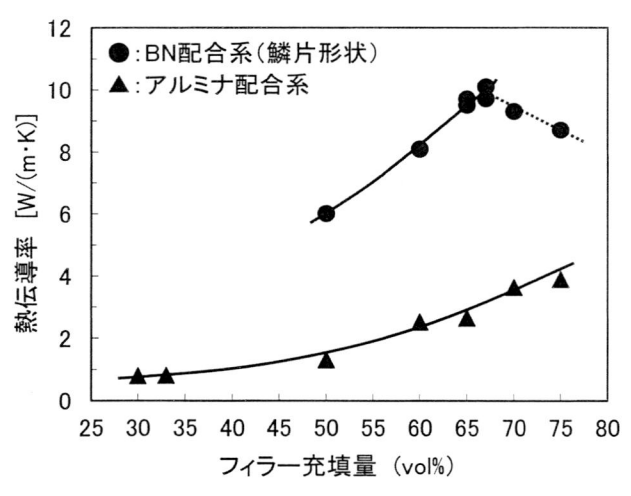

図2　熱伝導性フィラーを配合した樹脂複合材料の充填量と熱伝導率（厚み方向）の関係

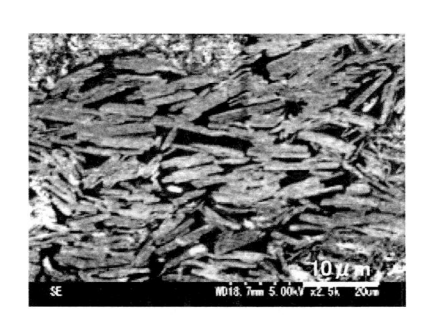

図3　鱗片状 BN を充填した樹脂複合材料の断面 SEM 写真

た樹脂複合材料の断面写真を示す。同図の上下方向が厚み方向であり，鱗片形状の BN 粒子が（水平）面方向に配向しているのがわかる。これは，樹脂複合材料の厚み方向の熱伝導率の向上を阻害する要因になる。

　この BN 粒子をシート厚み方向に配向して高熱伝導化を検討した報告がある[10, 11]。宮田らは，熱伝導率に異方性を示す鱗片状 BN 粒子をエポキシ樹脂に充填し，特殊な成形方法で BN 粒子をシート厚み方向（縦方向）に配向させ，且つ高充填した樹脂複合材料を成形した。BN 粒子を縦配向にさせるとシート厚み方向の熱伝導率は添加量の増加に伴い大きく向上し，80 vol％まで高充填すると 36 W/(m·K) と高い熱伝導率を達成している。また BN 粒子を面と並行方向に配向させた系では，80 vol％と高充填させても厚み方向の熱伝導率は数 W/(m·K) 程度であることを確かめている。

　熱伝導率に異方性を持つ鱗片状 BN 粒子を高充填した樹脂複合材料を成形しても熱伝導率の低下が起こらないようにするため BN の一次粒子を凝集させた球状に近い凝集粒子（BN 凝集体）を用いる方法がある。これは，樹脂複合材料を成形しても鱗片状 BN 粒子が面方向に配向してしまうことを防ぐ配向制御技術の一つである。この BN 凝集体を充填することにより樹脂複合材料の熱伝導率が向上すると報告されている[4~8]。この BN 凝集体は，図4に示すように様々な方向

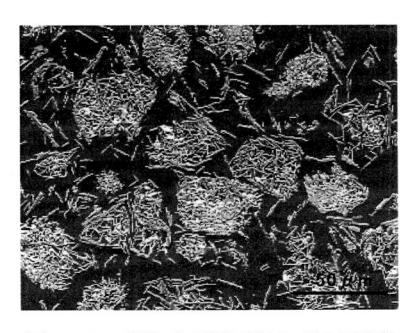

図4　BN 凝集体の断面例の SEM 写真

を向いた鱗片状の BN 一次粒子が凝集して数十 μm の凝集体を形成しており，凝集体の熱伝導率は等方性を示すものと推察される。この BN 凝集体をエポキシ樹脂に充填した樹脂複合材料を成形すると，材料中の BN 粒子の面方向の配向を抑制することができ，厚み方向の熱伝導率を向上できる。

　ここで，樹脂複合材料中の BN 粒子の配向度は，樹脂複合材料の X 線回折を測定し，BN 結晶面方向の（002）面と層（厚み）方向の（100）面の回折ピークの強度比（配向度），I_(002) 面/I_(100) 面（I は X 線回折強度）から定量化できる。図 5 には，樹脂複合材料中の BN の配向度と，厚み方向の熱伝導率の関係を示す。比較として，鱗片状 BN 粒子のみを単独充填した樹脂複合材料についても図中に示した（図 5 中の◇△○）。鱗片状 BN 粒子を単独で充填した系では，充填量 50 vol％から 70 vol％へと増加しても，BN 粒子の配向が進むだけで厚み方向の熱伝導率の大きな向上が得られない。これに対し，BN 凝集体を配合した樹脂複合材料は BN 充填量が50 vol％と一定であっても，BN 凝集体を配合して面方向への配向を抑制すると，すなわち配向度を小さくすると，樹脂複合材料の厚み方向の熱伝導率は大きく向上し，16 W/(m・K) 以上と高い熱伝導率が得られる。このように，熱伝導率に異方性を示す BN 粒子の面方向への配向を制御することで，樹脂複合材料の厚み方向の熱伝導率を飛躍的に向上できる。この配向を制御する技術を用い，BN フィラーを高充填すると，18 W/(m・K) 以上と高い熱伝導率が得られる。

### 5.3　シアネートエステル樹脂による高耐熱化

　樹脂複合材料を絶縁基板に適用するにあたっては，耐熱性の確保も必要である。この絶縁基板は，基板形成後にチップを搭載するため，はんだリフロー工程を経る。このため樹脂複合材料を絶縁基板に適用するには，はんだリフローにおける高温雰囲気下でも電気特性が低下しないような耐熱性，及び銅などの回路パターンとの接着性などのはんだリフロー耐性が必要である。

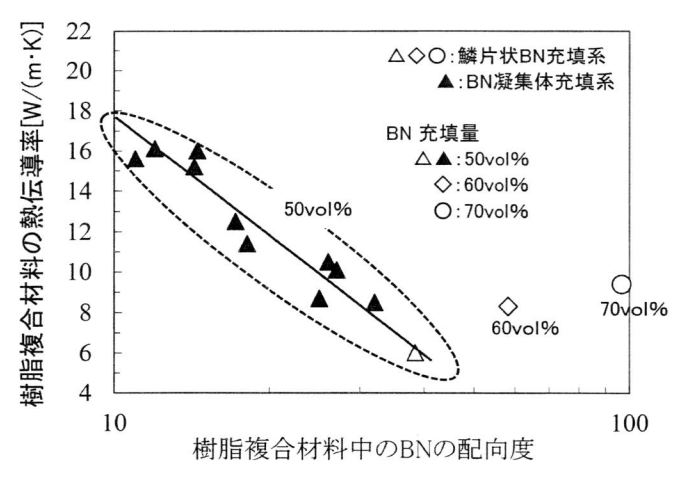

図 5　樹脂複合材料中の BN 配向度と熱伝導率（厚み方向）の関係

　樹脂複合材料の耐熱性については，マトリクス樹脂の構造が支配的である。一方，接着性については，マトリクス樹脂の構造以外にも，フィラーの種類，形状，被着体の材質，その表面状態など種々の要因がある。前項で樹脂複合材料の熱伝導性を向上するのに配合した BN フィラーは樹脂と化学反応する官能基が少なく，樹脂材料との接着性は低い。したがって，BN フィラーを高充填して熱伝導率を向上した樹脂複合材料の接着強度は低くなり，樹脂複合材料のはんだリフロー耐性を向上させるためには，如何に接着性を付与できるかが重要である。

　耐熱性の高いマトリクス樹脂として，300℃以上のガラス転移温度（Tg）を示す高耐熱樹脂のひとつであるシアネートエステル樹脂がある。シアネートエステル樹脂は，シアネート基が加熱により付加重合反応（環化三量化反応）し，剛直なトリアジン構造を生成するために耐熱性に優れる。そこで，シアネートエステル樹脂の中でも特に耐熱性に優れるノボラック型シアネートエステル樹脂（XU-371：ハンツマン・ジャパン製）をマトリクス樹脂に選定し，BN 凝集体を配合して熱伝導率18 W/(m・K) 以上の高熱伝導性を確保する BN フィラー高充填（62 vol%）した樹脂複合材料で検討した[13]。この樹脂複合材料の動的粘弾性を図6に示す。測定温度380℃付近まで，弾性率は$10^{10}$Pa と高い値を示し，Tan δ も350℃近くまで平坦で，402℃に Tg に基づくピークが見られることから，ノボラック型シアネートエステル樹脂をベースにした樹脂複合材料は非常に高い耐熱性を示すことがわかる。一方，この樹脂複合材料の接着ピール強度（樹脂複合材料の厚み150 $\mu$m に電解銅箔（105 $\mu$m 厚）を貼り付け成形し，90°ピールにて測定）は2.6 N/cm と低い値であった。その試験後の断面写真（図7）を見ると，銅箔側に BN 粒子を含んだ絶縁層が付着しており（図7(b), (c)），接着ピール強度測定試験による破壊は BN フィラーと樹脂の界面で破壊が進行していることが分かる。したがって，ノボラック型シアネートエステル樹脂を適用した樹脂複合材料の接着性を向上させるためには，BN フィラーと樹脂の界面の接着性を向上させることが重要であると考えられる。一般的に，無機フィラーと樹脂の界面の接着性

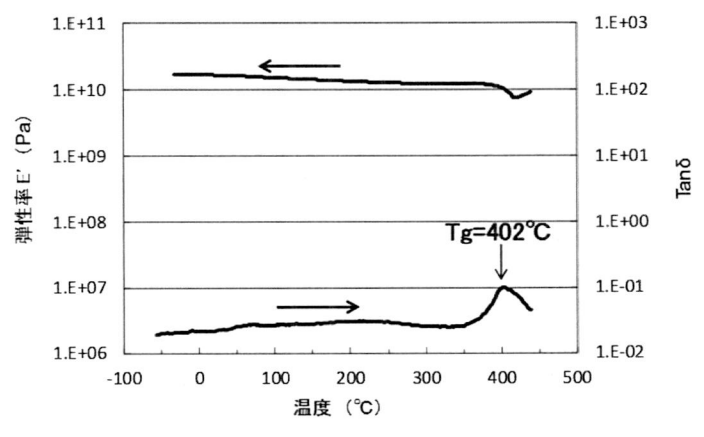

図6　シアネートエステル樹脂単独の複合材料の動的粘弾性

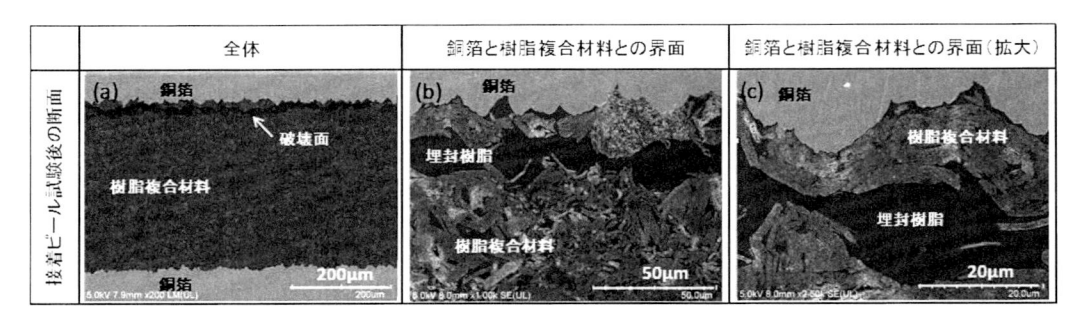

図7　シアネートエステル樹脂単独の複合材料

を向上させる手法として，無機フィラーのカップリング処理が考えられるが，BN フィラーの表面には官能基が少ないため，カップリング処理による効果は小さい。

　樹脂の特性改善の手法のひとつとして，複数のポリマーを組み合わせるポリマーアロイがあり，シアネートエステル樹脂複合材料の接着強度向上にもこの手法を適用した。ノボラック型シアネートエステル樹脂に柔軟性に富む可とう性骨格型フェノキシ樹脂（YL7178BH40：三菱ケミカル製）を配合した。図8には，ノボラック型シアネートエステル樹脂に可とう性骨格型フェノキシ樹脂を配合した樹脂複合材料のフェノキシ樹脂配合量と接着ピール強度の関係を示した。樹脂複合材料の接着強度は，フェノキシ樹脂配合量の増加に伴って向上し，フェノキシ樹脂を 25 wt％配合すると接着強度はシアネートエステル樹脂単独系に比べて約 1.8 倍，さらに 50 wt％配合した場合は約 3 倍まで向上する。これら樹脂複合材料の接着強度測定後の破断面は，先の図7で示したシアネートエステル樹脂単独系と同様に，BN フィラーと樹脂の界面で破壊が進行していた。このことから，フェノキシ樹脂を配合することにより，BN フィラーと樹脂との相互作

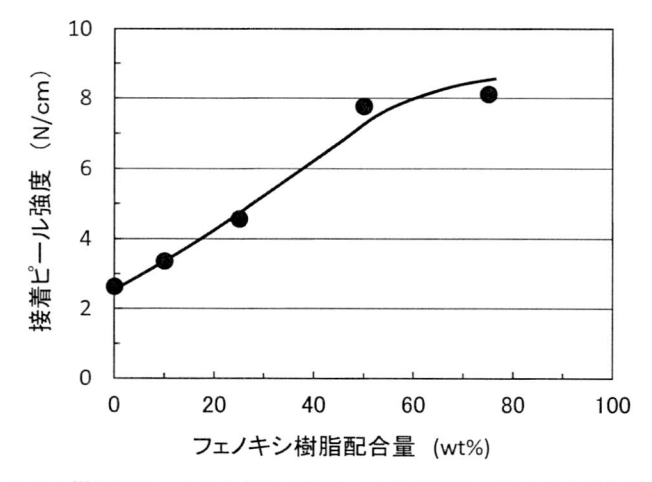

図8　シアネートエステル樹脂にフェノキシ樹脂を配合した樹脂複合材料の配合量と接着ピール強度の関係

用が強くなり接着ピール強度が向上したものと推察できる。このようにシアネートエステル樹脂と可とう性骨格型フェノキシ樹脂のポリマーアロイ化は，BN フィラーを充填した樹脂複合材料の接着性の向上に有効である。

　図9には，ノボラック型シアネートエステル樹脂と可とう性骨格型フェノキシ樹脂を添加した樹脂複合材料の動的粘弾性挙動を示した。フェノキシ樹脂を配合した樹脂複合材料では，50℃付近で弾性率が低下し，その後250℃を過ぎた辺りからもう一段弾性率が低下した。これはベースのシアネートエステル樹脂と配合したフェノキシ樹脂が相分離していることを示す。しかし，これら樹脂複合材料の弾性率の低下する温度が，フェノキシ樹脂単独（約20℃）に比べ高温側へ，またシアネートエステル樹脂単独（約400℃）に比べて低温側へ移動していることから，互いに相溶しながら相分離しているものと推察される。今回ベース樹脂として用いたシアネートエステル樹脂の硬化反応は，環化三量化反応により進行する。一方，フェノキシ樹脂は柔軟な構造で，非常に靭性に富む。そのため，環化三量化反応により架橋したシアネートエステル樹脂の強固な網目構造に柔軟で分子鎖の長いフェノキシ樹脂が物理的に絡まった semi-IPN（Interpenetrating Polymer Networks）構造を形成していると考えられる。このように耐熱性の高いノボラック型シアネートエステル樹脂に，柔軟性の高いフェノキシ樹脂を配合すると樹脂マトリクスと BN 凝集体との凝集力が強化されて接着ピール強度が向上したものと推察する。

## 5.4　高耐熱・高熱伝導樹脂複合材料の特性

　これまで述べてきたように，高耐熱樹脂をベースにポリマーアロイ化技術及び BN 粒子配向抑制技術を駆使することで，表1に示す特性の高耐熱・高熱伝導樹脂複合材料を開発した。

　この樹脂複合材料は，BN 凝集体を配合して面方向への BN 粒子の配向を抑制し，さらには

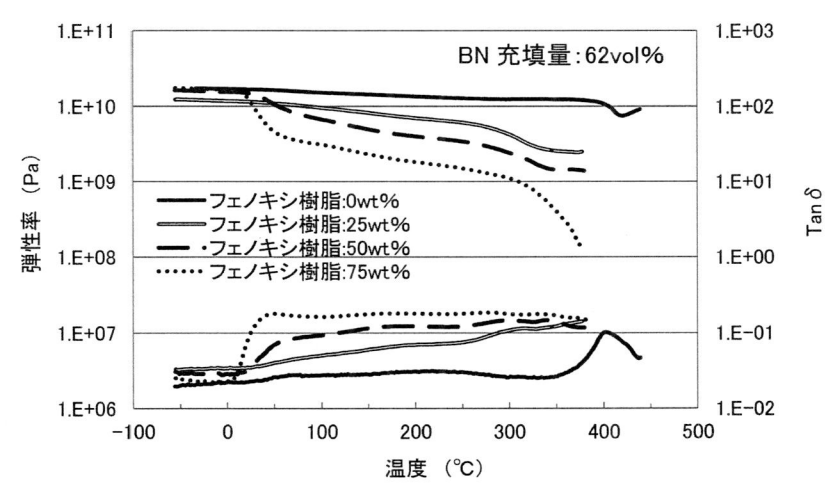

図9　シアネートエステル樹脂にフェノキシ樹脂を配合した樹脂複合材料の動的粘弾性

表 1　高耐熱・高熱伝導樹脂複合材料の特性

|  |  | 特性 |
| --- | --- | --- |
| 熱伝導率 | W/(m·K) | 19.0 |
| 接着ピール強度 | N/cm | 8.0 |
| 絶縁破壊電界 BDE | kV/mm | 58 |
| 高温高湿バイアス試験<br>（85℃/85% at 1 kV） | hr | >1,000 |

BN 凝集体を高充填させることで，熱伝導率 19 W/(m·K) とセラミックス材料並の高い熱伝導率を示す。また，耐熱性の高いシアネートエステル樹脂をベースに柔軟性に富む長鎖の可とう性骨格型フェノキシ樹脂をブレンドすることで接着ピール強度 8.0 N/cm と高い接着強度を達成した。この樹脂複合材料の絶縁破壊電界（BDE）は平均 58 kV/mm と絶縁性にも優れている。さらに長期信頼性として 85℃／85％の高温高湿環境下で樹脂複合材料間に電圧 1 kV を印加して絶縁寿命を測る高温高湿バイアス試験についても，1,000 時間以上絶縁破壊は起こらず，長期信頼性にも優れる。

　図 10 には，開発した高耐熱・高熱伝導樹脂複合材料をはんだ浴に曝した後の破壊電界 BDE を示した。高耐熱化，高接着化により，この樹脂複合材料ははんだ浴に曝していないプレス成形直後の BDE とほぼ同等の高い値を保持しており，はんだリフロー温度 300℃ までの範囲において高い絶縁特性を確保した。

　以上，BN 粒子の配向を抑えるために BN 凝集体を高充填し，マトリクス樹脂にシアネートエステル樹脂と可とう性骨格型フェノキシ樹脂をポリマーアロイ化することで，高い放熱性と耐熱性を有する樹脂絶縁材料を得ることができる。

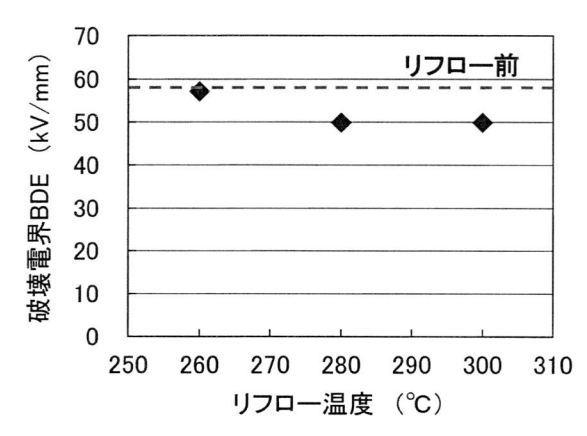

図 10　高耐熱・高熱伝導絶縁シートの耐リフロー性

## 5.5　今後の展望

　パワーエレクトロニクス関連の世界市場は着実に成長しており，再生可能エネルギーの更なる普及や発電効率の向上，産業機器や家電，次世代自動車などの省エネルギー化など市場の要求・期待が増大する。IGBT モジュールや IPM（Intelligent Power Module）などパワーエレクロトロニクス機器の電力変換効率向上に大きく寄与してきたパワーモジュールにおいても，より一層の小型化・高密度化が求められ，高電流密度の高温動作に対応可能なパッケージが検討されている。現在，パワーモジュールに搭載されている半導体チップの主流は Si ベースの IGBT やダイオードである。更なる特性改善を求めて新たな次世代材料として SiC（炭化ケイ素／シリコンカーバイド）や GaN（窒化ガリウム／ガリウムナイトライド）などのワイドバンドギャップ（WBG）半導体があり，Si よりも大幅に電力損失が少ないなど一層の性能向上が期待されている。これら WBG 半導体により高速動作，高周波動作を可能にするパワーチップを適用することでパワエレ機器の小型化・高性能化が実現できる。このような背景をもとに，パワーモジュールに適用される高熱伝導有機／無機複合材料には，さらなる放熱性と耐熱性が求められる。

## 文　　　献

1)　西村隆，三村研史，平松星紀，塩田裕基，上田哲也，三菱電機技報，**4**，219（2010）

2)　西村隆，MATERIAL STAGE，**11**，4，52（2011）

3)　T. Ueda, N. Yoshimatsu, N. Kimoto, D. Nakajima, M. Kikuchi, T. Shinohara, Proceeding of 22$^{nd}$ ISPSD, 47（2010）

4)　三村研史，正木元基，中村由利絵，西村隆，電子情報通信学会論文誌，**J95-C**(11)（2012）

5)　正木元基，三村研史，西村隆，加東智明，日本機械学会熱工学コンファレンス 2013 講演論文集（2013）

6)　三村研史，ネットワークポリマー，**35**(2)，76-82（2014）

7)　K. Mimura, Y. Nakamura, M. Masaki, T. Nishimura, J. PHOTOPOLYM TECHNOL., **28**(2)，169-173（2015）

8)　T. Nishimura, K. Mimura, K. Yamamoto, S. Idaka, T. Shinohara, CIPS 2016, Nuremberg Germany（2016）

9)　M. Harada, N. Hamaura, M. Ochi, *Composites：Part B*, **55**, 306-313（2013）

10)　宮田健治，山縣利貴，阿尻雅文，第 30 回日本熱物理シンポジウム，pp.136-138（2009）

11)　宮田建治，山縣利貴，阿尻雅文，MATERIAL STAGE，**11**(4)，65（2011）

12)　E.K. Sichel *et al.. Physical review B*, **13**, 4607-4611（1976）

13)　中村由利絵，三村研史，エレクトロニクス実装学会誌，**19**(6)，451-457（2016）

# 6 SiC パワーモジュールにおける放熱部材（基板）の課題と対応策

米村直己*

## 6.1 はじめに

パワーモジュールの高密度化は年々加速され，今後更に高放熱化技術と高信頼性化技術が不可欠となっている。図1に示すようにここ20年あまりで，パワーモジュールのパワー密度が大幅に向上した。特に，パワー半導体素子としてIGBTモジュール及びIPM（インテリジェント・パワーモジュール）技術が大きく貢献し，パワーエレクトロニクス・システムの装置体積自体も大幅に縮小させることができ，性能も桁違いに向上した。

現在も新規技術開発は引き続き行われているが，近い将来にはシリコン半導体による開発は限界に来ることが予測されている。この課題に対して，イノベーション技術として，次世代デバイス／SiC，GaNデバイスを用いたパワーモジュールが検討され，かつ，量産技術も飛躍的に進み，将来の本命技術と位置づけられている。特に，SiCデバイスは高速・小型化が可能である上，高温動作が可能なため，小サイズチップで大電流が流せるメリットを生かしたモジュールの小型化が可能となる。これら技術的背景のもと，モジュールのパワー密度は益々飛躍的に上昇し，2020年ごろには，現在のパワー密度の数倍になると予測されている。

従来から，制御動作周波数は低いが，安価なサイリスタ等が使用されてきた。しかし，省エネルギーを目的に電力効率向上化対策として，IGBT化が進み，それらの素子を使用したインバータ制御化技術も広く普及してきた。適用用途は，高電圧及び高電力が必要な電鉄用途（電車用モジュール），中電力／中周波数におけるエレベータ，産業用ロボット及び自動車電装用途がメインである（図2）。

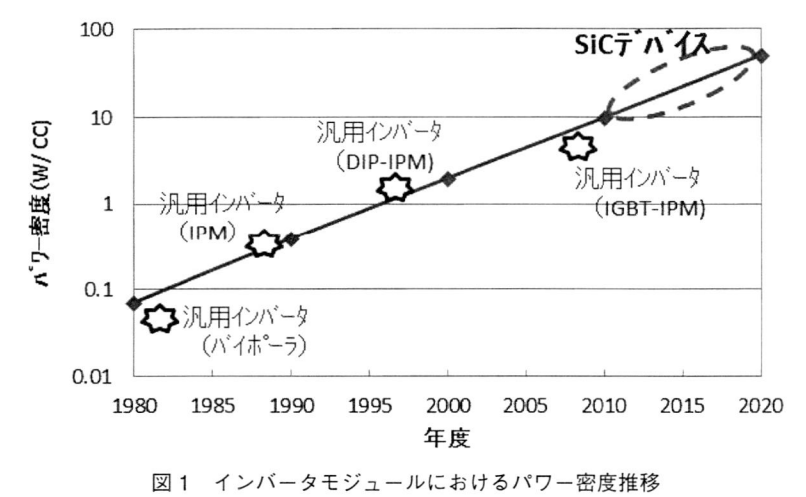

図1 インバータモジュールにおけるパワー密度推移

---

＊ Naomi Yonemura　デンカ㈱　電子部材部　主幹

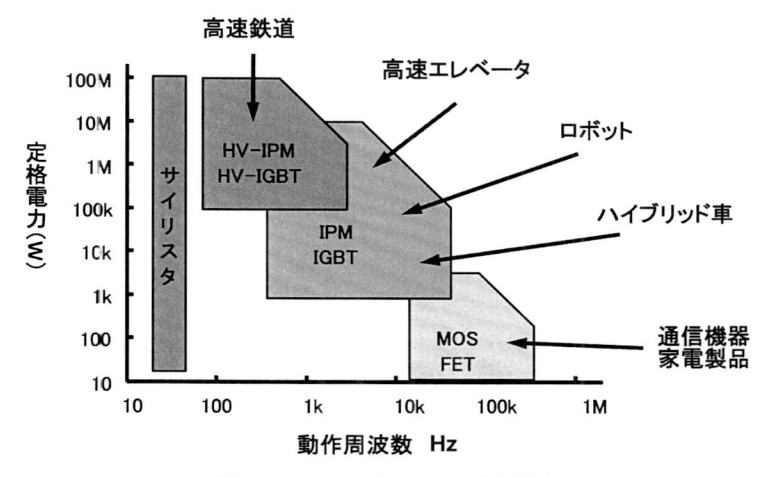

図2　パワーモジュールの適用用途

　このように，各種半導体デバイスはいろいろな分野へ用途展開され，更に大電力化対応（高耐電圧特性，高放熱特性），高信頼特性（サーマルショック特性，高温特性等）が不可欠となる。加えて，用途及び数量の増大とともに低コスト化の要求も強くなってきている。当然，半導体素子単体では動作はできず，回路化された基板上に搭載されてはじめてモジュールとして動作する。よって，前述した要求特性は半導体素子だけなく，これらパワーモジュールに適用される基板及び放熱板にも同様の高機能化が求められ，基板及び周辺技術も同様に非常に重要なアイテムとなる。

　本節では，SiC 半導体を代表とする高パワー／高密度半導体素子を搭載する基板技術（放熱板を含む周辺技術）について，①各種基板概要，②放熱板及び③基板に要求される特性及びその対応例を中心に説明する。

## 6.2　SiC パワーモジュール用放熱部材

　SiC 半導体を搭載する基板を想定した場合，チップ自体の発熱密度が高いために電気的性能を最大限に動作させるためには，高放熱基板として大電流用モジュール等に使用されている窒化アルミニウム及び窒化珪素基板が考えられる。低コスト／中電力モジュール用ではメタルベース基板等も候補に挙げられる。

　図3は各種基板における定格電圧及び定格電流値領域の概略図である。メタルベース基板は主に定格 600V／50A 系までの一般パワーモジュールに使用されており，それ以上の領域ではセラミック基板が使用される。特に定格電圧 1,200V 以上を超えるモジュールには，放熱性に優れる窒化物系セラミック基板が使用されている。SiC 半導体用基板においては，定格電力次第ではあるが，セラミック基板及びメタルベース基板が適用可能と考えられる。

　また，パッケージング方式としては，現状のプラスチック・パッケージング形態が考えられて

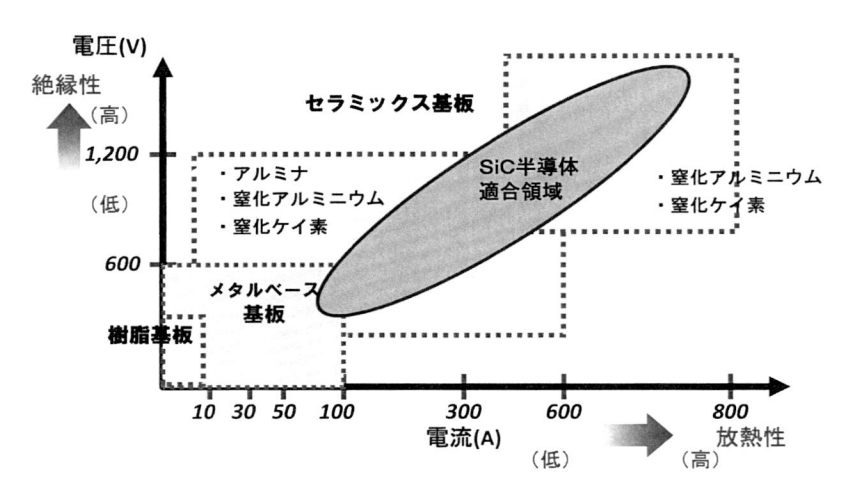

図3　各種基板における定格電圧電流領域図

いる。しかし，SiC 半導体における最高使用時のジャンクション温度は 250℃ に想定されているために，現状のポリカーボネート系樹脂ケース及びシリコーン樹脂ポッティング剤では対応できず，新規材料の検討がなされている。

　このように，各種モジュールに使用される回路基板は要求性能及び定格電力等によって使い分けられる。本項では，基板の概要及び SiC 半導体に使用可能な基板の詳細について説明する。

### 6.2.1　セラミック基板

　図4に各種材料における熱伝導率分布図を示す。大きく分類して，セラミック基板は酸化物系

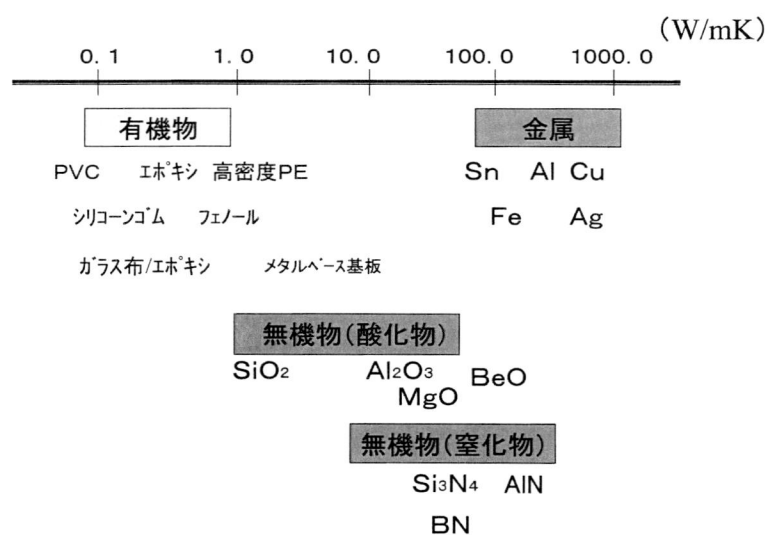

図4　各種材料における熱伝導率分布図

では1〜数十 W/mK レベルで，窒化物系で50〜200 W/mK レベル前後である。特に，大電力モジュール用基板においては，数百 kW の大電力の変換・制御を行うため，その回路基板には高い絶縁性，放熱性，耐熱性が要求される。窒化物系セラミック材料は有望な材料と考えられる。

図5に現在市販されているアルミナ基板，窒素アルミニウム（AlN）基板，窒化珪素（$Si_3N_4$）基板の強度と熱伝導性率の関係を示す。窒化アルミニウム基板は 150 W/mK 以上の高い熱伝導率を有するが，窒化珪素基板に比べて機械的強度が低く，アルミナ基板と同等レベルである。一方，窒化珪素基板は高い機械強度を有しているが，現在の基板の熱伝導率は窒化アルミニウムの約半分程度である。

窒化アルミニウム焼結体は，構造的に等方的な粒子が集まった構造であるため，粒子構造を緻密にできず，機械的強度（耐クラック性）をこれ以上向上させることは難しい。これに対して，窒化珪素は窒化アルミニウムに比べて組成的に緻密なため機械的強度は高い。また，窒化珪素（$\beta$-$Si_3N_4$）の理論的な熱伝導率は 200 W/mK 以上であるが，低熱伝導率の粒界相の存在及び粒子内部の欠陥が存在するため，60〜100 W/mK 以下の値になっているのが現状である。この点が窒化アルミニウムに比べてハイパワーモジュールの適用のネックとなっている。しかし，窒化珪素基板は機械的強度が高く，薄板化が可能で基板の熱抵抗を減少させることができるため，等価的に放熱性が向上可能である。図6は窒化珪素基板の薄板化による低熱抵抗化の一例であるが，従来基板の厚さを約半分以下にすることにより，大きく放熱性（熱抵抗）を低減できていることがわかる。但し，薄板化は放熱性を向上できる利点があるが，反面，絶縁破壊電圧の低下ももたらす。要求仕様により使い分けられ，絶縁破壊電圧値が比較的低く放熱性及びサーマルショック特性を重視する自動車電装用途で使用が始まっている。

表1に窒化系セラミック回路基板における物性一覧表（代表値）を示す。機械特性及び電気特性は従来のアルミナ基板並みの物性を有し，熱伝導率及び抗折強度（窒化珪素基板）は非常に良好な値を有している。

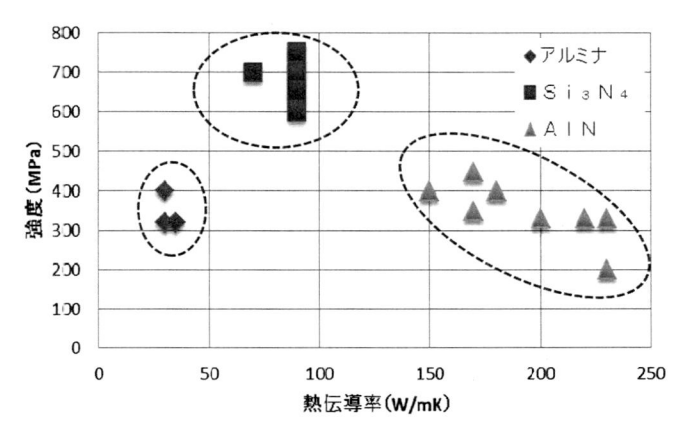

図5　市販セラミック基板の熱伝導率と強度の関係

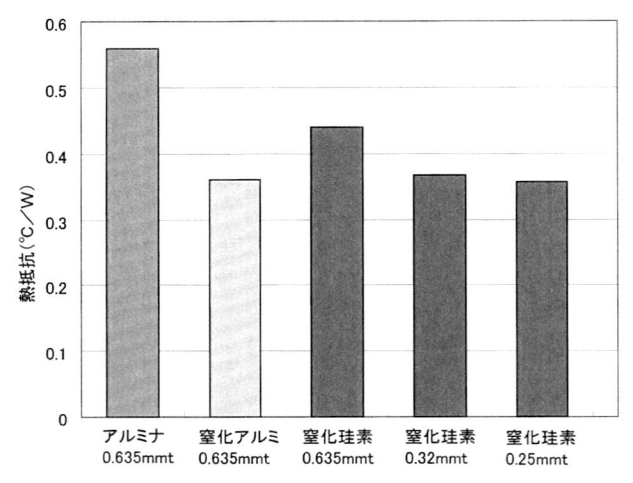

図6　窒化珪素基板の薄板化による低熱抵抗化

表1　セラミック回路基板における物性一覧（代表例）

| 基板の種類 | | Cu 回路 AlN 基板<br>（HSS） | Al 回路 AlN 基板<br>（ACS） | Cu 回路 Si₃N₄ 基板<br>（CSN） |
|---|---|---|---|---|
| 構成 | 回路面 | Cu/0.3 mmt | Al/0.4 mmt | Cu/0.3 mmt |
| | 白板 | 0.635 mmt,<br>150 W/mK | 0.635 mmt,<br>180 W/mK | 0.635 mmt,<br>90 W/mK |
| | 放熱面 | Cu/0.15 mmt | Al/0.4 mmt | Cu/0.15 mmt |
| 機械特性 | 抗折強度　　　　MPa | 561（534〜621） | 632（591〜677） | 921（848〜970） |
| | たわみ量　　　　mm | 0.28（0.25〜0.31） | 0.30（0.27〜0.33） | 0.48（0.44〜0.51） |
| | ピール強度　　　N/cm | 169（148〜189） | 測定不可（＞196） | 202（191〜209） |
| | 平面度　　　　　mm | 0.02（0.02〜0.03） | 0.02（0.02〜0.03） | 0.01（0.01〜0.02） |
| | 表面粗さ（Rz）　μm | 2 | 3 | 3 |
| | ワイヤボンディンク　N | 6.3（6.3〜6.4） | 5.8（5.5〜6.0） | 6.4（6.3〜6.5） |
| | メッキ密着性（410℃×10分） | 膨れ，剥がれなし | 膨れ，剥がれなし | 膨れ，剥がれなし |
| | 半田濡れ性　　　％ | 99〜100 | 99〜100 | 99〜100 |
| | 線膨張係数　　　1/K | $4.5 \times 10^{-6}$ | $4.7 \times 10^{-6}$ | $3.0 \times 10^{-6}$ |
| 電気特性 | 絶縁耐圧（AC2.5 kV×1分）<br>　　　　（AC7 kV×1分） | 20/20　OK<br>10/10　OK | 20/20　OK<br>10/10　OK | 20/20　OK<br>10/10　OK |
| | 絶縁抵抗（125℃，＞2GΩ） | 5/5　OK | 5/5　OK | 5/5　OK |
| | 比誘電率 | 8.6 | 8.7 | 9.0 |
| | 誘電損失（1 MHz） | $9.0 \times 10^{-4}$ | $9.0 \times 10^{-4}$ | $2.3 \times 10^{-3}$ |
| | 体積抵抗　　　Ωcm | $>10^{14}$ | $>10^{14}$ | $>10^{14}$ |

引用：セラミック基板（デンカ㈱）技術カタログ

以上，セラミック基板について述べてきたが，SiC 半導体用基板には高放熱性及び高信頼性が不可欠であるために，基板性能だけで判断した場合，窒化物系セラミック基板が第一候補となる。

### 6.2.2　メタルベース系基板

図7にメタルベース基板の基本構成を示す。メタルベース基板は従来の樹脂基板やセラミック基板の特性に加え，高熱伝導性，易加工性，耐熱衝撃性等金属の特性を生かした基板である。図に示すように，構造的にはベースメタルの片面に銅箔を無機系フィラー充填コンパウンド樹脂材で張り合わせた銅張積層板である。そのベースメタルの材質，絶縁層の材質の組み合わせを変えることにより，多種の用途に対応可能となる。

パワーモジュール用基板に必要不可欠な特性は高放熱特性であり，メタルベース基板の構成材料としては，ベース板にはアルミニウム及び銅，絶縁層には高熱伝導性の無機フィラーを充填したエポキシ系樹脂が使用される。特に，アルミニウムベース基板はアルミニウムの持つ高熱伝導性，軽量性等を生かした高密度実装基板であり，エアコンのインバータ用基板，通信用電源用基板と産業用途での使用実績が高い。

一般的にメタルベース基板の熱伝導率（コンパウンド樹脂層）は，2 W／mK 程度が標準となっているが，アルミナ基板代替用途に，10 W／mK 以上の基板も開発されており，トータル熱抵抗はセラミック並みの性能を有する基板である。

このように，メタルベース基板の熱伝導性も大幅に向上されており，コスト的にも，窒化物系基板に比べて安価なため，アルミナ基板とともに，低中電力用パワーモジュール用基板の候補になっている。

### 6.2.3　放熱板／MMC（金属－セラミック複合体）

図8にパワーモジュールの概略断面構造を示す。回路基板（窒化アルミニウム基板）は放熱板のベース板上に搭載される。汎用モジュールでは，銅板が使用されるが，高信頼性（ヒートサイクル性）を重視する電鉄等の用途には，窒化アルミニウム基板等の膨張率が近い（Al–SiC）等のMMCが使用されている。SiC 半導体の場合は，高信頼性パワーモジュールと同様に高サーマ

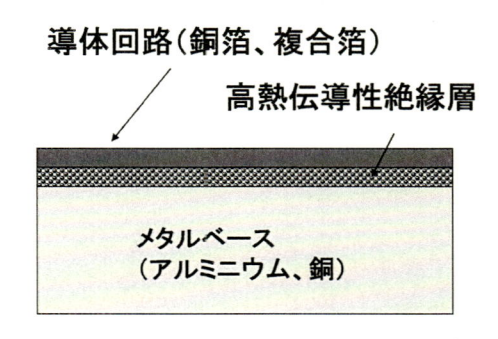
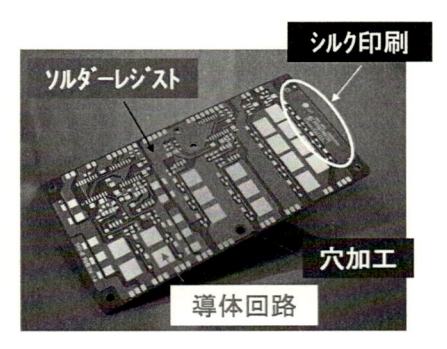

**図7　メタルベース基板の基本構成**

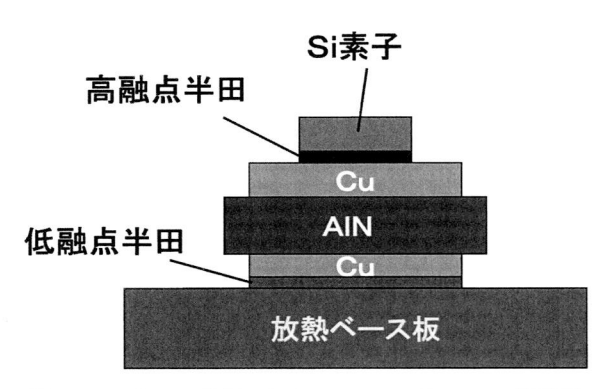

図8　セラミック基板におけるパワーモジュール／断面図

ルショック特性も必要となり，温度サイクル幅の要求値はΔ T300℃近くになると推測され，更なる高信頼性を要求される場合には放熱板は銅材でなく，MMC の採用も想定される。

　MMC の熱伝導率／熱膨張係数特性は図9に示すような挙動を示す。この MMC はアルミニウム並みの熱伝導率を有し，かつ，シリコン等と同等の熱膨張率を実現できる部材であり，アルミニウム材と SiC 材の比率を変えることにより各物性値を変えることができる。つまり，モジュールを構成する部材の組み合わせによって，低熱膨張と高熱伝導も両立させて設計できることが最大の利点である。

　製品化された MMC 材の物性値例は表2で，前述のとおり，高放熱性と低膨張率性を兼ね備えた放熱板である。図10 は MMC 材の断面 SEM 写真であり，マトリクス材である SiC 材とアルミニウムが均一に分散されている。

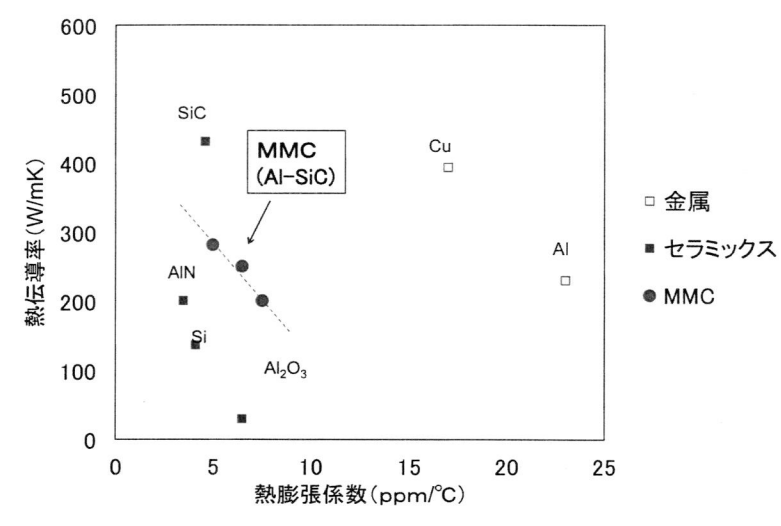

図9　各種材料における熱伝導率／熱膨張係数特性比較

表2 MMC（Al-SiC）における基礎物性例

| 組成 | Al-Si 合金＋SiC（65 Vol%） |
| --- | --- |
| 軟化点 | 約 570℃ |
| 密度 | 2.98 g/cm$^3$ |
| 熱伝導率 | 200 W/m・K（20℃） |
| 熱膨張係数 | 7.5×10$^{-6}$（50〜150℃） |
| 曲げ強度 | 400 MPa |
| 破壊靱性値 | 8 Mpa・m$^{0.5}$ |
| ヤング率 | 220 GPa（20℃） |
| 比熱 | 0.75 J/(g/K) |
| 電気抵抗 | 2.1×10$^{-3}$ Ω・cm |

引用：アルシンク（デンカ㈱）技術カタログ

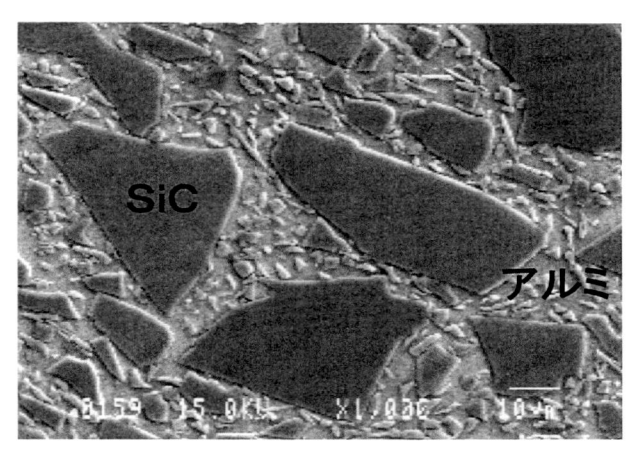

図10 MMC（Al-SiC）の SEM 断面図（×1000）

　この MMC 材のサーマルショックテスト時に発生する熱応力の低減効果について確認するために，図8をシミュレーションモデルに，放熱ベース板の線膨張率をパラメータにして，応力計算を実施した例を図11に示す。この図からわかるように MMC 放熱板の線膨張率が7 ppm/℃構成の場合，銅放熱板（16.5 ppm/℃）に比べて塑性変形率は大幅に低減されることがわかる。加えて，実験においても，3,000 サイクル（−40℃〜125℃）評価後における基板はんだ剥離特性（剥離面積率）も非常に良好であり，銅放熱板構成に比べて，高信頼モジュールを実現できることが期待できる（図12）。

## 6.3 SiC パワーモジュール用放熱部材における要求特性

　現在，シリコン半導体デバイスの最高使用ジャンクション温度（Tj）は従来の150℃から

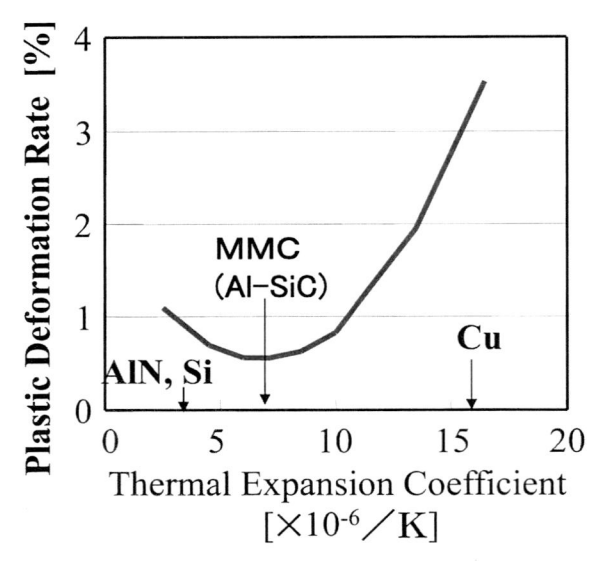

図11　放熱板の熱膨張率の違いにおける塑性変形率（シミュレーション結果）

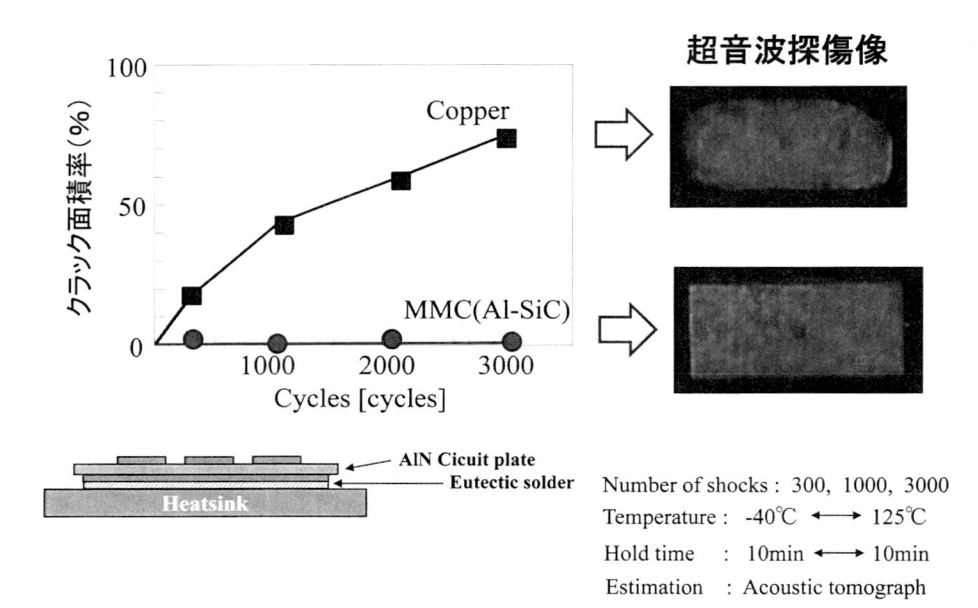

図12　各種放熱板の違いにおけるサーマルショック結果例

175℃に向上されているが，これ以上の温度領域では，電力変換効率等が大幅に低下し限界と考えられる。ところが，SiC半導体デバイスは良好な高温物性（電気物性）を有しており，250℃の動作温度が期待されている。

パワーモジュールは数十～数百 kW の大電力の変換・制御を行うため，その回路基板には高い絶縁性，放熱性，耐熱性が要求される。窒化アルミニウム基板は 200 W/mK レベルの高い熱伝導性を有すること及び高信頼・電気特性を有することで，高電力パワーモジュール及び自動車電装用途に使用されてきた。しかし，パワー出力密度は年々高いものが要求され，特に SiC 半導体素子においてもその要求値は非常に高い。

また，SiC 半導体のようにチップ面積が小さい場合には放熱面積も小さくなるために，モジュール全体の放熱特性も更に高いものが必要となる。そのため，高電力モジュールのように放熱性が重視される装置では，熱伝導率の高い基板材料を選択することは不可欠となる。また，自動車電装及び電鉄用途では大きな温度環境にさらされ，高いサーマルショック特性も必要となる。

図 13 はセラミックス基板（窒化アルミニウム）におけるサーマルショックテスト時における概略図である。左図がサーマルショック時における基板の挙動模式図であり，右図がその時の基板に生じる熱応力分布図（シミュレーション結果）である。この図からわかるように，最大主応力は銅導体のエッジ部（セラミックス基板内部）で発生している。そのため，サーマルショックサイクルが増加した場合，その部分の劣化が生じ，セラミック基板及びはんだ等の材料破壊（亀裂）が発生する。

そのため，パワーモジュール用基板の要求特性においては，高い熱伝導性に加えて，優れた機械特性（抗折強度等）も必要となってきている。特に動作温度が高い SiC 半導体においては，サーマルショック温度領域が Si 半導体に比べて大きくなるため，更に高い性能が求められる。

図 14 に各種セラミックス基板におけるサーマルショック特性例を示す。窒化物系セラミックス回路基板は大きく分けて，3 種類の基板（①～③）に分類できる。導体回路種類は銅及びアルミニウム，セラミックス種類は前述のとおり窒化アルミニウム及び窒化珪素である。一般的な銅

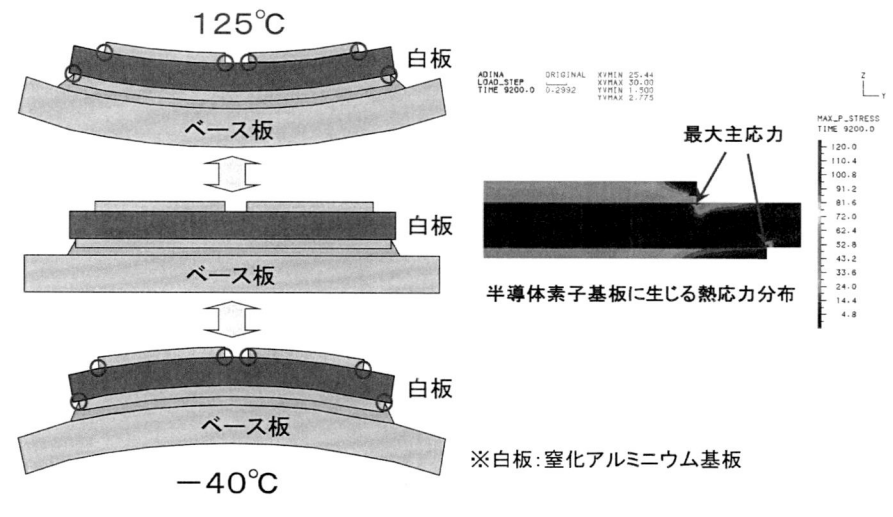

図 13　窒化アルミニウム基板における熱応力挙動

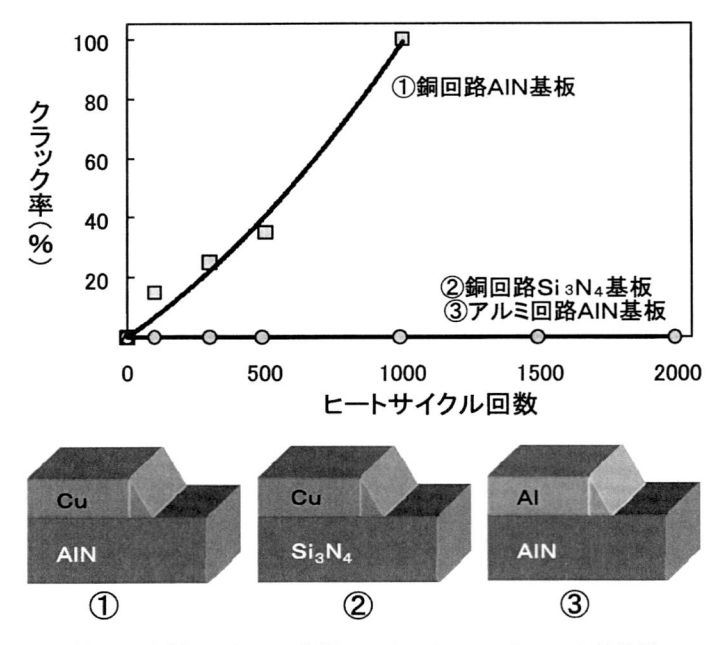

図14　各種セラミック基板におけるサーマルショック特性例

回路／窒化アルミニウム基板はヒートサイクル回数約 1,000 サイクルですべてクラックが発生する。しかし，アルミニウム回路及び窒化珪素基板ではヒートサイクルが 2,000 サイクルにおいてもクラックが発生しておらず，良好な結果となっている。

　このように，高サーマルショック特性を含む高信頼性基板を実現させるためには，導体エッジ部における熱応力の緩和または高強度を有する基板素材が必要である。この点において窒化物系セラミックスは非常に有効な材料と考えられる。同様に，SiC 半導体用基板にも，高放熱特性及び高サーマルショック特性が不可欠となる。

## 6.4　まとめ

　以上，本節では SiC 半導体用基板を含むパワーモジュール用基板について説明してきた。SiC 半導体用基板においては，素子の性能高さから，更なるパワー密度の向上及び小面積（小型化）が期待されている。当然，それらの素子が搭載される基板に対しても，更なる高機能化及び低コスト化が求められる。

　基板材質的には，無機系材料がメインに考えられ，熱伝導性向上（窒化ケイ素系セラミック）及び機械的強度向上（窒化アルミニウム系セラミック）等が改良されていくと考えられる。加えて，数量が期待される中電力以下のモジュールでは低コスト化が必須なため，樹脂系の複合材料（高熱伝導タイプ／メタルベース基板等）は期待も高く，予想以上に早く種々用途への適用が予想される。

# 7　車載部品の信頼性設計の考え方

山際正憲*

## 7.1　自動車産業が直面する課題と電動化の必要性

　2015 年に発行された IPCC（Intergovernmental Panel on Climate Change）4 次報告書によると，自動車を含む運輸部門から排出される温室効果ガスは，経済分野全体の 14% を占めると言われている。また，同じ年に開催された COP21（国連気候変動枠組条約第 21 回締約国会議）では，世界 165 か国が深刻化する気候変動問題に対して将来の温室効果ガスの削減目標を示している。このような状況の中，多くの政府は目標達成に向け，自動車産業に対して燃費規制の強化や EV（電気自動車）や HEV（ハイブリッド車）など環境に優しい自動車への税制優遇を提案または実施している。特に代表的な燃費規制の一つに，アメリカの CAFE（Corporate Average Fuel Economy）規制が知られている。これは，製造メーカごとに販売した車全体の企業平均燃費を算定し，それに対してある基準値を満たすことをメーカに義務づけるものである。これら世界の燃費規制のトレンドを比較したものを図 1 に示す。縦軸は温室効果ガスの 9 割を占めると言われている二酸化炭素（$CO_2$）の排出量を示しており，ガソリン車の燃費に換算できる。現時点で最も厳しい目標を定めているのは欧州であり，2021 年時点で 95 g/km（ガソリン車でおよそ 24 km/L）と言われている。さらに，米国と中国では，ZEV 規制や NEV 規制と呼ばれる一定数の EV や PHEV（プラグインハイブリッド車）の販売をメーカに義務づける制度も同時に実施されている。

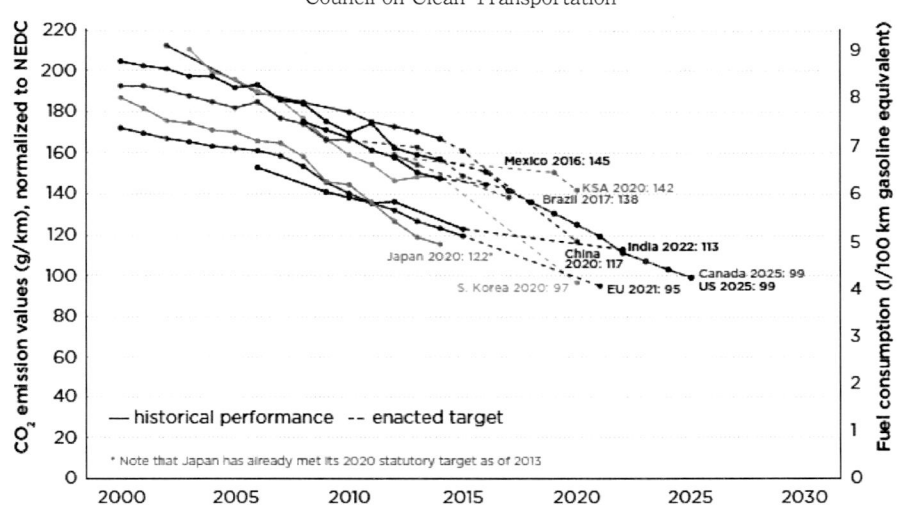

LIGHT-DUTY VEHICLE GREENHOUSE GAS AND FUEL ECONOMY STANDARDS, 2017, ICCT : The International Council on Clean Transportation

図1　各国の燃費規制のトレンド

---

＊　Masanori Yamagiwa　日産自動車㈱　商品企画本部　AMI 商品企画部

次に，電気自動車の$CO_2$への影響を議論する上で重要な WtW（Well to Wheel）の概念について説明する。WtW $CO_2$ 排出量とは，自動車の燃費だけでなく，自動車に供給するガソリンの精製や，電気を発電する過程で排出する $CO_2$ も考慮した指標であり，原油や石炭などのエネルギー源が走行に利用されるまでのトータルの $CO_2$ 排出量を意味している。つまり，EV は，石油を使った火力発電ではなく太陽光発電や風力発電などの再生可能エネルギーを利用した電気を用いることで WtW $CO_2$ 排出量の削減が可能になる。図2に示すように，日産自動車の Sustainability Report 2015 によると，IPCC の報告書に基づく試算から，2050 年の新車の WtW $CO_2$ 排出量は，2000 年比で 90％削減が必要である，と言われている。これに対して，図の右側にはそれぞれの自動車の $CO_2$ 排出量削減の可能性が示されている。EV や FCV（燃料電池自動車）の可能性に幅があるのは，電気や水素を作る方法によって $CO_2$ 排出量が異なるためである。すなわち，90％削減を実現するためには，再生可能エネルギーの有効活用と併せて，自動車の電動化が必要不可欠である。

## 7.2　車載パワーモジュールに対する要求性能と進化の特徴

図3に示すように，EV や HEV などの電動車に共通して搭載されるユニットが，バッテリーとモータおよびインバータである。このインバータはバッテリーに蓄えられている電力を制御することで，モータを効率よくスムーズに動かす役割を担っている。つまり，インバータは車両の動力性能をコントロールする非常に重要な部品であり，車の安全性を確保するために厳しい耐久性とともに高い信頼性が要求される。

次に，このインバータの主要構成部品であるパワーモジュールの進化の特徴を図4に示す。一般的に，産業用モジュールは小型化や耐久性よりコストに対する要求が厳しいと言われる場合が

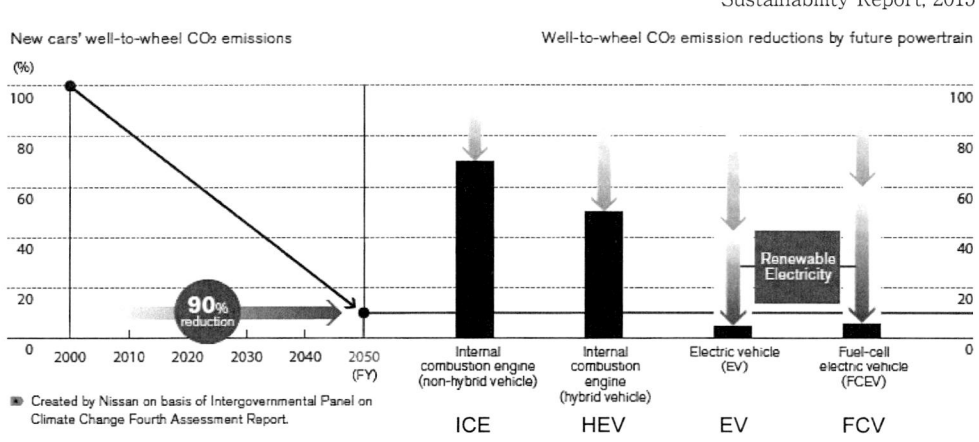

図2　Well to wheel の $CO_2$ 排出量ターゲットと各システムのポテンシャル

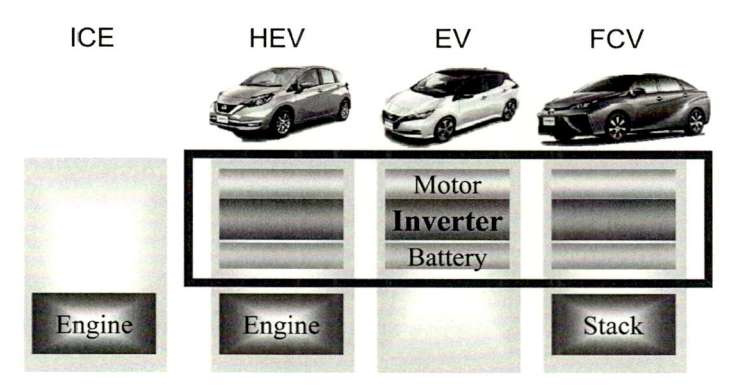

図3　各システムの共通部品

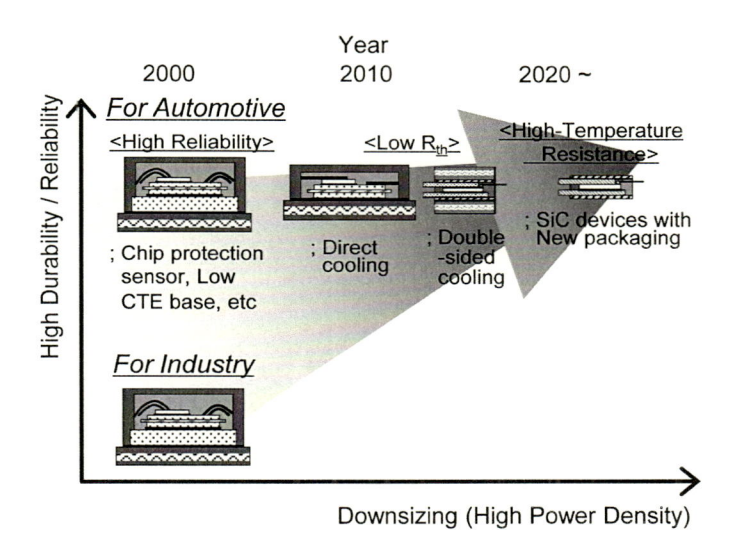

図4　車載パワーモジュールの進化

多いが，これに対し車載用モジュールはコストを抑えつつも小型化と耐久性の両方を追求する形で進化してきた。しかしながら，この二つの取り組みは設計上トレードオフの関係に至ることが多い。例えば，チップ実装部の熱サイクル疲労に対する耐久性を向上させるために，熱膨張係数をコントロールした複合材料をチップと基板の間に介在させると，接合部の耐久信頼性は向上するが部材追加によるコストやサイズの増加をもたらす。このようなトレードオフが存在する中で，初期に車載されたパワーモジュールは，それまでの産業用の構造と比べてコストアップしてでも耐久信頼性を高めたものが採用されてきた歴史がある。しかしながら，その後は，ベース基板直接冷却構造やチップの上下両面から冷却できる両面放熱構造など低熱抵抗化による小型化，さらにはベースレス構造で低コスト化を図るなど，これらのトレードオフを両立する車載パワー

モジュールが次々と開発されてきている。そして，将来は高温でも使用できる SiC 素子を用いた高耐熱構造による小型化も期待されている。

これらの進化の過程に，車載部品の開発の特徴がある。すなわち，まずは耐久性に代表される信頼性を確保した上で，その後にコストやサイズを追求する考え方である。この順番は，トレードオフする性能に対する要求レベルの違いが原因であると考えられる。つまり，図4に示した縦軸の耐久性は，ある一定期間の機能維持が商品からの要求値であり，過剰に耐久性が高くてもその分の価値は評価されない。しかし横軸のサイズは限りなく小さい方が商品の競争力向上に貢献しやすく評価される傾向が強い。横軸をコストや重量にした場合も同様である。したがって，車載部品のような耐久信頼性と同時にサイズやコストも要求される製品を開発する場合は，まず先に製品の信頼性を定量的に設計できる手法を整えた上で，ある一定レベルの信頼性を維持しつつ，その後コストやサイズを追及する取り組みが効率的である。続いて，これら車載部品ならではの信頼性設計の考え方について解説する。

## 7.3 車載部品の信頼性設計の進め方とそのポイント

JIS によると，信頼性とは，「アイテムが与えられた条件で規定の期間中，要求された機能を果たすことができる性質」と定義されている。しかしながら，自動車という商品の場合，安全の概念を加えた広義の信頼性を考える必要がある。つまり，規定の期間，機能を維持することはもちろん，その期間を過ぎた後の故障であっても，使われ続ける限り安全性への配慮が必要になる。それができて初めて世の中から安全で信頼できる商品として認められることになる。

そのために重要なポイントを，設計手順とともに図5に示す。まず最初に大事な検討は，故障モードの洗い出しと安全性への影響の把握になる。つまり，どのような搭載環境で，どのような使われ方をすることによって，どのシステムのどの部品がどのように壊れるのか，その時に走行への影響や発火や感電などの危険性を伴わないか，を見極めることである。この検討には，一般的な故障モード影響解析（FMEA：Failure Mode and Effect Analysis）や故障の木解析（FTA：Fault Tree Analysis）が用いられる。これらの検討の結果，ある故障モードが危険な状態に至る可能性がある場合は，その故障モード自体を排除するために設計を見直す必要がある。例えば，部品構成や制御を修正することで，壊れても安全な部位が最弱になるような対策が考えられる。いわゆるヒューズ機能の追加である。または，万一の故障時に安全サイドにバックアップするようなフェールセーフ機能を追加することも考えられる。これら安全性に影響を与える故障モードに対しては，"十分な耐久性" を "一定の信頼度" で設計しておくことが必要である。これが安全性を考慮した信頼性設計であり，これを可能にした上で，コストやサイズの改善に向けて材料や形状を工夫していく取り組みが，先に述べた車載部品の設計の特徴になる。

故障モードが洗い出されたら，2番目に行うのがそれぞれの故障モードに関連する部品の強度や耐久性の設計になる。いわゆる寿命設計と呼ばれるフェーズで，この設計には，破壊メカニズムもしくは疲労メカニズムの解明が不可欠である。ここでは，部品レベルではなく材料レベルま

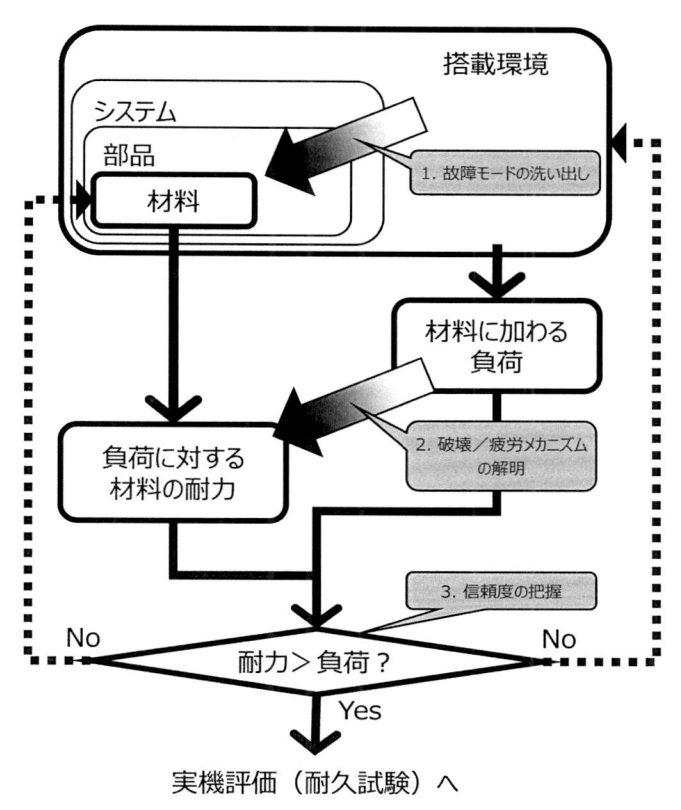

図5　車載部品の信頼性設計の手順

で深堀りして，どのような負荷によってどのように壊れるのかを把握することが重要になる。これによって，強度設計もしくは寿命設計が可能になる。例えば，チップ実装部のワイヤーが振動によって疲労して破断する故障モードの場合，まず振動によって疲労破壊するのがチップ電極側かワイヤー側か，もしくはそのボンディング界面かを見極めることになる。その上で，その破壊が高サイクル疲労なのか低サイクル疲労か，また温度依存性があるのか，など材料の劣化メカニズムを把握する必要がある（疲労メカニズムの解明）。仮に，その故障がワイヤーのアルミニウム材料の低サイクル疲労に支配されているとしたら，次に必要なのがその材料の疲労特性である（負荷に対する材料耐力の把握）。一方で，入力としてどのような振動が何回ワイヤーに負荷されるのか，その時にアルミニウムに生じる応力や歪も把握しておく必要がある（材料に加わる負荷の把握）。このように材料が疲労する理論を理解した上で，それに基づく材料特性および入力負荷条件が準備されて初めて耐久性の予測が可能になる。つまり，部品に加わる振動の強度とその回数から，その材料に加わる応力に換算され，その応力に対する材料の耐力から，十分な疲労強度を有しているかどうかを判断する。車の場合，実際には，部品に加わる振動には強弱がある

が，これらを累積換算するマイナー則を利用することで最大負荷相当の回数に置き換えることが可能である。これが耐久性の設計で利用される加速試験法の原理である。これらの結果，材料に加わる生涯の負荷が，その材料が有している耐力より低い場合に，設計上では十分な耐久性があると判断できる。強度設計も同様であり，一発の衝撃入力による破壊メカニズムを理解した上で，材料への負荷と材料の強度を比較することで，十分な強度を有しているかどうか判断することができる。

　3番目の重要なポイントが，負荷と耐力の比較判断における信頼度の把握である。これまでに説明した設計手順には大きく分けて3つのバラつきが存在している。つまり，耐力に関わる材料バラつき，負荷に関わる入力バラつき，および設計自体の誤差である。材料バラつきは製造工程に大きく依存し，結果的に異物の介在や結晶構造など材料組織に起因するものと，寸法や形状に起因するものが考えられ，これらは材料の強度や耐力に影響を与える。入力バラつきは主には外気温や車の使われ方など外部からの入力に依存するが，部品の設置環境が影響する場合も考えられる。例えば，ねじの緩みによる振動の増幅や，ラジエータの性能低下による放熱性悪化などである。入力バラつきを把握する際には，外部環境だけでなく自己発熱や周辺の隣接する部品やユニットの影響にも注意が必要である。最後の設計誤差とは，すなわち設計ロジックの問題と設計に用いるデータベースの問題に分けられる。例えば，前者は疲労メカニズムにおいて温度依存性の影響を見落とすことによって，ちゃんと設計していても高温環境下で想定以上に劣化が促進され故障する，などが考えられる。後者は，設計ロジックは問題がないものの，データベースの誤差が大きい場合や，設計で見積もる数値と比較するデータベースの物性値に相関が得られていない場合に発生する。例えば，設計で見積もる応力は，非常にミクロな領域であるため有限要素法などの解析値を用いたにもかかわらず，比較する材料耐力で示す応力は，過去の実験時のテストピースに貼り付けた歪ゲージから取得した値を用いた場合に，それぞれの応力値の相関が得られておらず誤った比較判断をしてしまう，などが考えられる。これを防止するためには，耐力を取得する際に用いたテストピースの応力も，実際の部品で応力を見積もった時と同様に，有限要素法を利用して同じ条件で数値を定義する手法が有効である。

　以上，述べてきたように，車載部品の信頼性設計では3つの検討が重要である。すなわち，①故障モードの洗い出しによる安全性への影響把握，②故障に至る破壊／疲労メカニズムに基づく設計手法の構築，③設計におけるバラつき（信頼度）の把握，である。それぞれの検討で，安全性や寿命に影響を与える可能性が指摘された場合は，その都度，材料や構造の変更または設置環境や制御方法などのソフト面の修正が必要になる。基本的に設計の目処が得られた上で，各種バラつきを把握し設計に落とし込むことで，強度・耐久性に対する信頼性設計が可能になる。このバラつきをどこまで厳しい側で設計するか，すなわち信頼度をどこまで上げるかは，部品が製品の安全性に影響を与えるかどうかで判断することができ，これによって合理的かつ論理的に設計を進めることが可能になる。さらに，これらのバラつきのうち，入力バラつきはお客様の使われ方を制限することにもなりコントロールが非常に困難だが，それ以外の材料物性値のバラつきや

表1　信頼性評価の目的と注意点

| フェーズ | 信頼性評価の目的 | 注意点 |
|---|---|---|
| 開発初期 ↓ 開発後半 | **「どこが壊れるか」** ⇒ 故障モードの確認 | 市場で想定される負荷をかけているか？ （または想定されない負荷をかけていないか？） 可能性のある破壊を全て検出できているか？ |
| | **「いつ，どのように壊れるか」** ⇒ 設計手法（仮設）の検証 | 疲労や破壊に至るメカニズムは明らかか？ 設計手法（劣化の理論）は明らかか？ |
| | **「ある期間，壊れない事」** ⇒ 耐久性の確認 | 市場で想定される負荷を正しく耐久目標に 変換できているか？ |

設計誤差は極力抑えておく必要がある。その技術力が信頼性を維持した上での小型化やコスト削減につながり，製品の競争力向上に貢献すると考えられる。

## 7.4　信頼性評価のポイント

　これらの設計を支える信頼性評価の手順と代表的な注意点を表1に示す。図5で説明したように，開発初期に必要な評価は故障モードの洗い出しであり，その評価には，高温環境下や低温環境下で振動を加える複合試験機や，HALT（Highly Accelerated Limit Test）試験機などが用いられる場合が多い。これらは寿命を評価する加速試験とは異なる点に留意してほしい。ここで大切なのは，市場で想定される以上の過剰な負荷を加えることで想定されない故障を導き出していないか，またはその逆で，可能性のある故障をすべて洗い出せているか，といった点になる。

　次の評価も設計手順に沿ったものであり，設計手法の検証が目的になる。アプローチは二つあり，一つ目は部品を構成する材料単体の強度や疲労特性の評価であり，機械的な繰り返し引張試験機などが用いられる場合が多い。二つ目は部品の耐久性評価であり，振動試験機や温度サイクル試験機が用いられることが多い。これはいずれも加速試験法を用いた寿命設計を可能にするための評価である。加速試験とは，部品に生涯で加わる負荷（大小様々な応力とその回数）を材料の疲労特性とマイナー則に基づき加速条件（厳しい側の応力とその回数）に換算し，その条件で材料の耐力以下であれば寿命を保障できると判断する試験方法である。一つ目の材料疲労特性があって初めて部品の寿命設計が可能になり，その結果，二つ目の部品の耐久性を正しく評価することができる。部品の耐久性評価では，生涯負荷相当の回数で壊れないことを確認すると共に，その後も試験を継続し，材料の寿命相当の回数で壊れることを確認することで，設計の確からしさを得ることが重要なポイントになる。

　そして最後に実施するのが，部品単体またはこれらの部品を組み込んだユニットで行う耐久試験になる。これは基本的に壊れないことを確認するのが目的であり，参考として試験時に部品や材料に加わる負荷（温度や力，応力など）を評価しておくことで，設計の確からしさを再確認することが可能になる。

### 7.5 最後に

　世界中で自動車の電動化が進む今日，パワーモジュールなどの車載部品に対する要求は，ますます厳しくなってきている。さらに，昨今は様々な HEV や EV の開発が増えてきており，それぞれのシステムに合った異なる仕様の設計を短期間で行うことが求められている。しかしながら一方で，車載向けの厳しい耐久性の評価には膨大な時間がかかるため，その時間を確保することが難しいのが実情である。したがって，耐久性の設計においては，時間を必要とするフィジカルな実験は極力必要最低限にして，できる限り事前にシミュレーションを活用して高い精度で寿命を設計することが求められる。どこまで高い精度で定量的な信頼性設計が実現できるか，これが車載部品の小型化や軽量化，さらにはコストダウンの可能性を広げ，それが次の商品の競争力向上につながると考えられる。

# 耐熱性高分子材料の最新技術動向

2018 年 8 月 22 日　第 1 刷発行

監　　修　大山俊幸　　　　　　　　　　　　　　　　（T1087）
発 行 者　辻　賢司
発 行 所　株式会社シーエムシー出版
　　　　　東京都千代田区神田錦町 1-17-1
　　　　　電話 03（3293）7066
　　　　　大阪市中央区内平野町 1-3-12
　　　　　電話 06（4794）8234
　　　　　http://www.cmcbooks.co.jp/
編集担当　福井悠也／門脇孝子

〔印刷　あさひ高速印刷株式会社〕　　　　　　　　© T. Oyama, 2018

ISBN978-4-7813-1343-6 C3043 ¥76000E